中国科研信息化蓝皮书

China's e-Science Blue Book 2013

中国科学院
中华人民共和国教育部
中华人民共和国工业和信息化部
中国社会科学院
国家自然科学基金委员会

科学出版社

北京

内 容 简 介

本书是由中国科学院联合中华人民共和国教育部、中华人民共和国工业和信息化部、中国社会科学院和国家自然科学基金委员会共同编著而成的报告，旨在系统地展示中国科研信息化的整体发展情况，推动中国科研信息化的进程。

本书邀请了国内外科研信息化领域的专家、学者和企业家，针对科研信息化涉及的网络环境、超级计算环境、数据环境，以及科研信息化的技术发展和应用实践的现状与趋势进行了客观阐述，对科研信息化的战略态势进行了深入的分析与探讨，力求推动科技创新与创新模式的转变，为中国未来科技创新提供全局性、战略性的参考，向国内外读者展示中国科研信息化的全貌和前沿成果。

本书可作为政府部门、科研机构、高等院校和相关企业进行科技战略决策的参考书，也可供国内外专家、学者研究和参考。

图书在版编目（CIP）数据

中国科研信息化蓝皮书 2013 / 中国科学院等. —北京：科学出版社，2013.12

ISBN 978-7-03-039323-4

Ⅰ.①中… Ⅱ.①中… Ⅲ.①信息技术－应用－科学研究工作－研究报告－中国－2013 Ⅳ.①G322-39

中国版本图书馆CIP数据核字（2013）第299839号

责任编辑：任 静／责任校对：郭瑞芝
责任印制：张 倩／封面设计：迷底书装

科 学 出 版 社 出版
北京东黄城根北街 16 号
邮政编码：100717
http://www.sciencep.com
北京天时彩色印刷有限公司 印刷
科学出版社发行 各地新华书店经销

*

2013年12月第 一 版 开本：787×1092 1/16
2013年12月第一次印刷 印张：19 1/2
字数：450 000

定价：120.00元（含光盘）
（如有印装质量问题，我社负责调换）

《中国科研信息化蓝皮书2013》

编写委员会

主　任：　谭铁牛

副主任：　雷朝滋　　徐　愈　　秦　海
　　　　　杨沛超　　韩　宇

成　员：　（以姓氏汉语拼音为序）
　　　　　陈明奇　　褚大伟　　黄向阳
　　　　　李建军　　刘　冰　　刘晓东
　　　　　罗文东　　王常青　　王　凡
　　　　　王　伟　　杨小渝　　张　晓
　　　　　张拥军

序　言

2013年9月30日,中共中央政治局以实施创新驱动发展战略为主题进行了第九次集体学习,习近平总书记在主持集体学习时发表了重要讲话,深刻分析了国内外经济社会发展大势及其对科技创新的紧迫需求,明确提出了我国实施创新驱动发展战略的主要任务。此外,7月17日,习总书记在到中国科学院考察工作时的重要讲话中也指出,"科学技术是世界性的、时代性的,发展科学技术必须有全球视野、把握时代脉搏","谁掌握了大数据,谁就掌握了发展的资源和主动权","面对世界科技发展大势,我们必须树立雄心、奋起直追。坚持以提升创新能力为主线,把其作为科技事业发展的根本和关键"。习总书记的上述讲话,对指导和推动国家创新驱动发展战略的实施,具有十分重大和深远的意义。

当前,科技发展日新月异,人类将在某些重要领域产生重大创新突破,将引发新一轮的科技革命,影响人类社会的发展形态和进程。面对这一后发国家难得的战略机遇期,我国必须以时不我待的实干精神,全面推动"创新驱动发展"战略的实施,切实提升科技创新能力。

进入21世纪以来,人类社会的信息化进程在不断加速和深化。信息技术应用几乎在人类生活、经济、社会、军事各领域引发了深刻变革,人类科研创新的环境和科学研究的模式,都在发生前所未有的变化。信息化时代的科研新模式,不仅意味着新的科研模式、科研思维,而且更意味着科研机构组织、科研项目管理、科研人才培养、科研绩效评价等方面的重大转变。例如,2012年,我国大亚湾反应堆中微子实验取得了重大科学成果,首次发现电子反中微子消失这一新的中微子振荡模式,是我国基础研究领域协同创新的典范。大亚湾实验数据首先传送到中国科学院高能物理研究所,然后再分发到大亚湾合作组的其他数据中心,并在这些中心进行数据的处理,整个过程必须依靠大亚湾数据处理系统"女娲"。该系统采用网格技术,依托高速科研网络,实现了数据共享传输与数据处理的分发,很好地支撑了大亚湾中微子实验的物理分析,是中微子物理重要发现的必要基础设施与环境。

因此,科研信息化是信息时代科研活动的革新性模式,也是实现科技现代化的必由之路。实现科研信息化的大发展,将为抢占全球未来科技创新制高点助一臂之力。

近年来,在科技创新和技术驱动的共同作用下,尤其在云计算、大数据等信息化时代背景下,世界各主要发达国家的科研信息化水平不断提高,为科学技术的快速发展提供了保障,并极大地带动了经济和社会的发展。过去两年中,按照党中央、国务院关于我国信息化发展的一系列方针、政策、规划和部署,在国家相关主管部门的共同推动下,我国科研信息化水平和科技创新能力迅猛发展,各领域的科研信息化应用实践,也取得了长足进步。

为反映科研信息化的发展态势以及我国科研信息化进展，指导我国科研信息化未来发展，我们在《中国科研信息化蓝皮书 2011》成功经验和广大读者反馈意见的基础上，继续联合国家有关部门，出版发行《中国科研信息化蓝皮书 2013》，为大家提供基本信息。

中国科学院作为科技国家队，必须以高度的历史使命感和时代紧迫感，深入实施"创新2020"规划，以努力实现"四个率先"为奋斗目标，加快推进科研信息化的全面建设，促进科技创新和信息化的深度融合，推动并参与大数据时代国家科研信息化体系的建设，引领国家科研信息化的发展。

面对国家使命的召唤和科技创新的发展，我们不能等待、不能观望、不能懈怠，必须深入推动我国科研信息化发展，组织更多科学家投身科研信息化大潮，为推动我国科研模式变革，服务和支撑国家创新驱动发展战略，做出历史性贡献！

中国科学院院长
2013 年 10 月 31 日

目　录

摘　要

　　《中国科研信息化蓝皮书2011》发布至今已有两年的时间,这两年正好是"十二五"的起步阶段,信息技术、产业、应用和安全各领域都发生了一些重大的变化,这将对"十二五"期间信息化的发展产生十分重要的影响。《中国科研信息化蓝皮书2013》以"十二五"规划为导向,以十八大方针为核心,旨在对我国科研信息化的发展状况进行归纳和总结。

　　下一代的科学研究已经从根本上改变了科研活动的开展方式,现代的信息化设施和手段不仅是科研活动的基础,也成为科学研究的一部分,它包含高性能计算能力、大容量数据存储设备、高速网络基础设施和各种科学仪器设备等。现在对未知的各类问题的探索,已经可以通过更多方法快速解决,例如:仿真、生成和分析大量数据,共享分布在不同位置的各种资源(如计算设施、数据、脚本、实验计划、工作流),以及全球的各类科研合作等。

　　科研信息化促使更多的科研和实验活动能够通过全球的跨学科合作和资源共享来完成。这些超大规模的合作项目的基础就是科研信息化,科研信息化通过更有效地生产、分析、实验,以及其他相关信息的共享,来更好地支持科研活动的开展。当前,计算能力和通信带宽呈指数级增长,在其支持下,科研信息化基础设施的性能和复杂度也日益改善。这使得数据的生成量和各种科研信息化活动的发布急剧增长。例如,不同领域产生的科研信息化数据,如传感器、卫星和高性能计算机仿真产生的数据量每年超过万亿字节,而且在未来十年还会显著增长。要使科研过程中的知识能够自动化、可再生、可重用和可重复地使用,需要各种科研任务、相关数据、研究结果能够自动地调整,如组织、发现和分享等。所有这一切需要信息化技术和手段来构建适当的信息基础设施,包含计算设备、数据存储设备、网络、软件、人员和协同。

　　在过去的几十年里,我国在科研信息化领域已经取得了长足的发展。在第十、十一和十二个五年计划中,我国政府在信息化基础设施建设和科研信息化应用领域投入了大量的资金。例如,根据2013年6月公布的全球500强超级计算机排行榜,中国的天河二号荣登榜首。天河二号是在国家863计划的资助下,由国防科学技术大学和一家中国信息技术公司共同研制成功的。中国已发布了国家高效能计算网络,将其命名为CNGrid(http://www.cngrid.org),用以整合计算资源。CERNET(中国教育和科研计算机网)和CSTNET(中国科技网)为学术研究提供了高速网络。中国还建成了基础科学数据共享网以支持科研信息化的数据集中。除了以上信息基础设施发展的例子外,还涌现出了一大批科研信息化的实践和应用活动。例如,中国下一代互联网(CNGI)计划已经资助了一些科研信息化项目来促进多学科的合作研究,涉及环境科学、地理科学、经济学等。2011年,美国总统奥巴马宣布了一项材料基因组计划(MGI),利用整合的材料计算平台和信息平台可以减少设计时间和开销,大大提高新材料的设计效率,该计划吸引了各方关注。在我国,一个名为MatCloud,可用于计算机辅助材料设计研发的集成平台正处于研发阶段。

根据下一代科技研究的特征和需求,本书分为三个主题,分别介绍了中国科研信息化战略、信息化基础设施发展现状和中国科研信息化的应用。

第一篇：态势战略篇

这部分包含7篇文章,由中国科研信息化各领域的专家共同撰写。中国科学院副秘书长谭铁牛,介绍了我国科研信息化战略和在科研信息化领域近年来所取得的成就,指出在大数据时代我们应该从科研活动方式变革和科研创新环境变革两个角度推动国家科研信息化发展;作为我国国立科研院所的骨干,应该在加速科研信息化发展方面起带头作用。中国科学院陈和生院士重点介绍了大数据时代科研信息化面临的机遇和挑战。中国科学院郭华东院士深入分析了大数据的概念及其发展。微软研究院副总裁Tony Hey,作为科研信息化的倡导者,也贡献了对全球数据密集型科学和云计算前沿的介绍,分享了在云计算环境下的科研信息化方面的最新见解。中国工程院原副院长邬贺铨院士从网络的虚拟化、扁平化、去中心化、节点交换低层化、云化、边缘化等方面描述了新一代网络的演化趋势。工业和信息化部信息化推进司信息资源处张晓处长介绍了互联网的现状和发展,以及互联网发展对科研信息化的推动作用。中国社会科学院信息化管理办公室主任杨沛超教授介绍了科研信息化在社会科学中的发展,围绕我国社会科学信息化的实践活动展开深入的探讨。

第二篇：基础设施篇

这部分包含7篇文章,概述了中国信息化基础设施的发展。高速网络是信息化基础设施的基础,因此这部分首先介绍了中国两个重要的网络:中国科技网和中国教育和科研计算机网。由于当前的科研信息化建立在高速网络和云服务的基础上,而中国教育科研网格致力于连通中国重要教育单位之间的计算资源,并向教育和科研提供网格计算平台和云服务,因此还详细介绍了中国教育科研网格的发展情况。

当前,高性能计算正广泛应用于现代科学研究中来处理科学问题,超级计算机是科研信息化基础设施中的一个重要组成部分。第四篇文章详细介绍我国超级计算中心的发展情况。

科研信息化逐渐显示出数据密集型的特征,第五篇文章介绍的中国科学院的分布式数据存储系统就是一个很好的例证。合作研究是科研信息化的一个基本特征,第六篇文章通过介绍合作科研环境充分体现了这一特征。数字化设备在科研活动中也扮演了非常重要的角色,因此本部分最后一篇文章介绍了科研设备"数字导向"设计方法的主要环节,包括科学目标、传感器、控制器、安全机制,以及科学合作、科学共同体的信息优化等。

第三篇：应用实践篇

科研信息化的基本原则是适当地使用信息和计算技术来服务于科研活动,因此科研信息化的实践和应用是至关重要的。本部分包含16篇文章,描述了中国科研信息化的实践和应用,展示了它在教育、医疗、医学研究、生物科学、天文学、工业和商业等领域中多方面应用。

云计算技术在教育领域的应用并不局限于学校内,而是涉及教育的方方面面。复旦大学的云服务就是我国高校云服务应用的典型。而基于"云计算、宽带互联网、智能终端"的智能教育解决方案,则能够整合家庭教育、学校教育和社会教育,促进教育覆盖到社会的每一个角落。

国家人口与健康科学数据共享平台是科研信息化应用到医学领域的一个典型案例。它涵盖了基础医学、临床医学、公共卫生等七大类数据,以及传染病防治、气象环境医学等十四个专题服务,已成为我国人口健康领域科学数据汇交、存储、交换和服务的中心。

科研信息化技术还被应用于传统中国医学(TCM)中。近来,传统中国医学正逐渐得到国际认可,标准化和中医信息共享面临许多挑战。尽管信息技术如何应用在传统中国医学中还有许多亟待解决的问题,但是信息化手段的应用无疑促进了中医药各个领域的发展。

生物医药科学具有典型的计算密集型和数据密集型特征。科研信息化技术已经在蛋白质研究和微生物学研究领域中得到了广泛应用。在医学影像技术方面,超声分子成像已成为分子成像研究领域最热门的主题之一。超声分子成像仪器,将超声微泡(球)触发设备、超声分子成像监测和超声分子探针整合到"低功率超声分子显像与治疗系统"中,能够进行体内药物传送和治疗效果有效性评价。与此同时,以健康信息共享化和医药知识网络化为特征的"精准医疗"将开拓生物医药领域研究管理的新时代。

核能被认为是第三代能源,发展先进核能系统是核能大发展的必由之路。但先进核能系统的开发和使用却面临许多挑战,而这些问题难以用传统核能软件解决。这就需要拥有多学科背景的科研工作者协同合作,开发新的核能软件,这种软件的开发涉及多学科背景和合作研究。

艾级计算是新兴的热点,如何为这种系统开发应用程序成为当前紧迫的问题。协调相关的问题、模型、算法、软件和硬件,才能有效应对大规模应用中的各种挑战。此部分提供了过程管理的介绍,即基于超级计算的多尺度建模和仿真集成,并探讨了工业环境下新模型的研发。

天文学同样具有数据密集型的特征,这带来了数据管理、计算、带宽、软件等各方面的挑战,甚至改变了开展研究的方式。虚拟天文台是一个数据密集型的在线天文学研究和教学环境,它允许用户和应用以一致和统一的方式接入分布式和异构的数据集和服务。

科研信息化在地球科学中的典型应用案例是一种新颖的电磁方法——大深度的三维矢量广域电磁方法。它可以辅助相关仪器的开发,用于资源和能源探测、深度地壳结构检测、地下水资源探测、环境和工程勘探等。

本部分还介绍了一些与中国下一代互联网(CNGI)项目相关的系统原型,介绍了在野外观测站之间的大规模数据传输、大规模科技设备共享和联络。

互联网络的快速发展使IPv4地址耗尽,台湾地区为推进IPv6网络的升级和应用,设计了一套"多层次"的训练模式,为大陆地区IPv6网络的应用培训提供了借鉴。

科研信息化方法也可以应用在商业领域。浙江省义乌市以小商品市场闻名,小商品市场经济的繁荣依赖于数量众多的生产厂商。然而,生产厂商并不能及时地了解到动态的市场信息。该市科技局开发的科研信息化平台,实现了海量数据的整合和有用市场信息的筛选,并将其反馈给商品营销链条上各个环节的人员。

Abstract

It has been two years since the publication of *China's e-Science Blue Book 2011*, and these two years was just the inception phase of the 12th Five-Year-Plan. There were some important transformations in fields of Information technology, industry, application and security, which have a great effect on the development of China's informatization during the 12th Five-Year-Plan period. *China's e-Science Blue Book 2013* follows the guidance of the 12th Five-Year-Plan and policies of 18th National Congress, aiming to summarize the development of China's e-Science.

Next generation scientific research has radically changed the way in which science is carried out. With the assistance of modern e-infrastructure as part of the scientific research including high performance computing capabilities, large capacity data storage facilities, high speed network infrastructure and various scientific installations (e.g., DIAMOND Synchrotron), the exploration of previously unknown problems can now be solved via simulation, generation and analysis of large amount of data, sharing of geographically distributed resources (e.g., computing facilities, data, script, experiment plan, workflow) and global research collaboration.

e-Science increasingly facilitates new dimensions of research and experiments through global inter-disciplinary collaborations of people and of shared resources. These mega-scale collaborations are underpinned by the e-Science infrastructures that support and enhance the scientific process by enabling more efficient production, analysis and sharing of experiments, results and other related information. The capability and sophistication of the e-Science infrastructures are increasingly improved due to the exponential increases in computing power and communication bandwidth. This is resulting in a dramatic rise in the volume of data generated and published by various e-Science related activities. For example, the e-Science data generated from different areas, such as sensors, satellites and high-performance computer simulations have been measured in the excess of terabytes every year and are expected to inflate significantly over the next decade. To make the knowledge in science research used in an automatic, reproducible, reusable and repeatable way, various tasks, data involved in a research study and the research results should coordinate automatically (organize, find, or share, for example). All these require the employment of Information and Communication

Technologies (ICT) to build appropriate e-infrastructure that can encompass the computation facility, data storage facility, networks, software, people, and training in a holistic manner.

China has made great progress in e-Science over the past decades. Chinese government has put a lot of investment in the e-Infrastructures and e-Science applications during 10th, 11th and 12th Five-Year-Plan. For example, according to the TOP500 supercomputer list for June 2013, China has now got the world's fastest supercomputer, namely, Tianhe-2 supercomputer. The development of Tianhe-2 was sponsored by the 863 High Technology Program and built by China's National University of Defense Technology (NUDT) in collaboration with a Chinese IT company. China has developed national high performance computing network, namely, CNGrid (http://www.cngrid.org), providing integrated computational resources. CERNET and CSTNET provide high speed network facilities for academic research. China has also built a Basic Scientific Data Sharing Network to support data-intensive e-Science. Apart from the above exemplar e-Infrastructure development, a lot of e-Science practice and applications have also been carried out in China. For example, China Next Generation Internet (CNGI) scheme has funded a couple of e-Science projects to facilitate the multi-discipline, collaborative research involving environmental sciences, geo-sciences, economics, etc. As the announcement of the Material Genome Initiative by the American president Obama in 2011, the integrated material computational platform and information platform that can facilitate the integrated material design hence reduce time and cost has attracted more attentions. An integrated platform (i.e., MatCloud) that can facilitate the in-silico material design is now also under development in China.

According to the features and requirements for next generation scientific research, this book is structured into three themes, reporting the strategy of e-Science in China, development of e-Infrastructures, and demonstrate the e-Science methods, techniques and applications in China.

Part I: e-Science Strategy in China

This part contains 7 articles written by e-Science professionals in China. Tieniu Tan, the vice secretary-general of Chinese Academy of Sciences (CAS), depicts the national e-Science strategy in China in his article. The article reviews the achievements that we have made in e-Science in recent years, and indicates that we should promote the development of national e-Science system from both research activity and research infrastructure perspectives, especially in Big Data era. He pointed out that as a national research institute, CAS should take the lead in this acceleration. Hesheng Chen et al. discuss the challenges and opportunities of Big Data from the perspective of e-Science. Huadong Guo et al. illustrate the progress and insight of Big Data. Tony Hey, who formerly proposed the e-Science initiative and now the Director of Microsoft, contributes an article entitled "Data-Intensive Science and Cloud Computing" to share his view of e-Science in the context of Cloud computing.

Though China has made great progress in the e-Science over the past decades, the quality of scientific research and the development of e-Infrastructure still can be improved a lot. Hequan Wu describes network evolution trend from the aspects of the network virtualization, flattening, decentralisation, node switching at lower layer, Cloud computing technology, and marginalization, etc. Peichao Yang presents an article to discuss accelerating the development of e-Research in social science. Some e-Social science practices from the Chinese Academy of Social Sciences are also discussed.

Part II: e-Science Infrastructures

This part contains 7 articles to provide an overview of the development of e-Infrastructure in China. As high speed network forms the basis of the e-Infrastructure, the first two articles in this part introduce two important academic networks in China: China Science and Technology Network (CSTNet) and China Education and Research Network (CERNET). As the current e-Science is based on the high speed network and cloud service technology, this part includes an article introducing ChinaGrid, which aims to interconnect computing resources of top universities in China to provide a Grid computing platform and Cloud service for education and academic research.

High performance computing is now largely used in modern scientific research to tackle scientific problems, and supercomputer is one of the important parts of e-Science infrastructure. This part also includes an article to provide an overview of some of the important supercomputer centers in China.

As described previously that e-Science is increasingly showing a feature of data-intensive, an article is provided to illustrate a distributed data storage system of CAS. Collaborative research is one of the essential features of e-Science and an article is included to introduce a collaborative research environment developed. Digital instruments for scientific research also play a vital role in scientific research, hence the last article describes main steps of a "digital-oriented" design approach for research instruments, considering the issues of science goals, sensor, controller, security mechanism, and scientific features such as research community, conference, collaboration, etc. that are usually ignored in common IT platform development.

Part III: e-Science Practice and Applications

The fundamental principle of e-Science is to appropriately employ information and computing technologies and aid the scientific research, thus e-Science practice and applications are essential. This part includes 16 articles to describe e-Science practice and applications in China and show how they are used in education, health, medical research, bio-science, astronomy, industry, business, etc.

Two articles are included in this part to show how Cloud computing technologies are used in education. One article is about the Cloud services delivered in universities, and Cloud service in Fudan University is particularly discussed. The other article is about smart education solution based on the idea of "Cloud computing, the broadband Internet, the smart terminal", which aims to integrate the home education, school education and social education, and to promote extending the education towards every corner of the society.

National Scientific Data Sharing Platform for Population and Health (NSDSPPH), exemplifying another practical model of e-Science in medical research, covers basic medicine, clinical medicine, public health and other seven classes of data and fourteen thematic information services, such as prevention and treatment of infectious diseases, meteorological environmental medicine. Now NSDSPPH hsa become a public service center for data collection, storage and exchange in China's health science.

Some of e-Science technologies have also been used in Traditional Chinese Medicine (TCM). As TCM gradually becomes internationally recognized, standardizing and sharing of TCM information presents challenges. This part includes an article to describe how information technologies are used in Traditional Chinese Medicine. The proposed TCM standards that have now become ISO standards are also discussed.

Bio-science typically shows the computation-intensive and data-intensive features. In order to accommodate this, three articles are included in this part to describe how e-Science technologies are used in protein research and microbiological study.

An e-Science application in medical image research is also presented. Recently, the ultrasound molecular imaging has become one of the hot topics in molecular imaging research field. The design of molecular probes is the key and prerequisite for ultrasound molecular imaging. An article is provided to show how the ultrasound molecular imaging instrument, micro bubble/microsphere triggering device, imaging monitoring and ultrasound molecular probes can be integrated into the low intensity ultrasound molecular imaging and therapy system for vivo drug delivery and evaluation of treatment efficacy. In addition to bio-science, an e-Science application in health science is also included.

Advanced nuclear energy system is regarded as the third-generation energy. But the use of advanced nuclear energy system has imposed a series of challenges, which are difficult to be solved by using traditional nuclear energy software. An article is included to describe how a nuclear energy software has been developed. The development of this software involves multiple discipline and research collaboration research.

Exaflops computing is emerging and how to develop applications for such systems becomes pressing. The approach of coordination among the problem, model, algorithm, software and hardware involved can be an efficient way to address challenges in large-scale applications. An article with regard to the process engineering, that is, the integration of multi-scale modeling and simulation with supercomputing, is presented to discuss the new mode for the research and development in process industry.

Astronomy is increasingly showing a feature of data intensive, which brings challenges to data management, computing, bandwidth, software, and even changes the way to conduct the research. An article is presented to depict the Virtual Observatory, a data-intensive online astronomical research and education environment, to allow users and applications to access the distributed and heterogeneous datasets and services in a consistent and uniform manner.

An article about e-Science application in earth science is also presented. This article intends to introduce a novel electromagnetic method, a large deep three-dimensional vector wide field electromagnetic method to help develop the associated instrument for resources and energy exploration, deep crustal structure detection, groundwater resources detection, environmental and engineering exploration, etc.

A series of CNGI (China Next Generation Internet) projects are included and the associated prototype systems are demonstrated to show massive data transmission, large-scale scientific facility sharing, and networking among field observation stations.

The rapid development of Internet applications leads to the problem of IPv4 address exhaustion. In order to efficiently promote the IPv6 upgrade, a Multilevel Promotion Model has been proposed and designed to perform the IPv6 upgrade training in Taiwan, which will inspire us in relevant fields.

e-Science initiative and associated methodologies can also be used in business. Yiwu city of Zhejiang province is famous for the commodity market. The prosperity of the small commodity economy depends on numerous manufacturers. However, manufacturers cannot be timely aware of the dynamic marketing information. An article is included in this part to introduce how an e-Science platform has been developed to help Yiwu's commodity economy: the platform aims to integrate crowd-source data and extract useful marketing information for all stakeholders involved in the commodity marketing chain.

第一篇

态势战略篇

构建大数据时代的国家科研信息化体系

谭铁牛[1]

（中国科学院）

摘 要

科研信息化是信息时代科学研究环境与活动不断发展的必由之路，是世界科技发展的大势所趋。新的信息技术成果应用于科研活动，不仅改变了传统的研究方法，推动新兴与交叉学科的发展，更是加快科技创新步伐、实施"创新驱动发展"战略的重要实践方式。本文阐述了科研信息化产生的历史背景和意义，介绍了近年来我国在科研信息化方面取得的成果，并指出当前我国应从"科研活动方式变革"和"科研创新环境变革"两个层面入手，加快建设大数据时代的国家科研信息化体系。中国科学院作为科技国家队，应在推进科研信息化方面发挥示范作用。

关键词

科研信息化；科技创新；大数据

Abstract

e-Science involves the widespread deployment of information technologies in scientific research and is a natural paradigm shift in scientific research in the information era. Applying information technologies to scientific research not only changes the traditional research methodology, but also expands the scientific research scope. It serves as a catalyst for scientific and technological innovation. e-Science represents the general trend of R&D activities in the world. This article outlines the historical background of e-Science and introduces the recent progress made in e-Science in China. It is suggested that the construction of the national e-Science system may be accelerated along two directions, namely the reform of scientific research activities and the reform of scientific research environments. As the largest and most comprehensive national research institution, the Chinese Academy of Sciences should take the lead in this process.

Keywords

e-Science；Scientific and technological innovation；Big data

创新驱动发展已成为我国的重大战略。要把创新驱动发展战略落到实处就必须不断提升我国的科技创新能力，这是一项事关我国核心竞争力和全局发展的重大使命。科研信息化是信息时代科研活动的变革性模式，也是实现科技现代化的必由之路。大力推进科研信息化的发展是我国科技创新能力建设的重要内容，是不断提升科技创新效能的有力抓手。

---

1 谭铁牛，博士，中国科学院自动化研究所研究员，现任中国科学院副秘书长。

我们认为,必须从国家战略高度,准确把握国际科研信息化发展态势,系统总结我国科研信息化实践,整体设计我国科研信息化发展体系,以全面推动我国科研信息化发展,推动我国科技创新变革,唯此才能抓住新科技革命的历史性机遇。

一、科研信息化的内涵与意义

20世纪末,人类社会在经历数千年农业社会和数百余年的工业社会进程后,开始迈入信息社会。科学技术在推动社会经济迅猛发展的同时,也开启了科学生产活动的信息化历程,"科研信息化"就是信息社会发展的必然产物。

科研信息化,简而言之就是指采用信息化的技术和方法辅助科学研究。20世纪90年代中后期,英国科学技术办公室主任泰勒(John Taylor)率先提出了e-Sicence的概念。随后,美国国家科学基金(NSF)和能源部在计算基础设施(Cyberinfrastructure)的名义下实施了e-Science项目,并积极开展了科研信息基础设施建设。

在e-Science和Cyberinfrastructure基础上,我国科研工作者提出了"科研信息化"的概念。我们所认为的科研信息化,即"科学研究的信息化",是充分利用网络信息基础设施与技术,促进科技资源交流、汇集与共享,变革科研组织与活动模式,推动科技发展转型的历史进程。

社会公众所熟悉的传统科学活动方式,是工业革命和工业社会的产物,已经不适应新时代科技创新的需要。就像显微镜的发明打开了微观世界的大门,天文望远镜把人们的视野引向广袤的宇宙,新的信息技术成果应用于科研活动,极大地拓展和改变了传统的研究方法,推动了新兴学科领域的产生,对当代科学和技术前沿的开拓起着不可替代的作用。

历史表明,科研方式积累和发展到一定阶段后,必然会产生新的突破和变革,这种变革将直接催生新的产业革命,促成经济社会的迅猛发展。中国抓住了上一次科技革命的尾巴,工业化和经济都得到了较快增长,但还只是一个跟随者。面对信息社会和科技创新的快速发展,只有以全新的思维和工作模式变革传统的科研方法,构建科研信息化体系,才能在新的科技革命和产业革命中赢得主动。

二、科研信息化是实施创新驱动发展的必然要求

党的十八大提出了创新驱动发展战略,强调科技创新是提高社会生产力和综合国力的战略支撑,必须摆在国家发展全局的核心位置。然而,目前我国科研生产活动缺少原始创新、自主创新和团队协同创新,导致我国大多数产业处于价值链中低端,缺少核心竞争力。

科学技术是第一生产力,科研信息化的目标就是要依托信息化手段,以前瞻性、战略性、全局性的布局加快科技革命,加快生产力的改造和升级。科研信息化对于科技进步起到了加速器的作用。

各国政府都已认识到科研信息化对促进科技创新的显著作用,并纷纷将科研信息化立为国策,以此做为提升国家综合创新能力、参与下一轮全球竞争的关键举措。

2007年，英国《发展英国科研与创新信息化基础设施》报告专门介绍了数据和信息的产生、数据的保存和管理、数据的查询和导航、虚研究团体、网络、计算和数据存储设施等；同年，美国NSF发布了"21世纪的计算基础设施"，提出了建立"国家数字化数据框架"。

2011年，欧盟提出了"地平线2020"战略，计划开发新的世界级科研基础设施，整合和开放现有的、具有泛欧意义的国家科研基础设施，于2020年实现单一、开放的欧洲网上科研空间建设目标。

2012年，美国政府连续发布了"大数据研究与开发计划"和"数字政府"战略，将大数据上升到了与当年的互联网、超级计算同等的国家战略高度。

过去30多年中，我国社会经济发展主要靠引进上次工业革命的成果，处于产业分工格局的中低端，科研信息化为实现科技创新的变革式发展提供了"弯道超车"的机会。过去10年中，我国建设了一批科研信息化基础设施，并不断尝试将信息化手段应用到现代科学和工程研究中。

在利用高性能计算提升科研创新效率方面，国家超级计算网格主节点与中航工业第六三一研究所合作，开展湍流问题的高分辨率数值计算与湍流机理研究，使用自主研发的混合网格数值模拟软件对某型民用大飞机高升力流场进行了数值模拟，以满足工程应用需求，增强了我国在大型飞机设计领域的自主创新能力。中国科学院力学研究所利用超级计算机对和谐号高速列车气动外形评估优化和优化设计，以及高速列车隧道、交会等气动特性评估等，进行了数值模拟和仿真，改进后的八辆编组列车以350 km/h运行时启动阻力减少了8.6%。国家气象局大气成分观测与服务中心开发的沙尘暴数值预报模式（CUACE-Dust）已经用于中国气象局及多个省市气象局的沙尘暴业务预报，中国科学院超级计算中心设计实现了该模式的嵌套计算，主体计算时间从15小时缩短为13分钟。中国科学院金属研究所利用高性能计算机实现了钛合金中微观组织演化的相场动力学三维大体系模拟，该工作有助于加快我国新型钛合金的设计和变形工艺的优化，进一步满足国家战略性材料的国产化需求。

在利用数据密集型研究方法实现科研创新方面，中国科学院空间科学与应用研究中心通过对宇宙与太阳活动的监测，对海量观测数据进行分析与模拟，准确及时地提供了各类空间环境预报，保障了神舟九号、神舟十号与天宫一号交会对接的空间环境安全。中国科学院构建地理空间数据计算服务平台，引进国际国内权威地学数据资源，独立研发系列地学计算模型及相关数据产品，实现300 TB大规模遥感数据的快速检索和处理，除直接支持地学科研项目外，还为湖南省建设厅"湖南省3+5城市群城镇体系规划研究"、新疆生产建设兵团"中央森林生态效益补偿基金"等政府规划提供数据和技术支持。2013年，中国工程院启动中国版材料基因组计划"材料科学系统工程发展战略"，建立材料基因组数据库，挖掘材料的成分–组织–性能之间的定量关系，转变我国材料科研方法和产业发展模式。

在利用高速网络实现信息协同处理方面，中国科学院国家天文台组织开展我国甚长基线观测网e-VLBI（e-Very Long Baseline Interferometry）计划，将北京、上海、新疆、云南的射电天文望远镜观测数据通过高速网络准实时地传送到相关处理中心进行处理，构成基线超过4000 km的巨型"数字射电望远镜"。除天文观测研究外，e-VLBI技术转化应用到卫星测轨系统中,完成了对"嫦娥一号"和"嫦娥二号"的精密测轨任务。2008年,四川汶川特大地震灾害发生后,中国科学院迅速搭建视频监控传输专网,将视频监控信号直接传送到中南海和前方抢险指挥部、水利部、公安部、长江水利委员会等重要决策部门,为抗震救灾及时提供了重要信息。中国科学院通过建设"中国陆地生态系统通量观测研究网络",实现观测数据从通量塔、野外台站到综合中心的实时传输与处理,量化我国碳源/碳汇的分布与强度,并认识碳循环的自然及人为驱动机制,为国家在碳收支、全球气候变化等方面提供准确、及时的数据支持和决策咨询。

种种案例表明,科研信息化已成为创新驱动发展战略的重要实践方式,正逐渐改变着我国传统的科研创新环境。如果不能以前瞻性、战略性、全局性的眼光认识这场"科学的数字化革命"的意义和内涵,我国原始创新和科技进步会受到极大影响,中国将无法走在全球科技创新前沿。

三、建设大数据时代的国家科研信息化体系

大数据时代的科学研究呈现出数据密集和数据驱动的特点,数据密集型科研模式在发达国家越来越普遍。

建设大数据时代的科研信息化体系,首先要尊重全球科研活动方式的发展规律,在数字化基础设施、数据密集型科研应用、虚拟化协同组织方面实现信息化变革,其次要把握好我国现阶段社会经济发展对科技创新能力的需要。正如习近平主席在7月17日考察中国科学院时所指出的,"要坚决扫除影响科技创新能力提高的体制障碍,有力打通科技和经济转移转化的通道,优化科技政策供给,完善科技评价体系。要优先支持促进经济发展方式转变、开辟新的经济增长点的科技领域,重点突破制约我国经济社会可持续发展的瓶颈问题,加强新兴前沿交叉领域部署。要最大限度调动科技人才创新积极性,尊重科技人才创新自主权,大力营造勇于创新、鼓励成功、宽容失败的社会氛围"。

综上,我们认为应从科研活动方式变革和科研创新环境变革两个层面,以及基础设施、科研应用、协同组织、管理政策、学科建设、人才培养等六个维度,综合构建具有中国特色的科研信息化体系。

科研活动方式层面,在基础设施方面,需要重点满足三类学科领域需求。①基于高性能计算的科研活动,此类科学活动的典型特点是,必须依赖超级计算数值仿真进行数据处理,主要涉及天体物理科学、生命科学、能源科学、核科学、制药以及一些前沿交叉学科。②基于大数据的科研活动,此类科研活动的典型特点是,产生大规模的数据资源,而且这些数据需要在科研合作机构间保存、传输以及处理和分析,主要涉及大科学工程、能源、气象、高能物理等学科。③基于信息协同的科研活动,此类科研活动的典型特点是必须基于协同工作流开展跨学科、跨地域的科研协作,主要涉及生态科学、海洋科学、农业科学和野外台站等。

在科研应用方面,应围绕计算机辅助科学研究开展关键技术研发和应用示范,在计算机辅助信息获取、计算机辅助建模、算法和模拟软件、数据处理和可视化方面实现突破,形成自主软件工具,节约科学家的创新成本,提高科学劳动生产率,提高科学研究的质量和有效性,加快科技探索和创新的速度。

在协同组织方面,构建以兴趣为驱动、以社会网络为平台、以群体智慧协同为主要方式的科研模式,创造以"人"为纽带的协作网络,达到贯穿科研活动链条、提升整体科研创新能力的效果。

在科研创新环境层面,在管理政策方面,要配合科技体制深化改革,建立有利于科研信息化的管理政策,加强国家公益性科研信息化基础设施的建设,给予稳定持续的支持;并施行合理的产权保护制度,保证持有者的优先权益和合理利用,使公共科研投资发挥最大效益,促进科技创新成果走向市场、转化为实际社会生产力。

在学科建设方面,一方面,应加快现有学科理论体系、文献资料、研究方法、实验仪器、计量手段等的数字化进程,使整个学科研究得以在数字空间进行;另一方面,要积极探索信息革命所催生的新兴学科和交叉学科领域,把握科技革命先机,进而引发新兴产业。

在人才培养方面,除加强科研信息化专业人才培养外,应把科研信息化的基本内容和方法纳入科研工作者的职业教育计划之中,加强学科交叉领域、新兴领域的应用人才培养,并加强科研信息基础设施运行维护和服务支撑队伍的建设。

总体上,我国的科研信息化体系建设刚刚起步,相关部委相继部署了若干重点项目和计划。例如,2002年,科学技术部启动了"国家科技基础条件平台"项目;2003年,国家自然科学基金委员会启动了"以网络为基础的科学活动环境研究"计划;2007年,863计划启动了"高效能计算机及网格服务环境"重大项目;中国科学院在连续三个五年计划中都开展了"科研信息化项目"。这些项目为推动我国科研信息化打下了基础。

基于这些已有科技计划和工作,国家需要从顶层进行我国科研信息化体系的总体战略布局,即进一步从大数据时代的科学研究特点出发,集约利用已有科研资源,自上而下地构建一个符合当前和未来一段时间我国社会经济发展的科研信息化体系。

四、中国科学院推动科研信息化的战略举措

自20世纪末开始,中国科学院提出以科研活动信息化(e-Science)和科研管理信息化ARP系统(Academia Resources Planning System)为主的信息化建设规划,通过近15年的持续努力,形成了比较完善的信息化基础设施,锻炼了一支信息化应用服务队伍,支持了一批科研信息化应用示范,有力支撑了中国科学院的科技创新与管理工作。

面向未来,我们将着力从以下几个方面去推动中国科学院科研信息化的持续发展:

(1)形成两类服务平台:一个跨学科的公共综合信息化服务平台和一批分领域的学科专业信息化服务平台。

(2)夯实三类基础设施:海量存储设施、高性能计算环境、高速科研协同网络。

(3)实现四个重点突破:科研信息化基础环境与应用水平、科研信息化支撑服务能力、科研信息化人才队伍建设、科研信息化发展体制机制。

我们将以服务国家创新驱动发展战略以及落实"四个率先"要求为导向,在已有工作基础上进一步集成整合,努力将中国科学院建设成为具有国际先进水平、开放共享的国家科研信息化基地。

作者简介

谭铁牛,博士,中国科学院自动化研究所研究员、模式识别国家重点实验室主任、智能感知与计算研究中心主任。现任中国科学院副秘书长,中国人工智能学会副理事长,国际电子电气工程师学会(IEEE)和国际模式识别学会Fellow,国际模式识别学会第一副主席,IEEE生物识别理事会主席等。曾任或现任*IEEE T-PAMI*、*Pattern Recognition*、*Pattern Recognition Letters*等多个国际学术刊物的编委以及*International Journal of Automation and Computing*和《自动化学报》主编。曾任中国科学院自动化研究所所长。

大科学的数据挑战与对策

陈和生[1] **陈 刚**

（中国科学院高能物理研究所）

摘 要

基于大型科学研究装置的实验研究是现代科学技术研究的关键单元之一。大型科学实验产生的大数据在数据的存储与处理、传输与共享、数据展现等方面对信息科学提出巨大挑战。高能物理等大科学领域在过去几十年积累了大量的大数据存储、处理和共享等技术和经验，有力地促进了相关技术领域的发展。大型强子对撞机(LHC)的网格计算平台(WLCG)是大数据最成功的范例之一。未来大科学的大数据需要新的思维方式和新的技术支撑。网络技术、网格技术、云计算技术以及其他新的技术的引入和整合是解决大科学的大数据挑战的必由之路。科学大数据应用中心是数据D(Data)、计算C(Computing)、人员P(People)和应用A(Application)四者结合的开放平台，建立这样的中心能满足未来大科学实验对大数据的需求，并对大数据行业的发展具有示范意义。

关键词

大科学装置；大数据；网格计算；云计算；大科学数据中心

Abstract

The experiment researches based the Large Scientific facilities are one of the key components of the modern science and technology. The large experiments produce big data，and make great challenges to the information technology in the storage and processing，transfer and sharing，and virtualization of the big data. During last decades，high energy physics developed gigantic technology and experiences in the storage，processing and sharing of big data，and promote the relevant information technologies significantly. The Worldwide LHC Computing Grid for the Large Hadron Collider is one of the most successful examples of Big Data. The next generation of Big Data of the large scientific facilities requires a new way of thinking and new technologies. The network，grid computing，cloud computing etc. and their integration are vital to meet the challenges from the Big Data of the large scientific facilities. Integrating the Data，Computing，People and Application，to build a Scientific Big Data Center could fulfill the remands of the future large scientific facilities open platform.

Keywords

Large scientific facility；Big data；Grid computing；Cloud computing；Data center of Mega Sciences

　　科学研究的不断进步推动科学实验的规模和复杂性迅速发展。人类早期的所谓科学

---

1 陈和生，中国科学院院士，北京正负电子对撞机国家实验室主任、中国散裂中子源工程指挥部总指挥和工程经理部经理。

研究主要局限于对自然现象观察的记录。数百年前，人类的科学研究开始利用模型和概念对观察结果进行抽象化，逐步上升为理论。从20世纪中期开始，计算机技术的飞速发展使得利用计算机对复杂科学现象进行模拟成为科学研究的重要手段。现代科学研究手段已经进入采用理论、实验和计算机模拟相结合的时代。随着技术的发展以及人们对自然认识的不断深入，科学研究的规模正在不断地扩大，逐步形成了大科学的格局。以物质结构实验研究为例，20世纪上半叶，一个核物理实验仅需几个人。随着实验规模的扩展，参加一个实验的人数增加到几十人甚至几百人。而当今参与最大的高能物理实验的人数已经增长到数千人。现代大科学的标志为大科学工程、大科学装置和大科学机构。大科学工程包括基因工程、高能物理实验、核物理实验、天文观测等。大科学装置涉及不同的科学研究领域，包括大型强子对撞机(Large Hadron Collider, LHC)、甚大天文望远镜阵列(Very Large Array)、国际空间站(ISS)、国际热核聚变实验堆(ITER)、高功率质子加速器(J-Parc)等。这些大科学装置基本上都采用国际合作的方式建立和运行，投入大、参与的人数多。大科学机构包括欧洲粒子物理中心(CERN)、美国费米国家加速器实验室(FNAL)、日本高能加速器研究机构(KEK)等。这些科研机构聚集了大批来自世界各国的科研人员。大科学为攻克科学研究前沿的难题提供了实验研究的基础，同时也对信息技术提出了巨大的挑战。

一、大科学的数据

大科学装置常产生海量的数据。例如，高能物理实验就是世界上大科学装置的典型。高能物理实验研究物质微观结构的最小单元及其相互作用的规律，并与天体物理和宇宙学结合，研究宇宙起源和进化。20世纪末世界上最大的对撞机(Large Electron Positron collider, LEP)的四个实验在1989—2000年整个实验期间积累的数据总共不到20TB，而新的LHC对撞机的四个实验每年采集的数据就高达几十PB，如2012年采集的数据已达到25 PB。到2012年底，LHC实验产生的数据已达到200PB。海量的数据不仅需要高效的数据存储管理，同时需要高性能计算系统用于数据分析处理。这样的计算系统需要汇集全世界的力量来共同建设和运行。巡天观测(Sky Survey)是天文科学的大科学装置，其科学目标是利用望远镜测量和采集天空的数据用于建立三维的宇宙影像。这种宇宙影像可以用来研究类星体、星系分布、银河系内恒星的性质、暗物质、暗能量等。早期的巡天观测项目采集的数据规模为1~40TB。而目前正在运行的泛星计划Pan-STARRS每个月可对全天空进行四次观测，每晚产生的数据达10TB。泛星计划将积累40PB的数据。下一代更大的巡天计划叫做大型综合巡天望远镜LSST (Large Synoptic Survey Telescope)，是计划中的广视野巡天反射望远镜。LSST相当于一个30亿像素的天文照相机，每20 s拍摄一张60亿像素的天空影像，每晚产生数据达30TB，未来十年中将产生100PB的数据。基因研究是另一个产生科研大数据的重要领域。随着基因测序的成本大幅降低，基因数据的增长速度比任何其他科研领域都要快。深圳华大基因是世界上最大的基因测序机构，华大基因分别在中国大陆、亚太地区、日本、美国和欧洲都设立了基因研究机构，其每天进行的基因测序量相当2000个人的基因，产生的数据超过6TB。大科学装置的数据规模和复杂性的飞速发展对数据处理、计算机技术等提出了巨大的挑战。由于科学研究的领域不同,研究的目标、对数据处理等有着巨大的差别,但是大科学工程的大数据面临着相似的技术和管理等诸多方面的挑战。

二、大科学数据的挑战与对策

对于不同的研究领域,大科学实验的大数据有着不同的涵义和规模,差别不仅来自数据的使用方式,同时也体现在对计算机资源的需求不同,其中包括数据存储、I/O吞吐能力、CPU计算能力和网络传输能力等。科学大数据对数据采集、数据保存、数据共享、数据处理与展示等提出了巨大的挑战。

大科学实验的数据采集面临巨大的挑战。一些大科学装置产生的数据往往不可能全部保存下来。以高能物理实验为例,几乎所有的高能物理实验数据产生的速度都远远大于数据记录可能到达的速度。有限的存储资源也不可能把全部采集到的数据都保存下来。大型强子对撞机(LHC)的每个实验装置都有数亿个数据采集传感器,对撞机每25ns（10^{-9}s)进行一次粒子束团的对撞,每次对撞约产生20个事例(即约有20对粒子发生了碰撞)。因此,像LHC上的ATLAS这样的实验每秒钟产生的数据高达1PB。如此大量的数据不可能全部保存下来,需要对数据进行快速筛选。高能物理实验普遍采用一种叫做"触发"的手段对采集的数据进行快速判别,对物理研究目标有针对性价值的数据将被触发并记录下来。通常高能物理实验采用多级的触发对数据进行筛选,从而使数据量降低到能够接受的水平,并尽可能减少触发和采集数据在探测器产生的"死时间"。例如,ATLAS实验通过三级触发使数据率从1PB/s降低到320MB/s左右。去除对撞机和实验装置的维护时间,ATLAS这样的实验每年积累的数据达3~5PB。而LHC的四个实验每年采集的数据达到15~25PB。

海量的数据不仅需要被安全可靠地保存起来,同时还需要为科学研究提供高效的数据访问服务。数据量的高速增长对数据存储系统和服务的扩展带来巨大的挑战,仅仅通过增加磁盘来扩大存储容量并不能解决问题。数据记录容易做到,但是随着数据量的增加,数据的移动和读取变得越来越困难。因此,除了需要解决容量问题外,还需要解决吞吐性能、响应速度和运行成本等可扩展性问题。大科学实验常常采用廉价的硬件建立良好的分布式存储,在扩大存储资源的同时获得很好的数据访问的吞吐能力。但是这种大规模的分布式存储系统给运行维护带来很大的挑战,需要配备足够的运行支持人员对存储服务提供支持。新型存储设备的高存储容量密度在不断提升,这使存储系统的体积越来越小,且能耗不断降低。但是存储容量密度的提升也使得数据丢失的风险大幅增加。如何在高密度数据存储与数据存储可靠性之间找到平衡点是大科学实验需要认真研究的问题。

大科学实验产生的数据存放在单一的数据中心是不现实的。大科学实验需要分布在世界各地的合作单位来分担数据存储和数据分析的任务。传统的技术不适应于大数据的共享,旧的数据传输技术也是大规模数据传输的瓶颈。这种瓶颈包括缺少统一的技术架构和标准来保障在数据中心之间安全可靠地数据传输和跟踪。另外,大数据还需要有效的工具进行数据的远程操作和实时访问。过去十多年来,科学家开发和建立了一整套工具,使得在远程网络上能够高速传输大规模的数据,实现高效的数据跟踪管理。大数据的共享需要建立在高速网络上。合作单位的数据中心之间至少需要Gbit/s级、10Gbit/s级甚至更高的网络带宽进行数据的传输和交换。以高能物理实验为例,分布在世界各地的ATLAS和CMS实验的数据中心之间采用1~80Gbit/s的高速网络相连,日常运行过程中每秒钟传输的数据保持在10GB的规模。中国科学院高能物理研究所作为ATLAS和CMS的合作单位,建立了到欧洲及北美的高速国际链路,为实验数据的传输提供了重要保障。在基因研究应用中,2012年6月22日,华大基因利用CERNET与美国之间的10Gbit/s高速网络实现1GB/s以上的数据传输,成为中美之间大规模数据传输的案例之一。

可视化是科学数据处理的重要支撑工具,可视化技术帮助科学家快速直观地理解数据,从而将数据转变成有价值的科研成果。对于大数据,可视化应该实现数据的实时分析,产生动态可交互的数据展示。但是为了适应海量数据,可视化系统必须能够高效率地访问和处理大量的数据,并将结果显示出来,这就要求对可视化系统进行全新的设计,使其尽可能减少对存储系统的数据访问,同时又具有很好的可扩展性和可靠性。

数据的长期保存和利用也是大科学的重要挑战之一,科研数据即使在大科学实验结束以后仍然具有很高的科学价值。这些数据不仅可继续用于未完成的科学研究,同时还可用于全新的科学研究项目。另外,对多个科学项目的数据进行整合利用可以获得意想不到的新结果。当一个大科学实验结束以后,将数据长期保存下来是必要的,但是在没有足够经费和人员支持的情况下,大规模数据的长期保存是一个很大的挑战。这种挑战主要来自数据存储的设施、介质、软件与数据分析系统的维护、升级以及人员的费用。首先,随着存储设备的更新换代,需要有效的手段和足够的新存储资源来保障数据能不断向新存储系统迁移。其次,仅仅把数据保存下来是不够的,还需要将数据分析软件不断地迁移到新的计算机硬件和新的操作系统平台上,而软件移植最大的挑战是兼容性,要求软件移植到新的平台之后,仍然能精确地反馈数据处理的结果。国际上就大数据长期保存开展了一系列的研究。国际高能物理领域在国际范围内成立了专家工作组,过去的几年里就数据长期保存的策略和技术进行了研究和探索,并编写了《高能物理数据长期保存及分析蓝皮书》。该书在数据保存的技术、策略和规划等方面具有很高的指导价值。

三、科学大数据的网格计算技术

数十年来,计算机技术在可扩展性、可靠性、高性能、易用性等方面不断地发展。20年前,在高性能网络还不成熟的时期,绝大多数科学家只能利用自己单位有限的计算资源,无法得到足够的计算能力。为了解决计算资源稀缺的问题,由集群系统组成的本地分布式计算环境应运而生,海量数据存储系统开始出现。虽然这在一定程度上解决了大规模计算的问题,但对于大部分超大规模计算来说,计算能力的缺乏仍然是严重的问题。15年前,建立在高速广域网上的分布式计算环境,即网格计算平台开始出现。网格提供了远远超过人们想象的计算能力,足以满足许多大科学实验计算的需求。因此,就突破计算能力大小的限制来说,网格技术具有划时代的意义。网格技术打破了传统的共享和协作方面的限制,改变了以前对资源的共享停留在数据文件传输层的现象,允许用户直接对资源进行控制,并使共享资源的各方在协作时可以通过多种方式更广泛地交流信息,充分利用网格提供的各种功能。下面以国际高能物理网格为例介绍网格系统在大科学工程的数据处理和计算中的应用。

LHC对撞机于2009年投入实验运行,每年产生15~25PB的原始数据,并产生了大量重建数据和蒙特卡罗模拟数据。到2012年底为止,LHC实验已积累了超过200PB的数据。未来几年,世界高能物理的实验数据将超过1000PB。这样的数据量的存储和处理需要超大规模的计算资源。为了方便高效地进行物理数据分析研究,LHC采用分级式(Tier)的计算平台,将实验数据和计算任务分发到世界各地区数据分析中心。这种解决方案就是国际高能物理网格(Worldwide LHC Computing Grid,WLCG)。WLCG所谓的分级结构由零级至三级规模和任务不同的计算中心组成。各地区的一级中心(Tier-1)与欧洲粒子物理中心CERN的零级中心(Tier-0)之间需要至少10Gbit/s的网络带宽。二级中心(Tier-2)与一级中心之间的网络则至少需要2.5Gbit/s。零级中心负责数据的备份及向其他中心的数据分发,一级中心往往由参加LHC实验的成员国建立,二级中心则由规模较大的研究机构建立。三级中心是设在各个大学的由其研究团队使用的计算设施。LHC实验能够利用该网格系统存储和分析数据。WLCG在全球的网格站点达200余个,大规模网格系统的一个重要挑战就是数据安全问题。WLCG不能依赖于防火墙系统,因为这将成为大规模数据传输的瓶颈,因此采用数字身份认证和授权的手段来保证数据不被非法访问。WLCG作为世界上最大的网格平台之一,目前装备了超过25万个CPU核及200 PB的存储资源,每年完成数亿CPU小时的计算任务,为LHC实验的数据分析处理提供了不可或缺的支撑,特别是为希格斯(Higgs)粒子的发现作出了巨大贡献。

2006年受科学技术部基础司委托,高能物理研究所代表ATLAS和CMS中国合作组与CERN签署协议,加入WLCG的建设和运行,支持ATLAS和CMS实验的海量数据处理。在中国科学院知识创新重大项目的支持下,于2008年在中国科学院高能物理研究所建立了WLCG网格平台的二级站点。该网格站点由约1600个CPU核组成计算资源,640TB的磁盘组成存储系统。计算资源采用刀片式服务器。磁盘存储采用廉价的硬件设备,配备dCache和DPM作为存储管理系统。该系统的优点是性能好、可靠性高且易管理。网格平台通过中国科技网建立了到欧洲和北美的高速网络带宽。与欧洲的网络连接采用ORIENTplus链路,与美国的网络连接采用GLORIAD链路。每年与欧洲和北美之间交换3PB以上的数据。2013年初,在中国科技网的帮助下,对与欧洲的网络带宽进行了大规模升级,目前的国际数据传输性能可达到4.6Gbit/s以上。这将为未来的海量数据的交换提供重要保障。多年来,中国网格站点在全球近200个网格站点中运行水平一直处于世界领先,特别是被ATLAS国际合作组评为Leadership站点。该网格站点每年提供超过1200多万CPU小时的计算服务,完成550多万个计算作业,处理的数据超过3PB,为ATLAS、CMS实验的物理分析(尤其是对2012年7月类Higgs玻色子的重大发现)作出了很重要的贡献。

四、云计算在高能物理实验中的应用

云计算是当前热门的计算模式。但是对于大科学实验的大数据,采用商业云平台需要的网络开销太大。LHC等高能物理实验的测试和评估表明,采用商业云的成本要高于目前的网格平台。但是虚拟化技术为跨平台的计算任务调度和资源整合提供了技术条件。

云计算技术在提高资源利用率、灵活的可伸缩性和可管理性方面表现出了较大的优势,吸引了包括高能物理在内的众多领域开始测试和应用。CERN启动了虚拟机项目CernVM,并在此基础上发起LHC云计算项目,为LHC提供虚拟化的应用环境。中国科学院高能物理研究所计算中心在对北京正负电子对撞机实验BESIII的实际应用需求进行详细分析后,认为只要能够满足需要的技术都是好技术,因此并没有简单地抛弃已有技术,而是结合现有的技术优势,包括网格计算、志愿计算、海量存储、下一代互联网与网络安全等,在云存储系统、虚拟集群系统、BESIII云计算系统与云安全等方面展开研究和应用。中国科学院高能物理研究所计算中心在现有海量存储技术的基础上,基于实际需求设计与开发了一套云存储系统HepyCloud,轻松管理PB级乃至数十PB级的存储空间。中国科学院高能物理研究所计算中心结合志愿计算、虚拟化技术和网格计算等技术,启动BESIII弹性云计算项目,不仅将BESIII计算任务分布到合作单位的计算系统,还将任务分发到互联网上的个人计算机中运行。而对于BESIII的用户来说,仍使用原有的作业提交方式,而不用关心作业被分发到本地集群、网格站点上,还是个人计算机上执行。该云计算系统成为大科学实验领域云的典范。

五、大科学数据中心

早在"大数据"产业化理念提出之前,高能物理研究领域已经很好地解决了海量数据开放融合、高效处理的问题。高能物理研究采用完全开放、融合共享的计算模式,海量基础数据、计算能力、存储能力、传输能力,对于全球合作组成员都是开放共享的。同时,高能物理研究也促进了高性能计算、网格、互联网、志愿计算等一系列技术的诞生和发展。可以说,高能物理是科研大数据应用的典型成功案例。

借鉴高能物理海量数据处理的技术与经验,中国科学院高能物理研究所正在规划建设一个开放融合的科研大数据应用中心,力图成为大科学工程领域大数据的集散地和数据加工厂。

科研大数据应用中心是数据D(Data)、计算C(Computing)、人员P(People:志愿计算)和应用A(Application)四者结合的开放平台。科研大数据应用中心的特点首先表现在数据开放性上。系统集分布式数据获取和整合、存储、共享、传输、处理与展现于一体,通过将平台和应用的分工细化,提供不同级别的大数据基础支撑服务。大数据应用的研究者、开发者只需要利用平台开放的数据获取能力,获取需要的数据,或整合平台已有数据,并调用已有的存储、计算以及数据挖掘工具工作,即可以最高的效率、最低的成本达到研究与应用的目标。实际上,高能物理领域一直是按照这个模式在工作,该平台将这种模式从高能物理扩大到其他大数据领域。

科研大数据应用中心的特点还表现在数据融合能力上。科研大数据应用中心的数据是流动的,且在不断更新。首先,中国科学院高能物理研究所基于自身科研需求,可以聚合其他领域科学应用的海量数据。其次,基于志愿计算的分布式数据采集技术是中国科学院高能物理研究所独有的优势,采用该技术可以实现对互联网海量数据的有效采集,具有时效性、广泛性与精准性的显著特征。最后,通过数据合作、交换,可以整合更多领域的科研数据、物联网数据、互联网数据等海量数据。这些来源不同的数据依托科研大数据应用中心,实现高效、便捷、可控的分享、交换、融合,最终促进跨学科交叉创新,实现数据价值的最大化。

科研大数据应用中心的特点还表现在数据跨地域的传输与共享方面。科研大数据的特点是需要进行跨地域的海量数据交换。为了解决这一难题,高能物理研究所正在建设高能物理数据传输虚拟专用网(CHEPDTN),采用新型软件定义网络(SDN)技术和网络架构,充分利用已有的网络基础设施(设备)和资源(IPv4和IPv6带宽),满足跨地域的高能物理实验合作单位之间的高速、稳定、安全的数据传输需求。

与普通的云计算中心相比,拟建设的科研大数据应用中心既有工具(云计算平台)又有数据,并且整合了科研、互联网、物联网等多领域的数据。整个平台的四大因素D、C、P、A良性循环,推动整个平台健康发展。从国内外的研究来看,科研大数据应用中心的设计不论从研究前沿还是在应用方面,均处于领先地位。

六、结语

现代大科学都是数据驱动的,大科学工程在数据表示、分布式数据存储与处理、数据传输与共享、数据展现等方面有着强烈的需求。在应用需求的引导下,高能物理等大科学领域在过去几十年中积累了大量的大数据存储、处理和共享等技术与经验。大数据不仅需要开放的数据,进行多领域交叉融合,也更需要深入领域需求,才能挖掘其数据价值。大科学的大数据需要新的思维方式和新的技术支撑。网络技术、网格技术、云计算技术以及其他新的技术的引入和整合是解决大科学工程中的大数据挑战的必由之路。

大科学的数据是现代科学研究的根本。数据平台的建设将保障和促进科学研究的顺利开展,科研大数据技术的研究和发展反过来可应用于整个社会的大数据行业。国家应该加大对科学研究的大数据技术的支持力度,为科学研究提供有效保障,促进国家大数据产业的发展。

作 者 简 介

陈和生,1970年毕业于北京大学技术物理系,1984年获美国麻省理工学院博士学位。曾任中国科学院高能物理研究所所长、中国高能物理学会理事长、中国物理学会副理事长、亚洲未来加速器委员会主席等职。2005年当选为中国科学院院士。现任北京正负电子对撞机国家实验室主任、国家"十二五"重点工程中国散裂中子源工程指挥部总指挥和工程经理部经理。长期从事粒子物理实验研究,先后参加Mark-J实验、L3实验、AMS01和AMS02实验,做出了重大贡献。主持北京正负电子对撞机重大改造工程,使其性能提高了两个数量级。

大数据发展态势与科学内涵

郭华东[1] **王力哲 陈 方 梁 栋**

（中国科学院遥感与数字地球研究所）

摘 要

信息化浪潮带来全球数据的快速增长，大数据研究已逐渐成为科技、经济、社会等各领域的关注焦点，世界各国也把大数据研究与产业上升至国家战略层面。为了迎接大数据时代的到来，理解大数据的本质，更好地使用大数据技术、科学研究范式及其工业生产方式，本文对大数据的发展及其内涵进行了分析和讨论。首先从时间、空间角度梳理了大数据的发展，包括大数据概念的缘起、全球性发展现状和发展态势。重点讨论了大数据的科学内涵：大数据的核心在于数据驱动的知识发现，提出了大数据研究的"量-质-用"方法论，分析了科学大数据的科学本质及面临的挑战性难题。

关键词

大数据；科学大数据；数据密集型计算；数字地球

Abstract

The tide of informationization has brought rapid, global growth of data, and research on "big data" has gradually become a hot topic in the fields of science and technology, economics, social sciences, and for society in general. Many countries have strategically enhanced their big data research and industries at a national level. In order to adapt to the era of big data, understand the nature of big data and new scientific research paradigms, and better use related technologies in industrial production, this article discusses and analyzes the development of big data and its scientific connotations. First, the article explores the development of big data over time and in different places, including the origin of the concept of big data, global development status, and development trends. This article also focuses on the scientific connotations of big data; it addresses the core of big data as data-driven knowledge discovery, proposes a methodology for big data research—"quantity-quality-use"—and analyzes the scientific nature of big data and its challenges.

Keywords

Big data；Scientific big Data；data-intensive computing；Digital Earth

一、引言

自上古时代的结绳记事起，人类就开始用数据来表征自然和社会。工业革命爆发后，人类更加注重数据的作用，不同的行业先后确定了数据标准，并积累了大量的结构化数

---

1 郭华东，中国科学院院士，中国科学院遥感与数字地球研究所所长。

据；计算机和网络的兴起以及大量数据分析、查询、处理技术的出现,使得高效处理大量传统结构化数据成为可能。近十年来,随着互联网的快速发展,文字、图片、音频、视频等半结构化、非结构化数据大量涌现,社交网络、物联网、云计算被广泛应用,使个人能更准确快捷地发布、获取数据。在科学研究、互联网应用、电子商务等诸多领域,数据规模和种类正在发生革命性转变,大数据时代已然到来[1-4]。2012年12月,互联网数据中心(IDC)发布的《2020年的数字宇宙》报告指出,数据量将以每两年翻一番的速度飞速增长,预计到2020年全球数据总量将达到40ZB,其中我国将占21%[5]。图1所示为2006—2020年全球数据量增长趋势图。

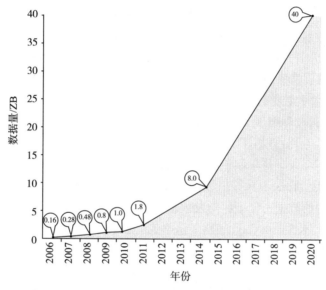

图1 2006—2020年全球数据量增长趋势图

(根据IDC《2020年的数字宇宙》资料修改)

庞大繁杂的数据在全球范围内迅速增长,不断掀起新的数据浪潮。大数据研究已逐渐成为科技、经济、社会等各领域的关注焦点。一些国家和国际组织已将大数据研究提升到重大战略层面,这势必对未来科技与经济发展产生深远影响[6-10]。

本文力图对大数据的缘起、内涵、核心科技问题和发展趋势进行归纳与分析,探讨大数据的特点与规律,力求为大数据的研究与发展提供借鉴和启发。

二、大数据缘起与内涵

1. 大数据缘起

人类社会的数据生产方式在经历了以被动式为主的运营式系统阶段和以主动式为主的用户原创内容阶段后,现已步入了以自动式为主的感知式系统阶段。数据生产方式的飞跃是大数据产生的主要因素。与其他研究方向一样,大数据也经历着从概念到小范围技术实践,最终到广泛接受并成为一个新兴研究方向的历程。在此通过回顾大数据的概念、理论、技术和应用的若干里程碑事件以梳理大数据的缘起。

大数据真正得以重视是从20世纪90年代中后期开始的。1997年10月,在第八届美国电气与电子工程师协会(IEEE)关于可视化的会议论文集中,Michael Cox 和David Ellsworth发表了论文*Application-controlled demand paging for out-of-core visualization*,探讨了计算资源无法即时处理大数据集的挑战。该论文中写道:"我们将这个问题称为大数据。"这是在美国计算机学会的数字图书馆中第一篇使用"大数据"这一术语的文章。

在计算机领域,海量数据传输、存储与处理能力大幅提升的同时,大数据研究得以发展,互联网数据中心大数据处理技术的突破被视为最成功的范例之一。2004年12月,谷歌(Google)在"操作系统设计与实现(OSDI)会议"上发表了关于谷歌文件系统与MapReduce的论文,被视为大数据处理技术发展的里程碑。2006年2月,Apache软件基金会正式启动开放源码项目"Hadoop"以支持MapReduce和Hadoop分布式文件系统(HDFS)的独立发展,促进了大数据处理技术的快速发展。2011年,IBM的沃森超级计算机每秒可扫描并分析4TB数据量,并在美国著名智力竞赛电视节目"Jeopardy"中击败两名人类选手而夺冠,这标志着大数据处理能力的成功。

与此同时,科技界屡现大数据相关论文、专刊和书籍。2008 年 9 月,《自然》杂志率先出版了"大数据"专刊,分析了大数据对当代科学的影响和意义。大数据的影响已触及自然科学、社会科学、人文科学和工程科学的各个领域[11-14]。

2009年10月,Tony Hey等出版的《第四范式:数据密集型科学发现》一书,标志着与大数据关系密切的数据密集型科学发现范式的确立和广泛认同[15]。

2010年2月,Kenneth Cukier在《经济学人》上发表了一份长达14页的大数据专题文章《数据,无处不在的数据》,其中写到"世界上有着无法想象的海量数字信息,并以极快的速度增长。从经济界到科学界,从政府部门到艺术领域,很多地方都已感受到了这种海量信息的影响。科学家和计算机工程师已经为这个现象创造了一个新词汇:'大数据'"。

2011 年 2 月,《科学》杂志推出"数据处理"专刊,主要关注数据洪流带来的机遇与挑战,并呼吁科学界应在数据的供应与管理上做出积极贡献[16,17]。同年5月,麦肯锡全球研究院(MGI)发布《大数据:下一个创新、竞争和生产力的前沿》报告,标志着大数据已成为社会科学研究的热点问题之一。

2011 年 10 月,国际科学理事会科学技术数据委员会(CODATA/ICSU)以CODATA成立45周年为契机,召开了数据密集型科学与发现会议,指出科学数据是知识发现与创新的引擎,是人类认识自然的钥匙。

2012年5月,联合国发布大数据政务白皮书《大数据促发展:挑战与机遇》,指出各国政府应当使用极大丰富的数据资源,更好地响应社会和经济指标。这标志着大数据领域的研究计划已上升到国家战略层面。同年6月,Laney Douglas等发表题为*The Importance of "Big Data": A definition*的论文,提出了大数据的4V(Volume、Velociety、Verity、Veracity)定义,确立了大数据的基础概念。同年6月,Michael Goodchild与郭华东等在美国《国家科学院院刊》发表了论文《新一代数字地球》,指出人类已进入大数据时代,这代表大数据将在新一代数字地球发展中扮演重要角色[18]。

2013年4月,在北京举行的第三十五届国际环境遥感大会上,专门召开了"大数据与数字地球和未来地球"分会,标志着空间和地球科学领域对大数据的广泛关注和认同。

图2反映了大数据发展的趋势。大数据时代的到来是科技与社会领域众多学科飞速发展的产物,蕴含着自然科学、社会科学、人文科学和工程科学发展的深刻变化。

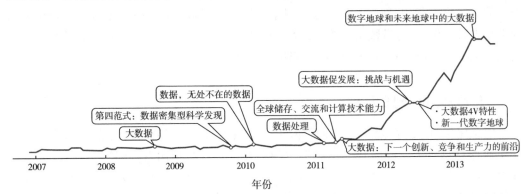

图2　大数据发展趋势

(根据Google Trend 2013年8月数据制作)

粒子物理学界的大型强子对撞机拥有1.5亿个传感器,每秒即可产生4千万次数据,仅2011年就产生了23PB的数据量。Facebook作为全球最大的社交网站,拥有超过10亿的注册用户,每天可生成300TB以上的日志数据。沃尔玛公司每小时产生一百万笔交易,数据量高达2.5PB,大约是美国国会图书馆全部图书信息量的167倍。据IDC统计,2011年,全球被创建和被复制的数据总量达1.8ZB,其中75%来自于个人,这远远超过人类有史以来所有印刷材料的数据总量。

光学和电子技术的发展带动了以精细化、专业化、智能化传感器为代表的数据感知与获取能力的提升。光纤网络技术使数据传输能力倍增,主干网带宽每六个月就增加1倍。大数据的处理和存储得益于微电子技术的进步,在过去的20年里,CPU的性能提高了3500倍,内存和硬盘的价格则分别下降为原先的1/(4.5×10^4)和1/(3.6×10^6)。

人类历史上从未有哪个时代和今天一样产生如此海量的数据,数据的产生已经完全不受时间和空间的限制。大数据隐含的巨大科研、经济、社会价值,将对人类发展产生巨大的推动作用。

2. 大数据内涵

"大数据"虽已荣登《纽约时报》、《华尔街日报》等专栏,也已进入美国白宫网站的新闻栏目,但是大数据尚未有一个公认的科学定义。目前,国内外学术界和工业界试图通过两种不同的角度刻画大数据的外部特征:一个是大数据的相对特征,即在用户可接受的时间范围内,使用普通设备不能获取、管理和处理的数据集;另一个是大数据的绝对特征,即前文所提到的大数据4V特征:体量大(Volume)、类型多(Variety)、价值大(Veracity)、变化速度快(Velocity)[19]。

与传统的逻辑推理研究不同,大数据研究是对数量巨大的数据做统计性的搜索、比较、聚类和分类等分析归纳,进行"相关分析",重点关注所谓"相关性",即两个或两个以上变量的取值之间存在某种规律性,目的在于找出数据集里隐藏的相互关系网。

由此可见,大数据时代以及大数据计算的本质特征在于从模型驱动到数据驱动范式的转变,以及数据密集型科学方法的确立。人类社会对自然界的认知从观测模式与实验科学到17世纪的理论模型范式后,发展到本世纪的计算模式,经历了几百年的演化。在今天的大数据时代中,新型数据密集型科学发现的范式被提出——不依赖或者较少依赖模型和先验知识,对海量数据中的关系和规律进行分析和挖掘,从而获得过去的科学方法所发现不了的新模式、新知识,甚至新规律。

三、大数据的全球发展

信息化作为当前社会发展的重要驱动力,其效力与政府、科技界、企业界、社会以及大众生活都息息相关。政府作为信息资源的主要占有者和使用者,在使用数据发展科技和经济产业等方面起着至关重要的作用[20-24]。大数据是与自然资源、人力资源一样重要的战略资源,是一个国家数字主权的体现。在大数据时代,国家层面的竞争力将部分体现为一国拥有大数据的规模、活性以及对数据的解释、运用的能力。一个国家在网络空间的数据主权将是继海、陆、空、天之后另一个博弈的空间。图3所示为世界各国对大数据研究的热度图。

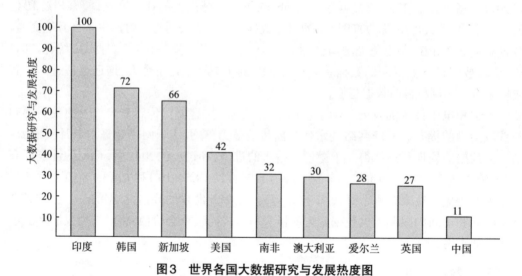

图3 世界各国大数据研究与发展热度图

(根据Google Trend 2013年8月数据制作)

2012年3月,美国总统奥巴马宣布启动"大数据研究与发展计划",展示了大数据研发应用将从以往的商业行为上升到美国国家战略部署的总体蓝图[25]。六个联邦政府部门为此宣布投资2亿美元以实现三大目标:①研发大数据核心技术;②利用大数据核心技术推进科技发展,加强国家安全,推动教学改革;③培养大数据研发与应用人才。纵观此计划,可发现以下六个特点:①重要性堪比超级计算与网络;②重视可视化技术研发;③与云计算密切相关;④重视人才培养;⑤谋求产业界和大学的积极参与;⑥促进数据共享。

欧盟于2011年11月明确提出了"开放数据战略",开放的数据包含公共机构产生、收集或支付的所有信息,如地理信息数据、统计资料、气象资料、政府资助的研究项目数据、数字图书等[26]。在全球陷入经济危机困境之际,欧盟预计通过开放和重复利用这些有价值的数据,可为其带来每年400亿欧元的经济增长。这充分体现了大数据在社会经济中的重要角色,也标志着大数据成为现代经济活力的一个重要生产要素。

澳大利亚继美国和欧盟之后发布《大数据战略》报告,该报告针对14大领域提出了24项行动计划,其中"促进数据开放和大数据发展"被列为14大领域之一[27]。此战略的目的是加强跨机构数据分析能力,让法律政策和服务更具针对性和实用性,让公民与政府的互动更人性化。可见,大数据不仅能促进科技和经济发展,也能为政府创造大量机会。

在亚洲,日本和韩国是在大数据领域较为活跃的两个国家。2013年6月,日本针对由于长期经济低迷导致的国际地位下降、少子高龄化以及日益增加的社会保险费用和社会基础设施老化等诸多问题,制定了以大数据为核心的信息技术战略,以促进经济发展,改变现状。

伴随大数据热潮而至的是对数据中心的倍加关注。近期,韩国宣布将建设其国家第一个开放性数据中心。该中心是基于韩国总统朴槿惠在2013年2月提出的创新型经济框架而设立的,计划面向中小型企业、风险企业、大学和普通公民创建一种基础解决方案,使任何人都可使用其中的服务对大数据进行分析,解决业务和研究方面的问题。韩国希望通过构建此中心帮助本国科技行业达到世界顶尖水平。

大数据作为一个具有国家战略意义的新兴领域,不断受到政府的高度关注。我国在科技和经济快速发展的今天,需尽快研究制定我国的大数据发展战略,在大数据领域的起步阶段占领制高点。习近平总书记于2013年7月在中国科学院考察时讲到"大数据是工业社会的'石油'资源。谁掌握了大数据,谁就掌握了发展的资源和主动权"。中国科学院院长白春礼也呼吁中国应制定国家大数据战略,提出中国国家大数据战略的主要内容,其中应包括:构建大数据研究平台,即国家顶层规划,整合创新资源,实施"专项计划",突破关键技术;构建大数据良性生态环境,制定支持政策、形成行业联盟、制定行业标准;构建大数据产业链,促进创新链与产业链有效嫁接[28]。

虽然我国尚未在国家层面提出大数据发展战略,但在《"十二五"国家战略性新兴产业发展规划》中已提出了支持海量数据存储、处理技术的研发与产业化;在《物联网"十二五"发展规划》中也将信息处理技术列为四项关键技术创新工程之一,其中就包括海量数据存储、数据挖掘、图像视频智能分析等。我国各省市地区也逐步开展了大数据研究,其中上海市和广东省尤为突出。2013年7月12日,上海市科学技术委员会发布了《上海推进大数据研究与发展三年行动计划(2013—2015年)》,计划三年内重点选取医疗卫生、食品安全、终身教育、智慧交通、公共安全、科技服务等具有大数据基础的领域,探索交互共享、一体化的服务模式,建设大数据公共服务平台,促进大数据技术成果惠及民众。广东省也于今年启动了大数据战略,根据《广东省实施大数据战略工作方案》,广东省将建立省大数据战略工作领导小组,以保证大数据战略有效实施;同时建设政务数据中心,为高校和企业等建立大数据研究机构提供支持;并将在政府各部门开展数据开放试点,通过部门网站向社会开放可供下载和分析使用的数据,进一步推进政务公开。

当各国政府对大数据研究与应用日趋重视的同时,国际组织也意识到大数据的重要性。早在2005年联合国世界信息峰会上,《数据是我们人类共同财富》的主题报告就已赢得了各国政府的关注与好评。如前面所述,联合国"全球脉动(Global Pulse)"计划发布的《大数据促发展:挑战与机遇》报告,不仅阐述了大数据带来的机遇、主要挑战和应用,还指出了大数据在学术界和决策上的重要价值。

经济合作与发展组织(OECD)于2013年4月发布了《探索数据驱动型创新》报告,探索了数据及相关分析法对于创造关键竞争优势和形成知识资产方面的潜在作用。报告介绍了在线广告、健康护理、公共事业、物流和交通、公共管理五大领域中利用数据来刺激创新和提升生产力的现状,并明确指出需要协调的公共政策和实践以充分发挥大数据的潜能,进而促进增长和造福人类。

国际科学理事会(ICSU)在其颁布的《国际科学理事会二期战略规划2012—2017》中着重强调了管理数据与信息以及利用科学数据和信息发掘新知识的重要性。ICSU科学联盟和跨学科主体覆盖的大范围科学研究领域,在许多地区仍然遵循着不同的标准和规范来进行数据收集和存档。为了更好地促进和实现不同学科、领域间的合作,ICSU将数据共享作为其主要战略目标之一。

近年来,从基础研究到应用研究,从生命科学到地球科学,从识别微观现象到认识宏观世界,数据共享的理念正日益深入人心,数据密集型科学研究正成为重要的发展趋势。世界正在经历着一场前所未有的数据革命,数据作为"可再生资源"将改变整个人类社会的认知。

四、大数据研究方法

对于大数据的研究可在"量"、"质"、"用"三个层面展开。"量"即重点突破大数据体量上所带来的科学与技术难题。"质"即重点分析大数据这一新生研究对象与系统的本质和机理问题,如大数据集合结构、大数据系统演化、大数据集合数据元素的关联性等。"用"则重点分析大数据驱动的系统建模、信息提取与知识发现的方法与理论。如图4所示,以上三个方面互为因果、互相促进。只有解决了"量"的问题,才能更好地研究大数据的机理、进一步分析与利用大数据;对于大数据本质和机理的深入研究与理解,有助于开发大数据管理与分

图4 "量–质–用"——大数据研究的方法论

析的算法和系统,同时更好地使用大数据;对于大数据应用加以研究,能够从需求出发更好地理解大数据的机理,以及有针对性地对大数据进行处理与分析。

1. "量":大数据计算的技术与平台

大数据技术是指从不同类型的海量数据中快速获得有价值信息的技术,这是大数据研究中的核心问题之一。大数据不仅指数据本身的规模,也包括采集数据的工具、平台和

分析系统。大数据计算的数据链全流程,包括数据的感知、获取、传输、存储、分析和可视化等环节,均面临技术上的挑战。在这些环节上,针对"小数据"的传统技术和方法存在着流量、容量、处理速度、可扩展性、容错性等方面的缺陷,需要进一步改进或研究新的技术与方法才可更好地服务于大数据。

大数据研发目的是发展大数据技术并将其应用到相关领域,通过解决海量数据处理问题促进其突破性发展。因此,大数据时代带来的挑战不仅表现在如何处理海量数据从中获取有价值的信息,也体现在如何加强大数据技术研发,抢占时代发展的前沿。大数据技术的战略意义不在于掌握庞大的数据信息,而在于对这些含有意义的数据进行专业化处理。

2. "质":大数据集合与系统

根据经典信息处理的方法论,对于大数据首先要能够进行数学表达和分解,以研究大数据的结构、特征、关联等大数据集合与系统的机理问题。这里采用的主要理论包括数学分析与矩阵分析、拓扑几何、优化与运筹学、泛函分析、现代概率与统计学理论、现代控制理论、现代信号处理与数据分析理论、信息熵理论等。

由于大数据规模过于庞大,必须考虑降低计算复杂性、减少计算量,从而获得可容忍的时间、空间和能量指标的算法。解决的途径有两个:一个是使用压缩、稀疏表达以及通过采样将大数据化为小数据后计算;另一个是基于增量式学习进行渐进式计算。

大数据系统作为一个客观对象,有着产生、发展、变化、衰减和消亡的演化过程。大数据的演化过程伴随大数据价值而变化。定量地描述这一过程可以揭示大数据集合的机理,基于信息论的熵变化以及动力系统模型有助于上述过程的刻画。

3. "用":大数据应用方法与模式

《大数据:下一个创新、竞争和生产力的前沿》中提出,只要给予适当的政策支持,大数据将促进生产力增长和推动创新。MGI针对医疗保健、零售、公共领域、制造、个人位置数据这五大领域进行了重点分析,提出了大数据的五种应用方法:①以时效性更高的方式向用户提供"大数据";②通过开展数据分析和实验寻找变化因素并改善产品性能;③区分用户群,提供个性化服务;④利用自动化算法支持或替代人工决策;⑤商业模式、产品与服务创新。

大数据的应用范式是一个值得思考的问题。目前各界对大数据的理解还不够成熟,需要政府、学界和产业合作等各界的共同推进。正如前文中指出,数据密集型发现已被广泛接受,被认为是科学发现的第四范式。如何使用数据?是否应结合先验知识和已知的机理模型,是当前大数据使用的核心问题。Chris Anderson在2008年6月预言"数据洪流导致科学理论终结",即停止寻找模型,仅仅依赖于数据集合内部的相互关系来研究客观世界并发现规律。然而,时至今日,这一预测并未被验证和广泛接受。动态数据驱动范式(DDDAS)与数据驱动控制的思想是当前被广泛接受的数据与系统建模相结合的使用模式,在实际系统中获得了一定的应用。

五、科学大数据

在信息与网络技术迅速发展的背景下,科学研究数据与日俱增,在此我们把在科学与工程领域中感知、获取、传输、存储、管理、处理的海量数据称为科学大数据。科学大数据将复杂性、综合性、全球性和信息与通信技术高度集成性等诸多特点集于一身,其满足直接或间接提供科学发现的条件,而不是单纯地指科学数据量的增加。

科学大数据正在使科学世界发生变化,科学研究已进入了一个全新的范式——数据密集型科学范式。近年来,美国国家科学基金会(NSF)投入了大量资金来大力支持数据密集型科学计算。其中,由戴尔公司和得克萨斯州立大学研发的超级计算机Stampede已正式开始服役,其综合处理能力、高可用性和高性能让人赞叹。美国南加州地震中心利用Stampede预测了加州破坏性地震的频率。得克萨斯大学奥斯汀分校利用Stampede通过详细的数据建模更好地描述了从南极洲到海洋冰川的流动[29]。

现阶段在大数据概念与应用实践中,网络大数据与商业大数据得到了广泛重视和快速发展。与之相比,科学大数据的理论与实践相对落后。尽管科学大数据已成为科学研究的重要途径,数据密集型科学范式也已逐渐被接受,但是科学大数据系统的机理模型及其在科学发现中的理论与方法仍有待深入研究,其原因主要在于除了前文所述的一般意义的大数据计算带来的挑战外,科学大数据计算本身具有以下特殊内涵。

(1) 超高维度。科学大数据反映和表征着复杂的自然和社会科学现象与关系,而这些自然现象或科学过程的外部表征一般具有高度数据相关性和多重数据属性。简言之,科学大数据一般具有超高的数据维度。以地理信息系统中的大规模复杂社会经济现象时空分析为例,每个空间坐标上叠加着各种自然地理数据、空间观测数据、社会经济与文化数据。这些数据相互关系极其复杂,并且来自不同传感器,具有不同的时空分辨率和物理意义。

(2) 高度计算复杂性。科学大数据应用的场景大多属于非线性复杂系统,具有高度复杂的数据模型。因而科学大数据计算问题不仅仅是一个数据处理与分析的问题,还是一个复杂系统与数据共同建模与计算的问题。这个问题需要复杂系统理论、估计理论与本学科的机理模型相结合来探索解决方法。现代气候科学就是一个典型案例。

(3) 高度不确定性。我们注意到,科学大数据的来源一般包括对自然过程的感知和科学实验数据的获取。这两种数据来源的特点决定了科学大数据普遍具有一定的误差和不完备性,从而导致数据的高度不确定性。一般而言,科学大数据应用的学科为非人工系统,如气候变化与地学过程。这样的系统由近似的机理模型来表征,具有高度的不确定性。数据的不确定性与模型的不确定性给科学大数据计算带来了极大的挑战。

六、大数据应用案例——数字地球

科学大数据应用在基于海量数据或交叉学科为主体的大型实验中最为典型,如人类基因组计划、大型强子对撞机、全球变化等,而在空间科技、信息科技、地球科学基础上发展起来的数字地球可视为一个典型的大数据科学案列。

数字地球是利用海量、多分辨率、多时相、多类型对地观测数据和社会经济数据及其分析算法和模型构建的虚拟地球。在海量空间数据广泛应用的背景下,1998年美国前副总统戈尔提出"数字地球"理念,2005年以谷歌地球(Google Earth)为代表的数字地球平台开始利用互联网向全世界提供地球高分辨率的数字化呈现服务,使公众能够通过个人计算机便捷免费地实现对地球数据的基本操作。而大数据概念的诞生与发展,更是带动了数字地球的发展。在大数据应用背景下,数字地球发展至新一代数字地球的阶段[30]。

从所涉及和应用的数据来看,新一代数字地球涵盖大数据的4V特征。在数据体量上,新一代数字地球不仅关注地球现状,还包括对地球演变历史的展现和未来发展的预测,所研究的数据体量十分巨大,涉及的数据规模已达到EB级。在数据类型上,所应用的数据包括文档、视频、图片、地理位置信息等,并涉及对地观测、科学模型、社会、经济等多类数据,类型繁多。新一代数字地球的数据来源多样,既包括分布全球的观测网络实时接收的大量空间数据,还包括民众用户通过互联网和带有地理信息的手持终端设备提供的个性化信息,所获取的数据实时性强、更新快,但是随着来自互联网的数据比重的迅速增大,也降低了数据的价值密度。此外,新一代数字地球平台具有对海量数据进行快速处理、实现数据到信息快速转化的能力,能够为人类可持续发展面临的环境、灾害和生态等问题提供第一时间的信息服务支持。

从数字地球的应用现状来看,仅作为基本数据源的对地观测数据的应用已实现全球多时相中等空间分辨率完整覆盖,随着全球民用高分辨率卫星进入1m分辨率的门槛,全球单次扫描的遥感影像数据量将至少超过1.8PB。同时,对地观测数据的传输、共享、处理能力在不断增强,目前我国卫星数据中心间网络带宽达到1000Mbit/s,每年有超过25TB的数据正通过"对地观测数据共享计划"实现共享,2015年将形成连接6个以上卫星数据中心的数据库群,具备PB级卫星遥感数据融合处理、产品生成与共享发布能力和40种以上时空无缝的遥感共性产品的生产集成能力。此外,数字地球对地球历史演变和发展的预测为全球变化提供了关键信息。全球二氧化碳、植被、海洋叶绿素浓度、降雨等气候和环境变化变量已通过数字地球科学平台生成,并通过各类模型实现对全球变化的预测。同时,数字地球可在"未来地球——全球环境可持续发展计划"中发挥重大作用。

拥有领先水平空间对地观测技术的美国、欧洲等国家和地区,均已制订面向长期发展的与数字地球及地球科学相关的大数据计划。在"大数据研究与发展"框架下,美国国家科学基金会推出"地球立方体"(EarthCube)计划,使地学科学家可以访问、分析和共享地球信息[31];美国地质勘探局(USGS)也启动了8个新项目,以将地球科学理论的大数据集转变为科学发现。欧洲空间局(ESA)联合其他欧洲研究机构启动了Helix Nebula计划,该计划的重点研究方向之一就是空间观测大数据应用。

值得注意的是,对地观测数据是数字地球重要的数据源,与其他多数的数据范例不同,各类对地观测数据已有一定的元数据结构,由相对独立的数据集群组成。目前,卫星、飞机、地面传感器网络等对地观测数据激增,由于数据的所有者不同,针对不同类型数据集的软件和处理方法层出不穷,造成不同数据处理后的结构格式差异较大;而缺乏统一的数据接口模式和科学数据标准难以保证数据质量,这也极大地增加了数据获取后多平台数据综合分析和深度数据挖掘的难度。此外,对地观测数据常常为不同国家、机构、私营企业所拥有,在应用时也常涉及国家信息安全和产权问题,增加了数据共享的难度。因此,如何有效科学地进行数据"点到面"的共享应用是数字地球所面临的关键问题之一,这也是欧美主要数字地球相关大数据计划的关注要点。

大数据关心的问题是如何有效地实现数据向科学信息的转换,新一代数字地球不仅向公众提供地球的数字化呈现,更重要的是通过各类科学的模型将对地观测数据同社会、经济等数据相结合,进一步生成更具社会服务功能的信息产品。公众用户也不断通过互联网快速、多样地更新基础数据,促进数据向信息的科学转化。例如,当发生雾霾时,对地观测可以快速、宏观、实时提供大气监测数据,结合地面传感器网络的环境监测数据,以及相关人口、医疗、经济数据和公众通过手机等个人网络设备反馈的第一时间出行和健康信息,通过数字地球平台的动态信息分析,可以对雾霾影响进行快速预测,协助做好雾霾的应急管理,保障民众的健康安全。新一代数字地球中,对地观测数据与社会、经济数据的结合,公众用户的参与将在数据向信息的转化中发挥不可替代的重要作用,而新一代数字地球科学平台的研发是保障数据向信息转化的关键。

数字地球的发展离不开对地观测技术、地理信息系统、全球定位系统、网络通信技术、传感器网络、电磁标识器、虚拟现实技术、网格计算技术、手机通信等的支持,新一代数字地球更加关注不同技术、平台的综合利用。大数据为数字地球的发展提供了新的契机。在大数据发展当中,数字地球的发展与社会应用和受益需求是紧密相关的,需要学术界、企业界和公众形成一个需求链共同推动。如果能有效使用大数据并充分结合大数据的发展优势,那么将极大地推动新一代数字地球的建设,促进和整合地球系统学科的发展以及建立新型地球系统的研究模式,并将推进信息基础设施的建设,加速从数字地球理论到实际应用转化,特别是在全球气候变化研究、自然灾害防治与响应、新能源探测、农业与食品安全和城市规划管理等方面发挥重要作用。

七、大数据前瞻与建议

大数据已经带来了深刻的科学和社会变化,同时也展现了广阔的应用前景。但是,我们必须清醒地意识到,大数据技术作为一种技术与方式的创新,既遵循着科技进步的普遍规律,同时也存在着大数据自身发展带来的各种问题。

1.大数据技术创新与发展规律

作为一种技术创新,大数据符合一般的技术创新、发展、成熟规律。这里用技术成熟度曲线来表征这一发展态势。近20年来新技术的成熟演变速度及要达到成熟所需的时间一般划分成5个阶段:科技诞生的促动期、膨胀的高峰期、泡沫化的低谷期、稳步爬升的光明期、实质生产的高峰期。高德纳咨询公司(Gartner)2012年最新技术分析报告中指出,大数据技术刚刚进入膨胀的高峰期,到达实质生产的高峰期至少还需要2~5年,如图5所示。

2. 当前大数据发展的问题

抛开技术层面不谈,当前大数据自身发展存在两个比较关键的问题:一个是发展不平衡的问题,另一个是大数据应用与价值体现的问题。

当前大数据研究工作主要集中在大数据存储与分析的具体技术与系统平台[32~34],而对大数据方法与机理的研究却相对投入较少。"技术-理论"的不平衡将影响大数据持续深入的发展。同时,大数据研究也面临着学科间的不平衡,当前大数据的技术与方法研究主要集中在互联网大数据的相关应用[35]，而在产生科学大数据的典型学科中较少受到关注。事实上，以这些学科为代表的科学大数据具有异于互联网大数据的特征以及丰富内涵。对于科学大数据的深入研究将有助于建立大数据学科的理论体系和技术框架。

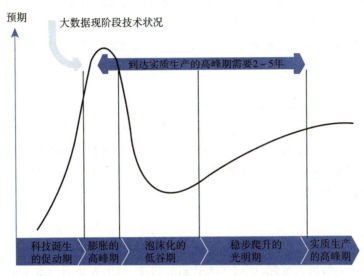

图5　大数据技术成熟度曲线

（根据Gartner 2012年技术分析报告修改）

尽管业界在商业大数据和互联网大数据应用取得了一定的成绩，但是如何使用大数据以及体现大数据的价值仍没有明确的答案。因此，亟需在一些典型的大数据领域进行大数据方法性研究和示范性应用，从而引领大数据技术从技术促动期快速平稳地发展到实质生产的高峰期。

更为重要的是，要充分认识到大数据既不是建立在海量数据基础上的数据技术，亦不是通常所指的数据科学，大数据是一种新的科研范式，对未来的科学发现与创新具有难以估量的作用。

3. 大数据发展建议

大数据的发展任重道远，虽然存在诸多问题，但大数据对科技、经济和社会的推动有着光明的前景[36,37]。我国应加速发展大数据科学，有序推动大数据研究[38-41]。相关建议如下。

(1)顶层设计制定国家层面大数据战略[42]。当前大数据技术的标准和产业格局尚未形成，这是我国实现跨越式发展的宝贵机会，应从战略上重视大数据的开发利用，形成顶层设计，整合国家资源，制定产业政策和行业标准，构建大数据产业链，使我国大数据技术与产业形成良性、有序、快速的发展。

(2)配置大数据研究资源。构建大数据的良性生态环境，从政策制定、资源投入、人才培养等方面给予大数据研究强有力的支持；利用政策引导消除部门壁垒，建立和谐的大数据生态系统；构建有技术自主权的大数据产业链，有针对性地资助有关大数据的重大科研活动；国家在大数据平台的构建、典型行业的应用和研发人才的培养等方面应提供相应的支持。

（3）开展大数据基础理论研究，建立理论、方法体系。大数据科学作为一个新兴的交叉学科方向，其共性理论基础将来自多个不同的学科领域。研究大数据的内在机理，包括大数据的生命周期、演化与传播规律，数据科学[43]与社会学、经济学等之间的互动机制，以及大数据的结构与效能的规律性（如社会效应、经济效应等）。研究大数据表示、数据复杂性和大数据计算模型。研究大数据知识发现、大数据环境下的实验与验证方法、大数据的安全与隐私等。

（4）推动大数据在各领域的应用。尤其是具有明显大数据驱动的典型科学和工程领域，以高能物理、全球变化、生物信息等学科为例，注重具有引领示范作用的学科、理论、方法及应用，避免大数据成为一种炒作。大数据的应用领域甚广，应涉及国计民生密切相关的领域，如科学决策、环境与资源管理、金融工程、应急管理（如疾病防治、灾害预测与控制、食品安全与群体事件）以及知识经济等。

八、结语

本文回顾了大数据的缘起，探讨了大数据的内涵，指出大数据的本质在于数据驱动模式和数据密集型科学发现范式，总结了国内外在大数据研究的态势，从理论、技术和应用层面概况了大数据研究的现状和趋势，并前瞻了大数据发展的愿景。

大数据的重要性毋庸置疑，期待本文能对科技同行和决策者们有所启发，同时为相关科研工作和大数据研究的战略、政策制定等工作提供科学支持。

参 考 文 献

[1] Garber L. New software lets individual PCs work with big data. Computer, 2012, 45(9):19-20.

[2] Wigan M R, Clarke R. Big data's big unintended consequences. Computer, 2013, 46(6): 46-53.

[3] Laney D. 3D data management: controlling data volume, velocity and variety. http://blogs.gartner.com/doug-laney/files/2012/01/ad949-3D-Data-Management-Controlling-Data-Volume-Velocity-and-Variety.pdf [2013-08-08].

[4] UN Global Pulse. Big data for development: challenges & opportunities. http://www.unglobalpulse.org/sites/default/files/BigDataforDevelopment-UNGlobalPulseJune2012.pdf [2012-10-02].

[5] Gantz J, Reinsel D. The digital universe in 2020: big data, bigger digital shadows, and biggest growth in the Far East. http://idcdocserv.com/1414[2013-04-02].

[6] Gantz J, Reinsel D. The 2011 digital universe study: extracting value from chaos.http://www.emc.com/collateral/analyst-reports/idc-extracting-value-from-chaos-ar.pdf[2012-12-11]

[7] EMC. Big data: big opportunities to create business value. http://www.emc.com/microsites/cio/articles/big-data-big-opportunities/LCIA-BigData-Opportunities-Value.pdf [2013-06-25].

[8] Bryant R E, Katz R H, Lazowska E D. Big-data computing: creating revolutionary breakthroughs in commerce, science, and society. http://www.cra.org/ccc/files/docs/init/Big_Data.pdf [2013-07-12].

[9] TechAmerica Foundation's Federal Big Data Commission. Demystifying big data: a practical guide to

transforming the business of government. http://t.cn/zjwXnTH [2013-08-01].

[10] Tallon P P. Corporate governance of big data：perspectives on value，risk，and cost. Computer，2013，46（6）：32-38.

[11] NelsonS. Big data：the Harvard computers. Nature，2008，455（7209）：36-37.

[12] Frankel F，Reid R. Big data：distilling meaning from data. Nature，2008，455（7209）：30.

[13] Birney E. The making of ENCODE：lessons for big-data projects. Nature，2012，489（7414）:49-51.

[14] Marx V. Biology：the big challenges of big data. Nature，2013，498（7453）:255-260.

[15] Hey T，Tansley S，Tolle K. The Fourth Paradigm：Data-intensive Scientific Discovery. United States of America：Microsoft Corporation，2009.

[16] Overpeck J T，Meehl G A，Bony S，et al. Climate data challenges in the 21st century. Science，2011，331（6018）:700-702.

[17] ReichmanO J，Jones M B，Schildhauer M P. Challenges and opportunities of open data in ecology. Science，2011，331（6018）:703-705.

[18] Goodchild M F，Guo H D，Annoni A，et al. Next-generation Digital Earth. Proceedings of the National Academy of Sciences，2012，109（28）：11088-11094.

[19] Beyer M A，Laney D. The importance of 'big data'：a definition. Gartner，2012,1.

[20] Manyika J，Chui M，Brown B，et al. Big Data：The Next Frontier for Innovation，Competition，and Productivity. New York：McKinsey Global Institute，2011.

[21] Rajaraman A，Ullman J D. Mining of Massive Datasets. Cambridge：Cambridge University Press，2011.

[22] CSIRO. Geoscience enters the cloud to tackle society's biggest challenges. http://www.csiro.au/Portals/Media/Geoscience-enters-the-cloud-to-tackle-societys-biggest-challenges.aspx[2013-07-23].

[23] Big Data Insight Group.1st Industry trends report. http://www.thebigdatainsightgroup.com/site/article/1st-big-data-insight-group-industry-trends-report [2013-06-24].

[24] Lapkin A. Hype Cycle for Big Data. Gartner，2012,8.

[25] Office of Science and Technology Policy Executive Office of the President. Obama Administration unveils "big data" initiative：announces $200 million in new R&D investments. http://www.whitehouse.gov/sites/default/files/microsites/ostp/big_data_press_release_final_2.pdf [2013-07-21].

[26] European Commission. Digital agenda：commission's open data strategy，questions & answers. http://europa.eu/rapid/press-release_MEMO-11-891_en.htm?locale=en [2013-07-20].

[27] Australian Government Department of Finance and Deregulation. Big data strategy – issues paper. http://agimo.gov.au/files/2013/03/Big-Data-Strategy-Issues-Paper1.pdf [2013-07-18].

[28] 孙自法. 中国科学院院长白春礼呼吁制定国家大数据战略. http：//news.sciencenet.cn/htmlnews/2012/12/273456.shtm [2013-07-09].

[29] 赵毅. 美国科学基金会大力支持数据密集型科学计算. 科研信息化技术与应用，2013，4（3）：91-93.

[30] 承继成，郭华东，薛勇. 数字地球导论. 2版. 北京：科学出版社，2007.

[31] Gammon K. EarthCube brings big data sets to diverse researchers.http://www.earthzine.org/2013/02/06/earthcube-brings-big-data-sets-to-diverse-researchers/ [2013-06-30].

[32] Yuri D，Zhao Z M，Paola G，et al. Big data challenges for e-Science infrastructure. China Science & Technology

Resources Review,2013,45(1):30-35,40.

[33] Hey T,Trefethen A. The data deluge:an e-Science perspective//Grid Computing-Making the Global Infrastructure a Reality,2003,809-824.

[34] Michael K,Miller K W. Big data:new opportunities and new Challenges. Computer,2013,46(6):22-24.

[35] CCF大数据专家委员会. 大数据热点问题与2013年发展趋势分析. 中国计算机学会通讯,2012,8(12):40-44.

[36] 中国科学院. 科技发展新态势与面向2020年的战略选择. 北京:科学出版社,2013.

[37] 李翠平,王敏峰. 大数据的挑战和机遇. 科研信息化技术与应用,2013,4(1):12-18.

[38] 邬贺铨. 大数据时代的机遇与挑战. http://www.qstheory.cn/zxdk/2013/201304/201302/t20130207_210899. htm[2013-06-11].

[39] 怀进鹏. 大数据及大数据的科学与技术问题. http://www.csdn.net/article/2013-06-06/2815593[2013-08-09].

[40] 高文. 多媒体大数据的技术趋势与应用前景. http://www.csdn.net/article/2013-06-05/2815575[2013-08-09].

[41] 倪光南. 大数据将引领创新前沿. http://www.cstor.cn/textdetail_4128.html[2013-08-08].

[42] 李国杰,程学旗. 大数据研究:未来科技及经济社会发展的重大战略领域——大数据的研究现状与科学思考. 中国科学院院刊,2012,27(6):647-657.

[43] 鄂维南. 数据科学. http://www.math.pku.edu.cn/teachers/yaoy/Spring2013/weinan.pdf[2013-08-02].

作者简介

郭华东,中国科学院院士、发展中国家科学院院士。现任中国科学院遥感与数字地球研究所所长、研究员,担任国际科学理事会科学技术数据委员会(CODATA/ICSU)主席、国际数字地球学会(ISDE)秘书长、《国际数字地球学报》主编等职。主要从事遥感科学与应用研究,在雷达遥感信息机理、多模式遥感信息地物识别方法、空间信息前沿技术研究方面做出贡献。发表论文400余篇,出版著作16部,获国家和省部级科技奖13项。

Data-Intensive Science and Cloud Computing

Tony Hey[1]，**Jim Pinkelman**

（Microsoft Research）

摘 要

为了适应当今数据密集型的研究环境,科研人员开始利用越来越多不同的计算平台和方法来进行研究工作。本文研究了三种具体的情形,在这些情形中,科学家已经把云计算作为一个强有力的科研平台进行数据的存储和计算。这些案例来自三个不同的学科,因此可以在一定程度上诠释云计算平台与传统的计算系统在科研信息方面如何实现互补。此外,本文还讨论了新兴的数据科学家的角色,以及如果想在数据密集型研究方面取得成果所需要的技能与核心能力。最后,本文还阐述了研究人员在利用"云"进行科学研究时所面临的近期和长期挑战。

关键词

数据密集型科学；数据分析；云计算；数据科学家

Abstract

Scientific researchers leverage a wide variety of computing platforms and methods to conduct research in today's increasingly data-intensive environment. In this paper，we first discuss the growing use of data for science and the value of cloud computing platforms for these scientists. We then examine three specific situations in which scientists have used cloud computing as a powerful platform for their data storage and computational needs. These cases are somewhat representative of the diversity of situations in which the cloud can serve as a complementary computing platform along with more traditional computational systems. We then discuss the emerging role of data scientists and the skills and competencies that will be important to success in data-intensive science. Finally，we explore some of the near-and long-term challenges that researchers will encounter as they employ the cloud for scientific research.

Keywords

Data-intensive science；Data analysis；Cloud computing；Data scientists

1. Data-Intensive Science and Cloud Computing

The emergence of computing in the past few decades has changed forever the pursuit of scientific knowledge. Along with traditional experiment and theory，computer simulation is now an accepted "third paradigm" for scientific exploration and discovery. The value of computing as a research mechanism is most apparent in exploring areas in which traditional

---

1 Tony Hey，英国皇家工程院院士，微软研究院副总裁。

analysis and experiments are unfeasible or incomplete—for example, in studies of galaxy formation and climate modeling.

Researchers in many fields have eagerly capitalized on the innovations of computer scientists, enthusiastically embracing new software tools and parallel supercomputers. This trend has accelerated in recent years as access to—high performance computing (HPC) clusters – servers connected together with a high-performance, low—latency network—and more software for parallel applications has become widely available. In addition, simulations that run on specialized graphics processing units are now increasingly common.

Computing is also allowing scientists to collaborate in totally new ways. In years gone by, researchers would have communicated mainly by face to face meetings at conferences and via publications. Today things have changed: networks, email, mobile devices, social media, shared storage, instant messaging, machine translation, and video chat enable scientists to communicate with individuals and communities in real time, even when separated by time zones and long distances.

And there is another major shift going on, which computer scientist Jim Gray described in 2007 as "the fourth paradigm" for scientific exploration and discovery[1]. He predicted that the collection, analysis, and visualization of increasingly large amounts of data would change the very nature of science.

This is now happening. Over the past five years, the emergences of large sets of data and new techniques for data-intensive science have been fundamentally altering the way researchers work in almost every scientific discipline. Biologists, chemists, physicists, astronomers, earth, and social scientists are turning to tools and technologies that integrate the analysis of big data sets into their standard scientific methodologies and processes.

Researchers are increasingly creating and collecting vast quantities of data through computer simulations, low-cost sensor networks, and highly instrumented experiments. To store and process these massive collections—the so-called data deluge—many scientists turn to dedicated data centers with large numbers of computer cores. Today, cloud computing offers an alternative with complementary capacity and capability for this work. Particularly for the "long tail" of data scientists, those who may not have the time, access, or expertise to make use of use complex large-scale systems, the emergence of cloud computing has opened the door to conducting data-intensive science at scale. With cloud computing, initial hardware acquisition costs are minimized, scaling of capacity is more flexible, and access can be more open and widespread.

2. Scaling a Genomics Algorithm

Genome-wide association studies (GWAS) offer an excellent example of this marriage of data-intensive research and cloud computing. In these studies, large data sets are analyzed to identify associations between a person's genetic makeup and such traits as the propensity to develop a particular disease or to show a specific response to a given drug. To perform GWAS, researchers collect genetic markers from across the genomes of large numbers of people with and without traits of interest. They then use machine learning algorithms to identify associations between genes and the trait being studied.

Researchers can obtain a stronger signal by studying the largest possible number of people, but their analyses are often prone to "confounding" by hidden causes. Consider, for example, two people with heart disease who are found to carry the same gene: the gene may play a role in their development of heart problems, or its presence in both genomes may simply be the result of the two individuals being related, albeit distantly.

In order to eliminate such confounding, researchers use so-called mixed-model algorithms. However, they frequently encounter problems in scaling their algorithms because although these mixed-model algorithms work well on small data sets, their application to the vast data sets needed for sensitive GWAS requires inordinately large amounts of computer time and memory and quickly becomes prohibitively expensive.

David Heckerman, distinguished scientist at Microsoft Research, and his colleagues have recently developed a mixed-model algorithm for which the requisite computing resources scale linearly (one-to-one) with the number of people in a study. This is a major step forward. Heckerman and his research team installed this new FaST-LMM (Factored Spectrally Transformed Linear Mixed Model) algorithm on the Microsoft cloud platform, Windows Azure. Because GWAS involves the analysis of the DNA of hundreds of thousands of individuals, the flexibility of the cloud in performing parallel computation is particularly important.

The research team applied their FaST-LMM machine learning algorithm to various data sets provided by collaborators, including the Wellcome Trust in Cambridge, UK [2]. The Wellcome Trust Case-Control Consortium data set contains anonymized genetic data from 2000 people and a shared set of about 13000 controls for each of seven major diseases: bipolar disease, coronary artery disease, hypertension, inflammatory bowel disease, rheumatoid arthritis, and types I and II diabetes.

The scientists at the Wellcome Trust have done extensive work on finding associations between genetic variants, particularly single nucleotide polymorphisms (SNPs) and these diseases. However, most analyses have looked at one SNP at a time, even though it is commonly accepted that interactions among two or more SNPs can have substantial effects on disease. Consequently, the scientists are now searching for combinations of SNPs that make people more or less susceptible to various diseases. The hope is to gain insights that will lead to new treatments.

The genomic data are being stored in the cloud instead of in traditional on-premise hardware. Thus instead of using anon-premise HPC cluster to analyze the data, the researchers are performing the high-performance computations in the cloud. This approach dramatically lowers the costs that previously have created a high threshold to such data-intensive computational research. This means that a wider range of investigators, particularly those without access to local HPC capabilities, can now more easily scale up their data-intensive research. Performing this computing in the cloud can also make it easier for researchers to share both their algorithms and their data with other scientists around the world, a development that could reduce the time needed to make discoveries that ultimately lead to new treatments for some of these diseases.

Resource management is one of the primary issues associated with big data: not only determining the scale of resources needed for a project, but also how to configure them within the available budget. For example, running a large project on fewer machines might save on hardware costs but will result in a longer project. Researchers must find a balance that will keep their project on track while working with available resources.

For the Wellcome Trust project, the team's available resources included a combination of Windows HPC Server (on Azure), Windows Azure, and the FaST-LMM algorithm. Rather than just looking at single SNPs correlations, the team was able to analyze all 60 billion SNP pairs. The project required the equivalent of about 1000 compute years of work. By running FaST-LMM on Windows Azure, the team had access to 26000 compute cores and was able to complete the work in about 13 days. The analysis revealed a new set of relationships between SNP pairs and coronary artery disease, which are now being pursued.

The Wellcome Trust project continues, but given the huge amount of genetic data that is coming online it represents just the beginning of what could be a major shift in how research data are stored and analyzed.

3. Earth Science Data Analysis

The work of earth science researchers also provides an insightful view into the emerging use of cloud computing as a platform to analyze scientific data. Understanding the Earth and its ecosystems is an intricate scientific problem, and the most comprehensive approaches must operate at every level: from the microscopic to the global; from soil science and biodiversity to forest dynamics, carbon and climate modeling, and disease pandemics. Under the leadership of Drew Purves, the Computational Ecology and Environmental Science Group at Microsoft Research in Cambridge is tackling fundamental problems in these areas, ultimately attempting to model and predict the future of all life on Earth. This work is critical to bridging the gap between science and effective policy[3].

One priority of earth scientists is the development of analytical pipelines that can be used to move productively between data, models, and predictions. In this way, environmental science offers an excellent proving ground for such big-data initiatives: it has both a wide variety and large volume of data, some of which needs to be captured at high velocity. These three different aspects can be called the three "V's" of big data—for variety, volume and velocity. For example, a climate scientist may wish to use such data to produce a model to make predictions—how climate change will alter ecosystems—or use predictions with models to create data, such as how changing ecosystems will influence further climate change. Today researchers know how to build these models, but the technical barriers are so high that such studies have become the domain of specialists, which in turn means that only the world's largest organizations can afford to support this kind of data-to-prediction pipeline.

Purves and his team are working on a new browser application that aims to make models and big-data analysis more widely accessible. Researchers can load data into the system—for example, annual wheat production figures for countries around the world—and these can then be linked to global climate data. The latter are supplied by FetchClimate, a tool also developed by the research team, which supplies the best available climate data from all manner of scientific sources around the world, both historical and contemporary. It is relatively straightforward then for researchers to create a model linking wheat production to measurements of surface temperature and rainfall taken from FetchClimate. They can compare the model with what happens in the real world and make predictions about what would happen to wheat harvests if temperature and rainfall change.

The model then can be run in the cloud on demand, whenever and wherever it's needed, without ever leaving the browser. Because all the data and the model are stored in the cloud, they can be shared and adapted by others. Moreover, analyses that would normally take weeks can now go from data to model in as little as a few minutes.

Tools like the browser application and FetchClimate enable fundamental research that generates the predictive models needed in environmental sciences. In addition, they facilitate the development of software that accelerates that work for other researchers, whether they are interested in the oceans, the deserts, Earth's core, or the atmosphere and beyond.

4. Natural Disaster Forecasting in Near-Real Time

Cloud computing also enables scientific data to be collected, analyzed, and used for decision-making in very short time frames. A good example of this can be seen in a tool developed by the Geography of Natural Disasters Laboratory at the University of the Aegean in Greece. The researchers created an application for wildfire management that was designed to calculate and visualize the risk of wildfire ignition and to simulate fire propagation, and they decided to run the system in the cloud.

When combating a wildfire, decisions made in real-time can directly impact the damage to property and natural resources, and can minimize loss of life. Such damage is all too familiar to firefighters on the Greek island of Lesvos, where the confluence of high winds, high temperatures, and little or no rainfall creates a high wildfire risk every year between May and October. As a result, there can be more than 100 fires during those months alone.

In 2011, Kostas D. Kalabokidis, associate professor in the Geography of Natural

Disasters Laboratory, led the team that built the Fire application as part of a European Commission funded collaborative project called VENUS-C. Microsoft Research partnered with his lab during the development phase, providing IT expertise, high-performance computing resources, and cloud computing infrastructure. Cloud computing was chosen to host the application because its processing power enables on-demand computing scalability able to reduce processing job times from months to just hours[4].

As part of the development of this application Microsoft researchers built a tool, called the Generic Worker, which greatly simplified the challenges faced by Kalabokidis's team. The Generic Worker provides a task management function that eases deployment, instantiations, and remote invocation of .NET applications on Windows Azure. For the Fire application, it acted as the job execution environment for running the forest fire risk and fire propagation model.

Two distinct sets of users access the Fire application daily during the dry season: the lab team, which loads new information into the tool in the morning; and the fire-response teams, which use the tool to view the data in a refined, graphical view. The process starts with the forecast. Every morning, the system uses the Windows Azure cloud, which provides approximately 20 virtual machines, to process the available weather data. It then stores the fire-risk outputs that end users' need in order to make the proper call. From the fire-risk menu, an end user can see the fire-ignition risk for the next 120 hours (i.e., five days).

At noon, Captain Panagiotis Kypriotellis of the Fire Brigade of Greece uses the fire-risk data and fire simulations, together with weather forecast information, to guide the day's resource allocations. Based on the Fire application projections, Kypriotellis may relocate personnel throughout the island. He may also deploy fire trucks to areas that appear to be at particular risk that day.

While wildfires do still break out, statistical evidence shows the department has been better prepared to respond to and control fires, preventing potential loss of life and property, since the adoption of the Fire application.

5. Future Data Scientists

Higher education research institutions are beginning to build programs to provide students the opportunity to develop expertise that will be required by data-intensive science. In the United States, courses and programs in data science have been created at dozens of universities and colleges, including Stanford University, Columbia University, the University of Washington, Carnegie Mellon University, and the University of Texas.

These programs are attracting students with exceptionally diverse educational backgrounds and experiences, having undergraduate degrees in statistics, engineering, mathematics, social science, and business. They enroll in the programs because they recognize that critical-thinking skills in data science are relevant broadly in both research and industry—and many see direct applicability in scientific fields.

There is an emerging need for people who can directly manipulate data through programming and coding. Students with computer science and engineering backgrounds will have developed the programming skills necessary to manipulate data. These students will be effective at developing and implementing algorithms for data analysis and at building computing interfaces that allow others to visualize and interact with data.

Other individuals in the data science field will be expert in statistical and quantitative techniques. These students will be highly analytical and will have the skills to browse data sets, understand advanced analytics, and create the exploratory questions necessary to discern information from data. Students with degrees in mathematics, statistics, and economics will be well prepared for this work.

Finally, the data science field will educate many of the future data management specialists. These students will ultimately collect, curate, organize, share, and preserve data. In doing so, they will perform functions similar to those that librarians have served over history. They will need to work with the communities of scientists and researchers who are producing and accessing data, as well as with the research institutions and government organizations who are sponsoring research. They will play a critical role in ensuring data integrity, security, privacy, and accessibility.

Much like the earlier computing platforms and technologies that have emerged over the past few decades, cloud computing will be an important, complementary tool for these data scientists. While currently the cost of moving large data sets into and out of the cloud present a barrier to adoption, over time most scientists will find that the cloud is an economically efficient medium for storing, sharing, and accessing data. The data management specialists will have an important role in planning and building data repositories for scientific research.

6. Challenges for Scientists

While this paper provides examples of researchers effectively leveraging the cloud for data-intensive science, the authors fully realize that cloud computing is a complementary computing platform for research—which is to say, the cloud is not a computing panacea for all scientific research. On-premise data storage and computational capability and capacity will continue to be highly valued and extensively used assets in scientific research. Researchers will continue to employ small local servers and systems, dedicated on-premise data centers, and high performance and super computing systems because, in specific situations, these platforms provide optimal convenience, performance, control, security, and economics. That said, we firmly believe that cloud computing will be an increasingly important feature of data-intensive research. However, we also recognize that such research presents not only many opportunities but also raises many complex challenges.

First, there is real concern among scientists that the massive proliferation of data will make it increasingly difficult to effectively find data of relevance and to understand the context of shared data. Consider, for example, that today it is exceptionally difficult for a single individual to track and maintain a comprehensive set of his or her own health records. Now envision the magnitude, the diversity, and the dispersed nature of the genetic and the bioinformatics data that will come into existence over the next ten years. As this personal health data deluge becomes a reality, consider the challenges researchers will face in navigating the massive, decentralized data set to find the data that will be useful to their particular research effort.

The management of data also presents increasingly difficult issues. How do international, multi-disciplinary, and frequently competitive groups of researchers address common challenges related to data curation—the creation and use of metadata, ontologies, and semantics—and still conform to the principles of security, privacy, and data integrity? Given that single government organizations and commercial corporations struggle mightily with these issues, the challenges are even greater for the loosely coupled and connected global community of researchers.

Finally, a sustainable economic model for data-intensive research needs to emerge. Researchers will spend time and money in creating, curating, storing, and sharing their large data sets.Some of these costs may well exceed the expenses researchers would incur in using their data locally or sharing with just a small circle of collaborators. Researchers and research funding agencies will need to find and deploy economically sustainable provider models for data-intensive science[5]. In the future, data sets will be regarded as an expensive resource—akin to large HPC compute clusters—that needs to be shared by many researchers. It is important that government funding agencies around the world re-examine the evolving requirements and conditions under which they provide public research funds and open access to the results of this research.

参 考 文 献

[1] Tolle K M, Tansley D S, Hey A J G. The Fourth Paradigm: Data-intensive scientific discovery. Proceedings of the IEEE 99.8,2011: 1334-1337.

[2] Lippert C. An exhaustive epistatic SNP association analysis on expanded Wellcome Trust data. Scientific Reports 3,2013.

[3] Purves D. Ecosystems: Time to model all life on earth. Nature,2013: 295-297.

[4] Kalabokidis K. Virtual Fire: A web-based GIS platform for forest fire control. Ecological Informatics,2013,16: 62-69.

[5] Foster I T, Ravi K M. Science as a service: How on-demand computing can accelerate discovery. Proceedings of the 4th ACM Workshop on Scientific Cloud Computing, ACM, 2013.

作 者 简 介

Tony Hey, Vice President of Microsoft Research Connections.

As Vice President of Microsoft Research Connections, a division of Microsoft Research, Tony Hey is responsible for the worldwide external research and technical computing strategy across Microsoft Corporation, and also oversees Microsoft Research's efforts to enhance the quality of higher education around the world. Before joining Microsoft, Hey served as director of the U.K.'s e-Science Initiative, managing the government's efforts to provide scientists and researchers with access to key computing technologies. His research interests focus on parallel programming for parallel systems built from mainstream commodity components. Hey is also a fellow of the U.K.'s Royal Academy of Engineering.

新一代网络的演进趋势

邬贺铨[1]

（中国工程院）

摘 要

本文首先以实例说明大数据时代正在到来,然后介绍了国际上新一代互联网的试验项目,最后从网络虚拟化、扁平化、去中心化、节点交换低层化、云化、边缘化等方面说明网络的演进趋势。

关键词

大数据；新一代互联网；未来网络；宽带化；云计算

Abstract

Firstly, this article exemplifies that big data era is coming, and then briefed the international pilot projects of new generation Internet, and finally describes network evolution trend in the network virtualization, flattening, decentralized, node switching at lower layer, cloud technology, marginalized and other aspects.

Keywords

Big data；New generation Internet；Future network；Broadbandization；Cloud computing

一、 大数据时代的到来

以云计算、大数据、社交网络、移动互联网、物联网为代表的信息化新浪潮加快了社会进入大数据时代的步伐。淘宝单日数据产生量超过50 TB,新浪微博在晚上高峰期每秒要接受100万次以上的响应请求,百度每天大约要处理60亿次搜索请求,其数据量达到几十PB。腾讯每天有1千亿次服务调用、5万亿次计算量和300 GB存储量。飞机汽轮机压缩器叶片的监控数据为588 GB/天,是2012年Twitter数据的7倍,波音787飞机每一飞行来回产生TB级的数据。美国每月收集360万次飞行记录,监视机队25000个引擎。政府也同样拥有大数据,城市的视频监控每时每刻都在产生数据,一个8 Mbit/s摄像头产生的数据量是3.6 GB/h,一月为2.59 TB。很多城市的摄像头多达几十万个,一个月的数据量达到数百PB,若需保存3个月则存储量达EB量级。现在一个病人的CT影像往往多达两千幅,数据量已经到了几十GB量级,如今中国大城市的医院每天门诊上万人,全国每年门诊人数更是以数十亿计,住院人次已经达到两亿人次。按照医疗行业的相关规定,一个患者的影像数据通常需要保留50年以上。这样,我国一个三甲医院现存储的数据超过100 TB。科研实验也是大数据的来源,在澳大利亚和南非正在安装平方千米阵(AKA),

---

1 邬贺铨,中国工程院院士,曾任电信科学技术研究院副院长兼总工程师、中国工程院副院长。

以分布于3000km的36个小天线组成一个巨大的射电望远镜,每天收集EB级的数据。在日内瓦CERN的大型强子对撞机也在产生大数据,每次实验产生TB级的数据。2001年,全球IP流累计一年才能达到1EB,2013年则仅需一天。全球新产生的数据年增长40%,全球信息总量每两年就可以翻番。

二、新一代网络的试验

关于下一代互联网的研究十多年前就已开始,近年为适应大数据发展,研究试验项目增加了研究的内容。自2005年以来,美国NSF先后启动了以未来互联网设计为目标的FIND计划和面向未来互联网体系结构的FIA计划。在网络创新试验设施构建方面,2005年,美国提出GENI计划,最初采用虚拟化试验平台PlanetLab构建试验设施,现转向基于Openflow技术在Internet2以及高校校园网上部署试验。欧盟安排了未来互联网研究实验(FIRE)计划,日本也提出了AKARI等相应计划。中国从2003年开始实施下一代互联网示范工程(CNGI)项目。

上述的试验项目从大的方面可分为演进性路线与革命性路线。演进性路线从IPv6切入,在数据传送格式、节点转发方式和路由控制策略方面与现有互联网保持兼容,寻求在可扩展性、安全性和支持移动性方面的改进。革命性路线的主要特征是不受现有互联网体系的约束,不以与现有互联网的后向兼容性为目的,基于Clean Slate(一张白纸)重新设计面向未来15年甚至更长远的互联网。目前面向演进性与革命性路线所提出的技术方案有多种,可归纳为控制与转发分离、标识与地址分离、发送与接收分离、网络虚拟化与可重构、新的路由体系等,不少既可用于演进性路线也可用于革命性路线。但单一的技术方案还不足以形成一个新的网络体系,虽然有一些技术方案可以组合使用,不过这些方案并非都能够兼容,无法通过将上述所有技术方案融合形成体系完整的互联网架构。尽管如此,有些技术对现有网络的改进是有用的。

由于IPv4地址资源枯竭,包括中国在内的不少国家都开始实质性部署IPv6的商业网络,但面向中长期的下一代互联网/未来网络目前还只是科研阶段,多数还处于校园网的试验。上述各国的试验项目有以下一代互联网为名的,也有称为新一代互联网、未来网络和未来互联网的。这些名称总地来看并无实质性的区别,可以说未来网络只是下一代互联网长期演进的一种称谓,通常指面向互联网中长期发展演进的网络体系。面对大数据的时空突发性,云计算和大型数据中心的可扩展性、安全性等被纳入下一代互联网/未来网络的研究中,与云计算和大数据中心有关的网络中心节点的布局和传输网组织的优化受到关注。

三. 宽带网演进的趋势

1. 交换网络的扁平化

传统的电信网为树型结构,有多级交换中心,实现话务逐级汇接。互联网从诞生起就按扁平化部署,当互联网越来越大时,在无法做到所有路由器间都有直连路由的情况下,全扁平化导致路由跳数急剧增加,因此实际上互联网的结构不是全扁平化。但在大数据时代,至少希望在省会一级是扁平化,即同一运营商内部各省会节点间采用光缆直连,以传输系统的代价来换取路由器跳数的减少。目前几大电信运营商都往这个方向去部署。

2. 网间交换的多中心化

我国互联网的体制以北京、上海和广州为网间交换中心,在北京的几大电信运营商之间的路由器两两直接连接,同时又通过NAP网关互连,每个运营商的北京节点分别与该运营商在各省的省会节点相连。上海和广州的情况类似。北京、上海和广州同时作为国际出口局负责与国际互联网相连。在同一个省会城市内两个运营商的用户间的互通往往需要迂回到北京、上海或广州才能完成。由于各地运营商间的互连变成了在京沪穗的本地运营商间互连,使这三地本地直连容量比长途连接容量还要大。这种体制尽管在路由组织上有不合理性,占用了长途传输资源,但省去了在每个城市各运营商间的两两互连,减少了互连路由器的配置,从网络投资总成本看也可能是合算的。但在大数据时代网络数据流量大的情况下,直接互连节点数少,部分流量不合理绕转将影响通信体验。以2013年4月中国电信和中国联通间网间互连互访性能为例,七大行政区间互访有88%的情况下时延超过100 ms,丢包率超过2%,尤其是西西互连、东西互连和南北互连。美国的运营商间互连中心有8个,而且美国的网络在网间互连中心这一层面之下还设立了区域交换中心,缩短了运营商间互连的迂回路径。与美国相比,我国仅有三个网间交换中心是不够的,需要增加网间交换中心数量,特别是在中西部地区。另外,从扁平化考虑,网间交换中心之下再设区域交换中心似无必要,但一些省会城市的运营商间建设本地直连节点是值得鼓励的。政府有关主管部门正在规划增加网间交换中心的建设。

3. 交换功能低层化

在大数据时代,路由器容量越来越大,一般而言,容量增加1000倍,功耗会增加100倍。路由器的Tbit/s电端口功耗上千瓦,而光交换机的Tbit/s端口仅25W。在大容量路由器节点转接的业务量大,而落地的业务量少,因此能在光层上安排交换的业务流就不要在电层上交换。考虑到业务流的颗粒性,当需要在电层上进行交换时,如果在MPLS层上能做的交换就没必要放到IP层去完成。IP层从交换的主体演化为承载的主体,即一种包封格式。交换功能实施的低层化,大大降低了设备功耗,虽然路由重配置时间长一些,但减少了落到比特/分组的处理时延和功耗,节约了网络扩容投资。IP层交换是无连接的分组交换,MPLS层的交换是面向连接的分组交换,而光层的交换(目前实际上是交叉连接)类似电路交换,在网上这几种交换并存。可以说,互联网随着大数据的发展将从纯分组交换演进到分组与通道交换混合的体制。日本在研究新一代互联网(NxGN)项目时就提出要向分组与通道交换混合的网络体系发展。

4. 节点控制功能的集中化

大数据时空分布的动态性要求网络具有灵活适应性,但传统互联网的体系是比较刚性的,没有集中控制,路由器根据IP包所含地址并遵循OSPF(最短路径优先)协议来选路,各路由器寻求自优化,但全网并非优化。借鉴数据中心内服务器间互连体系的软件定义网(SDN)的概念,有可能改进互联网的路由灵活性。在互联网中应用SDN的主要思想是传送与控制分离,将底层异构的物理网络抽象成统一的接口,以供上层应用进行统一的调度和管理,并将公共功能部分从控制平面中分离出来,即将传统路由器的控制功能集中成为在网络操作系统(或云操作系统)控制下的公共控制功能,路由器只保留传送与转发功能。网络操作系统了解全网资源信息,支持全网业务策略,可灵活实现控制平面功能的可重构性,将基于网络全局优化的思想来决定各路由器的选路以及分组与光层的集成控制,从而能够很方便地扩展各种业务应用和网络运营功能。

5. 数据中心的云化

根据思科公司的"全球云计算指数",2010年在全球的数据中心中,云和虚拟化不到20%,但到2015年将占到57%,仅有43%是传统的数据中心。2011年,全球云计算中心总流量为1.8 ZB,而2016年将达到6.6 ZB,年均增加31%。云计算中心成为高耗能设施,新建大型云计算中心需考虑气候环境、能源供应等要素。我国高纬度地区气候条件与南方相比在节省空调能耗方面有竞争力,而且我国能源分布也是集中在北方。我国传统的数据中心主要集中在信源和用户密集的京沪穗等东部地区,而未来新建的大型云计算中心将主要集中在地质稳定、气候凉爽、大气污染低、能源供应充足的地区,即数据中心将从现有以用户和信源为中心向以能源为中心的几何布局转变,云计算的部署将改变互联网流量和流向。

6. 城域网服务器的云化

互联网从用户到城域网的部署,有很长时间是按照客户−服务器(Client to Server或C2S)的方式。在互联网视频兴起的时候,C2S方式面临很大的挑战,众多用户同时访问服务器并下载同一个热门的节目时,服务器需要重复传送很多遍,服务器的入口成为瓶颈。这时对等模式(Peer to Peer, P2P)应运而生,多个终端虽然仍然同时访问服务器并下载同一节目,但每个终端只需下载该节目的某一部分,各终端分别下载该节目的不同部分然后互相交换,服务器等效对该节目只传输了一遍,同时下载该节目的用户越多下载会越快。在大数据时代,数据存储在大量几何分布的各类服务器中,用户的一个搜索或查询涉及多个服务器,服务器间的信息交换远多于客户与服务器间的信息交换。最近五年中,我国接入网带宽流量增长了6倍,而城域网流量则增长了22倍,如果视频从标清转为高清,则城域网流量将增长84倍。因此,网络体系需要从客户−服务器的垂直架构向服务器间的水平架构优化,这种以服务器间信息交换为主的方式可称为S2S(Server to Server)。事实上,在云计算环境下,服务器可作为云计算中心的IaaS(信息基础设施即服务)的主要组成部分,S2S的模式也可称为C2C(Client to Cloud)。

7. 数据内容布局的边缘化

为了适应视频业务的发展,运营商和ICP加大部署CDN的力度,内容节点尽可能靠近用户。例如,Google、Yahoo、Amazon等加快向全球各洲布设与运营商的对等直连节点,从2009年的50个扩展到2012年的85个。CDN的部署拉近了信源与用户距离,使互联网从集中汇接向多向疏导演变,过去可能要跨省甚至到国外才能访问的网站,现在这些网站的镜像节点就在用户的附近。因此,近年来尽管长途和国际的流量仍然上升很快,但长途和国际流量相对总流量的比重在下降。未来CDN的进一步增多,会对互联网流量、流向产生重大影响,将导致全球互联网去中心化。

8. 接入网的异构化

大数据时代引发网络体系的变革,也会进一步开拓光纤接入网的市场。广义的FTTH(包括FTTC与FTTB)将进一步加速部署,除了仍然以TDM的PON为主外,基于WDM的PON和TDM/WDM混合的PON也都会有市场。另外,当光纤到大楼或小区后,最后100m可以使用原有金属线传输,采用多载波调制和回波抵消技术的VDSL2可支持下行速率最高达到100Mbit/s。光纤与金属线异构结合的接入网将延长最后100m金属线的利用价值。接入网的异构化更多表现在移动网中,近年移动数据业务流年增长接近200%,频谱效率提升技术的效果有限。考虑到80%的移动数据流量源自室内,在用户密集地部署Femtocell和Wi-Fi,并经光纤连接城域网以代替占用室外移动频谱,在室内还可使用工作在3.6GHz并使用高阶调制的LTE-Hi代替在开放频段干扰严重的Wi-Fi,构成室内无线加室外有线的混合接入网。光纤传输系统还会介入到基站与同一蜂窝小区内的分布天线间,另外集中的无线接入网(C-RAN)的基带池与各基站的射频系统间将使用ROF(Radio over Fiber)系统在光纤上直接传送射频信号,即光纤系统将嵌入到无线接入网内。

作 者 简 介

邬贺铨,中国工程院院士,光纤传送网与宽带信息网专家。长期从事光纤传输系统和宽带网研究开发及项目管理工作,近十年负责下一代互联网(NGI)和3G及其演进技术(LTE)等研发项目的技术管理。曾任电信科学技术研究院副院长兼总工程师、中国工程院副院长。

全球互联网发展形势分析与展望

张　晓[1]　廖毅敏[2]

（1. 中华人民共和国工业和信息化部信息化推进司；

2. 中华人民共和国工业和信息化部电信研究院）

摘　要

随着新一代信息通信技术的发展，互联网在全球范围内的发展进入到一个新的阶段，互联网的飞速发展不仅促进了新一代信息技术与实体经济的深度融合，也促进了科研信息化发展的进程。各国政府都将互联网作为重要的经济基础设施大力发展，以期能够为经济发展做出更大的贡献。同时，传统科学研究的方式也改变了，资源的共享、网络教育、协同等的发展正不断推动科学研究的发展。展望未来，国际互联网普及率进一步上升，各类新技术成果的广泛应用，会推动互联网形成全新的经济增长点，同时，互联网新技术新业务的快速发展也带来了安全和隐私方面的挑战，需要积极妥善应对。

关键词

互联网；实体经济；融合；生活方式；网络安全

Abstract

With the development of Information Communication Technology（ICT），the Internet has also come into a new stage. The Internet stimulates the convergence of ICT and the real economy；it also promotes the progress of the science research informatization. It is a vital infrastructure for much of the world's economy. Meanwhile, the Internet brings us a kind of new way of science research，the resources sharing，e-education and collaboration drive science resarch to be more efficient. With the rising penetration and application of ICT，the Internet will form brandnew economic growth points in the near future. However, the development of Internet has already brought a lot of problems about privacy and security，it will need the cooperation of the whole world.

Keywords

Internet；The real economy；Convergence；Life style；Network security

互联网技术的持续演化与普及应用正在镌刻一个全新的时代，特别是随着互联网商业化的加速发展，以移动互联网、云计算、大数据、社交网络等为特征的互联网创新持续活跃、广泛渗透，正在掀起全球范围内一次波澜壮阔的经济社会发展转型浪潮。基于网络的虚拟社会正悄然形成，物理现实与虚拟空间在互动交织中走向融合和统一，从不同程度上对各个国家政治、经济、军事、外交、文化等方面产生重大影响，并将重塑国际竞争的新格

1　张晓，工作于中华人民共和国工业和信息化部信息化推进司，任信息资源处处长。

局。为此,全面梳理世界范围内互联网力量的崛起态势与挑战对于客观认识当今和未来信息化社会的走向具有非凡价值。

一、互联网在全球范围内的总体发展现状

互联网在世界范围内飞速发展,而随着新一代信息通信技术对互联网的影响不断深入,全球网络性能加速提升,网民规模不断扩大,全球互联网流量激增,尤其是移动终端的快速发展带动了移动互联网的快速发展,使全球互联网进入了一个全新的发展阶段。

1. 全球网络连通性能不断提升,宽带接入率飞速发展

据美国Akamai公司统计[1],2013年1季度,全球平均网速首次突破3Mbit/s大关,达3.1Mbit/s,全球网速最快的仍然是韩国和日本,中国香港位居第三,中国的平均网速达到1.7Mbit/s。从全球的网络连通性及网速、宽带的普及率、可用性及安全性来看,在2012年第4季度到2013年第1季度之间,全球平均网速从2.9Mbit/s升到3.1Mbit/s,较往年同期增长17%。在列出的123个平均网速有所增长(较去年)的国家/地区中,速度涨幅从阿曼的1.4个百分点到伊拉克的122个百分点不等。在2013年第1季度,网络运营商的平均网速从0.4Mbit/s到8.6Mbit/s不等,目前已有超过64家运营商的平均网速高于1Mbit/s。

2009年,无线宽带用户超过了固定宽带用户数,成为近年来互联网快速扩张的重要来源。截至2012年11月,经合组织内的无线宽带用户数(7.8亿)是固定宽带用户数量(3.27亿)的两倍多(见图1),且无线宽带用户数量的增长率还在不断攀升。2008—2011年,在经合组织国家公布的数据中,DSL和电缆宽带的接入速度以每年32%和31%的比例提升,而价格则分别下降了3%和4%[2]。而据美国Akamai公司统计,2013年一季度,全球的宽带(4Mbit/s或更高)接入率,较上一季度增长5.8%,达到了46%。全球高速宽带接入率(10Mbit/s或更高),则较上一季度增长10%,达到13%。

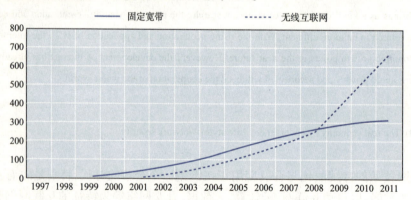

图1　无线互联网接入超过固定宽带开通量

(数据来源:经合组织《OECD互联网经济展望2012》)

2. 网民数量快速增长,手机网民规模不断扩大

受新兴市场驱动,2012年全球网民数量突破24亿,同比增长8%,截至2012年年末,

我国网民数量为5.64亿,网民数排名全球第一,年复合增长率达到了10%,印度、印尼、伊朗等国的网民数量也保持了两位数的增长率,而美国网民的相对数量仍然最多,2.44亿的网民数量占美国总人口的78%[3]。据国际电信联盟(ITU)预测,2013年,全球将有超过27亿人使用互联网,发达国家的网民数量将超过77%,其中,欧洲的互联网渗透率最高(75%),美洲为其次(61%),而发展中国家网民比例将达到31%[4]。同时,随着移动设备的快速发展,手机网民的规模正在不断扩大。到2013年6月底,我国手机网民数量进一步增长到4.64亿,占整体网民数量的78.5%,增速远超其他类型网民增幅[5](见图2)。

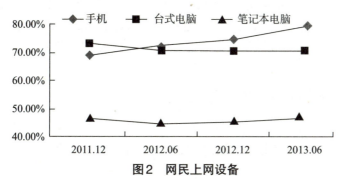

图2　网民上网设备

(数据来源:电信研究院,《2013年ICT深度观察》,第32次中国互联网络发展状况统计报告)

3. 移动互联网流量占全球互联网流量比重不断上升

据估计,2013年底,全球智能手机用户将超过15亿,从2008年12月到2013年5月,来自移动设备的网络流量每年增长1.5倍,并且将继续保持增长。2012年第二季度,中国移动互联网用户超过桌面互联网用户,截至2013年7月底,我国的移动互联网用户规模已经达到8.2亿户;2012年5月,印度的移动互联网流量超过了桌面互联网;2012年第四季度,韩国移动搜索量超过桌面搜索量;在北美市场,团购网站Groupon有45%的交易量来自移动端,而这一数字在2010年时不到14%[3]。与此同时,移动数据需求迅猛增长,移动数据流量在2013年第1季度同比翻番,较2012年第4季度增长了19%[1]。随着物联网技术的发展,移动互联网的发展也将出现明显的飞跃,据爱立信公司预测,到2020年,全球将有500亿台无线设备连接到互联网,并预计接入互联网的设备总数可能达到5000亿[2]。

二、 互联网对经济的渗透力度不断增强

互联网的影响范围覆盖了经济的各个领域,据经合组织估计,2011年,美国有3.2%~13.8%的企业部门增加值与互联网相关活动有关[2]。信息通信技术的发展与融合已经成为驱动互联网与各产业融合发展的动力引擎。其中的核心技术如云计算、大数据和物联网,将促进信息和数据广泛应用于电子商务、金融、公共服务等领域,并进一步向制造业延伸,实现传统行业的转型升级。

1. 电子商务对经济社会的影响日益显现

近几年,互联网经济逐渐扭转了以往的虚拟属性,服务于社会生产的作用愈发显著。

在我国,电子商务的快速发展一方面极大地拉动了社会消费,另一方面也发挥了重要的社会公共服务职能,在吸纳创业和就业中发挥了突出的作用。

电子商务极大地拉动了社会消费。网络零售释放了居民消费潜力。根据麦肯锡的测算,中国网络零售2012年创造的消费增量约为5000亿元,网络零售对于扩大消费、拉动内需的作用十分突出[6]。同时,网络零售平台以较低的成本将海量个性化需求与海量商品进行匹配和对接,使海量个性化消费成为可能。

电子商务吸纳创业和就业作用突出。电子商务凭借其就业门槛不高、创业成本较低等特点,为实体经济促进创业和就业创造了十分有利的条件,2010年底,阿里巴巴B2B平台涉及中小企业专业电子商务从业人员已达1520万人,到2012年底,淘宝网创造的直接就业岗位达392.1万,间接就业岗位更是高达1109.6万[7]。2013年2月,我国网络创业,就业已累计创造超过1000万个岗位[8]。

2. 互联网与制造业融合引领生产方式变革

互联网的外溢效应带动了其他产业的技术创新和传统生产方式的变革。互联网与传统生产组织和制造流程的深度融合,正在推动新一轮的产业变革,促使信息化与工业化融合迈向新的发展阶段。

(1)网络制造推动了生产组织方式的变革。虚拟化生产组织使拥有不同关键资源的企业,为了彼此的利益进行战略联盟,交换彼此的资源以创造竞争优势。波音787飞机共有132500个部件,波音公司通过基于互联网的虚拟化生产组织集中组织了全球十多个国家的545个企业进行生产,包括日本三菱重工、意大利阿莱尼亚飞机公司、美国通用电气公司、英国罗尔斯-罗伊斯公司和中国沈飞等公司在内的数家企业都被纳入了波音公司的生产组织中,而波音公司本身则负责组装、整机设计、销售,整个生产过程体现了高度的网络化和全球化,不仅降低了生产成本,而且提高了生产效率。

(2)互联网使全球技术和市场要素的配置方式发生了深刻变化。互联网和增材制造技术创新和应用开辟了众包、创客等新空间,美国Shapeways网站提供了借助增材制造技术实现的新商业模式:人们可以将产品设计公开到这个网站上,如果有用户对该产品下订单,Shapeways网就可利用3D打印机打印出产品,并交付给顾客,这使得任何人都可以成为"个人厂长"并轻易地生产出产品。北京航空航天大学团队利用增材制造技术制造出世界最大的钛合金构件,制作成本不及模具的1/10,比传统方式节省了91.5%的材料且性能良好。

3. 互联网正加快渗透并催生金融创新

伴随着互联网技术的蓬勃发展,互联网金融应运而生。1971年,美国创立Nasdap系统,标志着互联网金融这一全新的经营方式从构想开始进入实际运营。1995年10月18日,美国诞生了全球第一家纯网络银行——安全第一网络银行(Seurity First Bank, SFB),标志着金融业新革命的崛起。1997—2000年,美国金融机构在互联网项目上的投资每年以36%的速度递增。在全球范围内,目前互联网金融已经呈现出了全新的发展特点。

(1)P2P贷款公司兴起。2007年成立的美国Lending Club公司,到2012年年中已经促成会员间贷款6.9亿美元,利息收入约0.6亿美元。2010年创立的英国Funding Circle公司为小企业提供1~3年期的授信服务,并将企业融资项目打包在网上承销,邀请投资者认购;投资者选择认购份额和借款利率,公司负责在两周内募集齐资金[9]。

(2)众筹融资从概念到实际经营。2009年4月,Kickstarter在纽约成立,虽然它不是最早以"众筹"概念出现的网站,但却是最早成功的一家,曾被《时代周刊》评为最佳发明和最佳网站,成为"众筹"模式代名词。2012年4月,美国通过JOBS法案(Jumpstart Our Business Startups Act),允许小企业通过众筹融资获得股权资本,使得众筹融资替代部分传统证券业务成为可能。

(3)移动支付发展迅猛。美国市场研究公司Gartner发布报告称,2013年全球移动支付交易总额将达到2354亿美元,较2012年的1631亿美元增长44%。全球使用移动支付的用户总数将达2.452亿,高于2012年的2.008亿。2012—2017年,全球移动交易总量和价值年平均增长率将达到35%。到2017年,预计市场规模将达到7210亿美元,用户数将超过4.5亿[10]。

三、互联网不断更新人们的生活理念和生活方式

互联网正在重塑人们的生活方式,为我们的生活带来了更加多样化的数字产品和服务,并且这些产品和服务拥有更低的价格、更有效的信息收集方式和更多的分发渠道。

1. 数字内容日益丰富人们的文化娱乐生活

近两年来,社交网络、新型视频和音频服务推动了ICT行业的发展和新型业务模式的建立,数字内容的来源也在扩大,而这些业务模式为消费者带来了各种各样的利益,日益丰富着人们的文化娱乐生活。

(1)网络电影推动传统产业模式的重大变革。电影市场发生了重大变化,网飞、苹果、亚马逊及其他公司对发行方法产生了深远的影响。根据PwC的预测,在线电影交付市场将从2010年的48亿美元增长到2015年的76亿美元,这与2006年区区12亿美元的收入相比有了巨大的飞跃。此外,2011—2015年间电子分发将成为北美电影业增长最快的细分市场,其复合年增长率13.8%,其次是电影广告(6.7%)、票房(6.1%)、实际零售(3.9%)和店内租赁(1.4%)[2]。

(2)数字音乐市场仍有极大的增长空间。在数字音乐领域,当前数字渠道约占录制音乐总收入的29%,相比2009年的25%有所上升。2010年,全球数字音乐市场总价值达46亿美元,较2009年上升6%[11]。数字音乐市场正在不断发展,并仍有极大的增长空间,且其收入分配也在发生变化,通过互联网下载或流式传送的音乐占有较大比例。根据IFPI的数字音乐报告,音乐下载依然是数字媒体的主要收入来源,并在继续保持增长。iTunes从启动至今已提供了超过100亿的下载量,目前面临着大量新的竞争对手,如亚马逊、7digital、沃尔玛、HMV和Tesco[11]。同样,未来采用数字方式录制的音乐将远远超过采用物理方式录制的音乐[2],对其预测如图3所示。

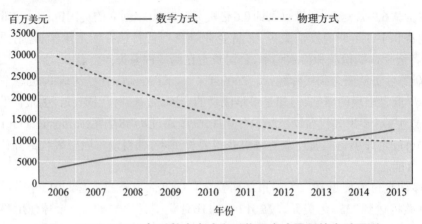

图3　2006—2015年以数字方式和以物理方式录制的音乐预测

（数据来源：经合组织《OECD互联网经济展望2012》）

（3）网络广告推动广告市场发展演化。广告市场在短短15年间就发生了翻天覆地的变化，根据Zenith Optimedia的调查，互联网广告所占广告市场的份额从2010年的14.4%上升到2013年的18.9%，网络超过报纸成为仅次于电视的全球第二大媒体。尽管电视在2010—2013年间占全球新广告支出的46%，但互联网的增长速度比任何其他媒体都要快，在2010—2013年间的年平均增幅达14.6%[2]。按媒体划分的广告费用支出如图4所示。

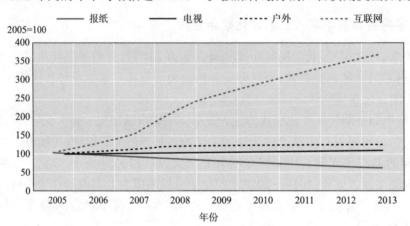

图4　按媒体划分的广告费用支出

（数据来源：经合组织，《OECD互联网经济展望2012》）

（4）网络游戏在新设备及创新业务模式的推动下不断发展。高增长领域包括休闲游戏网站（一般是通过社交网络）或下载中心以及被称为"Apps"的独立应用程序。到2015年，亚太地区和欧洲地区的网络游戏与移动游戏将占据近80%的收入份额，其中，中国占（36%）、欧洲占（20%）、韩国占（12%）、日本占（10%）[12]。2013年，NPD、iResearch以及Digi-Capital在其发布的游戏行业报告中预测：在中国，随着智能手机和平板电脑的普及，移动游戏也越来越受到玩家们的喜爱，中国玩家今年在移动游戏上的花费有望突破10亿美元（约合62亿人民币），而到2016年，这一数字将增加至28亿美元（约合174亿美元）[13]。全球电脑游戏与电子游戏收入情况如图5所示。

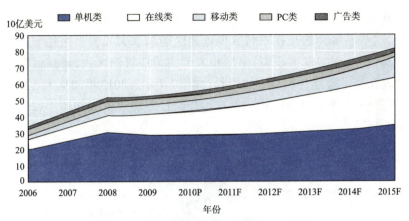

图5 全球电脑游戏与电子游戏收入情况

（数据来源：经合组织，《OECD互联网经济展望2012》）

2. 网络教育成为重要的学习平台

互联网正成为日益重要的学习平台，相关统计数据显示，几乎一半的互联网用户表示他们在通过互联网来进行正规教育活动，在芬兰、冰岛、卢森堡和葡萄牙，有超过70%的用户使用互联网进行正规学习。2011年，超过70%的经合组织成员国的家庭可以在家中访问互联网[2]。

一方面，传统的教育机构正在积极地开发网络教育平台。对个人来说，由大学提供的在线内容为人们提供了获取最新知识的绝佳机会；对大学来说，这也是一种展示教学质量和课程丰富性的新颖方式。在美国，麻省理工学院和斯坦福大学为普通公众开设了免费网络课程。2011年12月，麻省理工学院宣布创建MITx，在互联网上免费开放，供民众使用在线交互式学习平台。斯坦福大学与苹果公司合作开发了在线选修课的相关程序，使斯坦福大学在每堂课后会在专门的网页上提供课堂视频与幻灯片的拷贝并保留数日。

另一方面，非专业的学习机构也在互联网上提供各式各样的学习资源。卡恩学院（The Kahn Academy）是一个提供教育培训视频的网站，所涉及的课题涵盖了从数学到艺术、历史和金融等各个领域。截至目前，该网站拥有的视频课程早已超过9000万个，在YouTube上的教学影片也超过4700段。

3. ICT加速变革传统医疗服务模式

ICT在医疗行业的应用范围已得到极大地拓展，提供了更多、更有效的医疗服务方式，并通过提高诊疗的质量和效率、降低运营成本，构建全新的诊疗模式。

电子健康档案能够实现对医疗卫生系统中医疗信息的及时访问和更高效的传送，从而使病患照护工作具有更强的响应能力和更高的效率，还可以帮助评估实践中卫生保健干预的质量，并协助临床研究和有效的公共卫生规划。据经合组织对其成员国的门诊服务机构使用电子健康档案情况进行的评估，在2009年和2010年，电子健康档案的使用率为48%~52%，在美国各家医院当中，基本的电子健康档案使用率为7.8%~11.4%[2,14]。

远程医疗被视为提高医疗保健服务的一种重要工具，尤其是在欠缺医疗资源和医疗专家的农村及偏远地区。在2010年年末,加拿大已至少在1175个社区部署了5710个远程医疗系统,这些系统为居住在农村或偏远地区的加拿大人提供医疗服务[2],如图6所示。2002—2012年,在加拿大小型、中型和大型的司法管辖区内,通过远程医疗服务开展的临床会议保持了持续性的百分比增长,如图7所示。2013年加拿大远程医疗报告指出,除魁北克省外,加拿大各辖区内的家庭远程医疗终端数量从2010年(2095)到2012年(2465)增加了18%[15]。

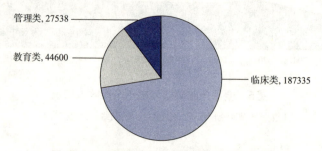

图6　2010年加拿大进行的远程会诊数量

(数据来源:经合组织,《OECD互联网经济展望2012》)

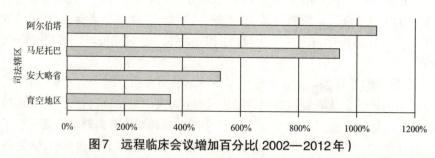

图7　远程临床会议增加百分比(2002—2012 年)

(数据来源:2013 加拿大远程医疗报告)

移动医疗应用和社交网络为帮助患者和满足老龄化人群日益增长的需要提供了独特和前所未有的机会,医疗技术和ICT技术的结合(如自我管理的健康档案)使得个人对自我保健做出更明智的选择,并为解决医疗服务机构与消费者/患者之间的"信息不对称"问题发挥越来越重要的作用。此外,医疗索赔处理的电子化、全科诊疗的计算机化、电子处方、健康信息交换、建立与患者的联系等,都是未来医疗ICT将要重点发展的方向和内容。

四、全球互联网发展形势展望

互联网作为继领土、领海和领空之后的"第四空间",成为世界各国之间的"必争之地"。展望未来,云计算、大数据、物联网等新一代信息通信技术推动了互联网的迅猛发展,但随之而来的全球互联网安全和隐私方面的挑战也需要我们积极妥善应对。

1. 互联网持续普及深化直至全球每一个角落

全球网民和网站数量进一步扩大。预计到2020年,全球网民数量将达到45亿。当前,全球网民数量每秒钟增加约7.9人,在未来的7年中,互联网网民的增长主要来自于亚洲和非洲等地区,鉴于这些地区当前的互联网渗透率较低,与发达国家差距较大,随着互联网基础设施布局规模的不断扩大,全球互联网渗透率将进一步提升;同时,截至2012年年底,全球网站数量约为6.4亿,预计到2020年,网站总数将超过12亿,届时,平均3.75个网民将拥有一个网站[16]。

全球互联网流量呈指数级增长。截至2012年年底,全球互联网流量超过2.58亿PB,预计到2020年,全球互联网流量将达到19.785亿PB。移动数据流量将成为互联网流量增长的一个重要来源。据爱立信预测,2011-2017年,移动流量年均复合增长率将达到60%,UMTS论坛预测2020年全球移动网络总流量将是2010年的33倍,未来5年移动数据业务年复合增长率在90%左右,而ITU在总结了多个机构的预测结果后指出,2015年移动业务量将是2010年的30倍,2015年到2020年移动业务量更将以指数级增长。

2. 信息网络技术融合使创新步伐持续加速

云计算关键技术发展迅速,关键领域竞争加剧。在互联网未来的发展中,使用云端技术架构的应用服务将超过本地运行软件,基于开源的云计算操作系统竞争将更加激烈,全球各大互联网巨头将开始全面角逐云生态系统,而云基础设施虚拟化则将稳步发展,VMware等企业引领虚拟化技术发展方向。2020年,公有云服务技术成熟后赶超私有云,基础设施即服务(Iaas)成为公有云服务中成熟度最高的部分,云间互联突破网络时延等技术瓶颈,云安全在身份认证、风险可控、数据安全等方面取得突破,2020年,将有近70%的数字内容存储在云端,全球云IP流量超过总数据中心流量的三分之二,云服务产业规模将达2400多亿美元[13]。

开源技术项目/产品在大数据市场占据绝对主导。2020年,Hadoop等以开源模式发展起来的大数据技术应用成为主流,大数据技术应用将在社交媒体、社交网络分析和内容分析领域率先成熟,并成为国家和企业决策的重要参考和依据,促进企业削减日常开支、提升工作效率。

物联网向规模化、智能化和协同化方向发展。物联网综合性平台出现,随着行业应用的成熟,物联网服务业和物联网制造业的发展都将在未来竞争中找准定位,通过物联网将机器、人、社会的行动连在一起,形成更加有效的商业模式。美国权威咨询机构Forrester Research预测,到2020年,世界上物物互联的业务,跟人与人通信的业务相比,将达到30比1,因此,"物联网"被称为是下一个万亿级的通信业务。

3. 互联网安全面临复杂多变的全球形势

互联网在经济中的最终作用取决于用户、企业和政府在使用网络的过程中所产生的安全感及对关键应用和服务信任程度。同时,互联网领域的国际规则体系远未成熟,各方利益诉求仍处于不平衡的状态,加之互联网技术的高速发展使得各种新旧问题接踵而至,国际互联网治理面临的形势更为复杂。

面对日益复杂多变的互联网安全形势,各国政府对这一问题的关注力度不断增强,并采取了积极的手段应对可能的挑战。发达国家加紧修改完善法律法规,积极应对新技术和新业务挑战,欧盟通过加紧修改和制定法律和政策来应对云计算、大数据可能带来的管理挑战,如欧盟讨论修改1995年的《个人数据保护指令》,澄清相关核心概念,提出"遗忘权"概念,网民可向网站发出删除其涉及个人隐私保护的内容。以用户自愿和强化隐私保护为特征的网络身份认证政策悄然兴起,以美国为代表的西方发达国家正陆续出台更加科学的网络身份认证政策,以用户自愿和隐私保护为核心特征,为网络用户提供更加安全、高效和互操作的身份认证解决方案,成为未来网络空间数字身份管理的一种政策方向。知识产权成为各国互联网立法最活跃的领域,英国制定《数字经济法》,法国出台"三振出局"制度,美国"互联网版权法案(PIPA&SOPA)"尽管未出台,但法案中为保护知识产权而引入的涉及域名、内容管理、安全政策等在内的技术、经济、执法机制等强力执法工具对全球互联网生态产生深远影响。

参 考 文 献

[1] Akamai. The State of the Internet,Volume 6,Number 1. 2013. http://www.akamai.com/ stateoftheinternet.

[2] 张晓,译. OECD互联网经济展望2012. 上海:远东出版社,2013.

[3] Meeker M. 2013年度互联网趋势报告. D11数字大会,Rancho Palos Verdes,2013.

[4] ITU. The World in 2013: ICT Facts and Figures. 2013. http://www.itu.int/en/ITU-D/Statistics/Pages/facts/default. aspx.

[5] 工业和信息化部电信研究院. 2013年ICT深度观察. 北京:人民邮电出版社,2013.

[6] 麦肯锡.中国网络零售革命.2013. www.mckinsey.com.

[7] 阿里研究中心.增长极:从新兴市场国家到互联网经济体. 2013. http://www.aliresearch.com.

[8] 人力资源和社会保障部.网络创业促进就业研究报告. 2013.

[9] 和讯网:抢占全球互联网金融市场.2013.http://bank.hexun.com/2013-06-26/155516922.html.

[10] 新浪科技.http://tech.sina.com.cn.2013.

[11] Moore F. IFPI Digital Music Report 2011. 2011. http://www.ifpi.org/content/section_resources/dmr2011.html.

[12] 移动观察网. 移动游戏成为全球游戏行业支柱之一. 2013. http://media.cocoachina.com/game-investments-doubled-to-2b-in-2011-acquisitions-grew-160-percent.

[13] 凤凰网. 报告显示:中国游戏有量无质 腾讯一家独大.2013.
http://games.ifeng.com/yejiehangqing/detail_2013_04/01/23761274_0.shtml.

[14] OECD. OECD Information Technology Outlook 2010. New York: OECD Publishing,2010.

[15] Canadian Telehealth Forum. 2013 Canadian telehealth report——based on the 2012 telehealth survey. 2013.

[16] 工业和信息化部电信研究院. 面向2020年的互联网发展策略. 2013

作 者 简 介

张晓,毕业于中国人民大学,现就职于工业和信息化部信息化推进司,任信息资源处处长。

中国社会科学院科研信息化的实践和未来
——全力推进科研信息化 繁荣发展哲学社会科学

杨沛超[1]

（中国社会科学院信息化管理办公室）

摘 要

信息化浪潮改变了当今的社会生活，并使科研模式发生重大变革，极大地提升了科研生产力，不断产出高水平的科研成果，有力地促进了科技进步和学术繁荣。中国社会科学院高度重视科研信息化，通过加大信息化基础设施建设投入，改善网络信息环境，提高科研信息化的保障能力和应用水平；以深化信息化管理体制机制为出发点，有效地整合全院信息化资源，集中力量建设"数字化中国社会科学院"，努力形成适应中央对中国社会科学院"三个定位"要求的信息化建设新格局。

关键词

科研信息化；哲学社会科学；中国社会科学院

Abstract

Nowadays，Information tidal wave is changing our social lives rapidly，catalyzing the revolution in research mode and improving the research productivity sharply，as a result，high-level scientific outputs have been made continually，and scientific and technological advance and academic prosperity have been greatly promoted.

The Chinese Academy of Social Sciences attaches great importance to e-Science. We increase investment in information infrastructure and improve networked information environment to promote e-Science's support ability and application. By furthering informatization management system and mechanism，we integrate informatization resources effectively，concentrate on building digital CASS and strive to develop a new pattern in informatizaion required by the "Three Orientations" from the Party's Central Committee and the State Council.

Keywords

e-Science；Philosophy and the Social Sciences；Chinese Academy of Social Sciences

一、引言

信息化浪潮改变了当今的社会生活，并使科研模式发生重大变革，极大地提升了科研生产力，不断产出高水平的科研成果，有力地促进了科技进步和学术繁荣。

科研信息化是指科学研究领域中充分运用现代信息技术（特别是网络信息基础设施

---

1 杨沛超，教授，中国社会科学院信息化管理办公室主任。

与技术)创新的科研手段与方法,为科研活动提供强有力的支撑与保障,产出高水平的科研成果。就哲学社会科学研究而言,其科研信息化应该包括科研环境的信息化、科研手段的信息化、科研资料的信息化、科研管理的信息化和科研人员的信息化等方面的内容。

中国社会科学院高度重视科研信息化,不断加大信息化基础设施建设投入,改善网络信息环境,打造数字图书馆,设立调查与数据中心,强化数字资源建设,开通中国社会科学网,整体提升学术传播能力,提高科研信息化的保障能力和应用水平;以深化信息化管理体制机制为出发点,有效地整合全院信息化资源,集中力量建设"数字化中国社会科学院",努力形成适应中央对中国科会科学院"三个定位"要求的信息化建设新格局。

二、哲学社会科学研究特点及科研信息化需求

哲学社会科学研究有着自身的规律和特点,它对科研信息化的需求与其他学科研究相比,亦有所差别。

第一,哲学社会科学研究高度依赖文献信息资源。文献资料在哲学社会科学研究人员的研究工作中占有非常重要的地位。哲学社会科学研究不同于自然科学研究,后者主要依靠观察分析和实验,而哲学社会科学(尤其是人文学科)研究需要引经据典,进行理论分析和论证。这一过程中,需要大量翔实可靠的第一手材料,文献资料的收集、整理和利用成为整个科研活动的有机组成部分。对于某些学科而言,甚至可以说,谁拥有了资料,谁就拥有了研究优势,谁就占领了学术制高点。一批有价值的资料,可以成就一个学科、培养一批学者的例子屡见不鲜。由此可见,丰富的文献资料和完善的文献保障系统是哲学社会科学创新发展的前提条件。在当前的网络信息环境下,科研人员的信息需求及其查询行为发生了很大的变化,多数学者已经习惯在网络环境下进行资料搜集和学术研究,科研人员使用数字资源的比例大大超出了使用纸本资源的比例,传统文献资源和文献服务远远不能满足广大科研人员的需求,因而建设数字图书馆的呼声越来越高,对数字资源的依赖越来越强。

第二,社会科学研究倚重大量社会调查。社会科学研究的另一特点是需要开展大量的调查研究活动,掌握第一手调研数据,进行分析、提炼、加工,以此依据,支持理论观点和政策咨询。调查方法在社科研究工作中应用广泛,特别是在社会学、人口学、经济学、政治学等学科更为普遍。中国社会科学院积极倡导研究人员深入实际、深入基层,开展"接地气"的研究工作,全院每年都组织各研究单位开展大规模的国情调研活动,成果质量明显提高。以往我院多数调查项目一般随科研课题展开,由课题组成员负责调查工作,调查活动比较分散,调查范围和样本偏小,数据的权威性可能受到一定影响;一部分调查数据会随着研究课题的结项而被闲置,缺乏必要的开发和共享。科研人员呼吁成立专业机构承担大型社会调查工作,搭建专门的社会调查平台,提供翔实可靠的调研数据,来支持研究工作。

第三,实验方法在社会科学研究中逐渐得到重视。传统的人文社会科学研究往往偏重文本研究,实验研究的方法不够普及,我院仅有少数研究所建立实验室。近年来随着信息技术的发展和科研信息化水平的不断提高,一些学科开始建立专业实验室开展研究工

作,极大拓展了社会科学研究的领域和深度。为满足研究单位筹建实验室的需求,我院开始统一规划建设综合集成实验室平台,支持各研究所的实验研究工作。

第四,跨学科研究、交叉学科研究、计量研究、可视化研究等研究方法在社会科学研究中得到较多的应用,信息科学与人文科学相交叉,形成信息哲学、信息史学等新兴学科。这些新兴学科的建设发展,开辟了人文社会科学研究的新领域,同时也对科研信息化提出了更高要求。

三、中国社会科学院信息化建设发展现状

中国社会科学院信息化建设起步于20世纪90年代初,最初选择以实现办公自动化为主攻方向。1997年正式成立了中国社会科学院计算机网络中心,负责统筹全院信息化建设。十余年来,中国社会科学院信息化建设以需求为导向,以应用为目的,始终坚持"为中央决策、为支持科研、为社会咨询、为对外宣传"服务的建设宗旨,边建设,边服务,形成了"网络畅通、信息丰富、应用方便、管理科学"的整体优势。

1. 网络基础设施的建设

经过十余年的建设,中国社会科学院的网络基础设施初具规模,形成以主干网络1000兆互联,400兆出口带宽,下联20个局域网络,7300多个网络节点的大型网络结构。目前注册用户近12000人,每天同时在线最高3000多人。邮件系统用以支持7000多个邮件用户的使用。 在办公自动化方面,应用了科研管理、电子所务、对外学术交流、人事信息管理、财务管理等基于网络的信息管理系统,为建立全院统一互联的综合管理系统平台积累了经验,集中了基础数据资源。近两年,中国社会科学院的院属单位的61个网站普遍进行升级改版,水平进一步提高。

2. 数据资源建设与共享

数字资源建设一直是中国社会科学院信息化建设的重点。在建设社会科学数字图书馆的进程中,始终把数字资源建设放在优先发展的位置。我院数字资源建设总体目标是通过引进、自建和与其他系统之间的联合共享实现对哲学社会科学研究资源最大限度的保障,建设国家人文社会科学信息资源平台,构建国家级哲学社会科学文献资源保障体系,从而增强对哲学社会科学创新的信息支撑力度,使学者进行研究时的文献起点达到世界领先水平[1]。

哲学社会科学的繁荣发展引发了更为旺盛的文献信息的需求,要求信息资源建设部门予以满足。我院从2000年起陆续引进大型中外文数据库100余个,在一定程度上缓解了文献资源短缺、获取不便的局面。在资源引进中注意向一次文献倾斜,注重期刊全文数据库、基本古籍数据库、博硕士学位论文数据库、会议录、电子图书等文献型数字资源引进,力争达到国内重要数据库、国外关键数据库收录齐备的水平。目前,全院统一引进的期刊全文数据库,涵盖中外文学术期刊17000多种,加上部分开放获取期刊和其他文献保障系统的可用资源,能够基本满足科研需要。在数字资源建设中还注意多语种资源的引进,除英文外,加大对德文、法文、西班牙文、俄文、日文、韩文等语种资源的搜集力度。近

年来,社科类数值型数据库和多媒体数据库的引进有所增加,资源类型不断丰富。

在自建数字资源方面取得积极进展,中国社会科学院的院属各单位建设各类型资源数据库200余个,其中,中国哲学社会科学综合信息支持系统,实现了140多万种中文电子图书的全文检索与利用,共约470TB信息量。正在建设中的中国社会科学院古籍善本全文数据库,收录全院馆藏善本图书8000余种,10万余册,其中不乏宋元珍稀版本。中国人文社会科学引文数据库,收录700余种来源,期刊引文数据800多万条,是开展科研评价的重要工具。预计到2014年,我院数据总量将超过2PB。

2010年,中国社会科学院成立调查与数据信息中心专门负责数据资源的采集、存储、共享、应用工作。该中心承担全院的"海量数据库"和"综合集成实验平台"的建设任务。目前以国家哲学社会科学学术期刊数据库的建设为重点,同时整合全院现有的数字资源,并逐渐扩大到全国社科数据资源的其他领域,最终建成国家级的社科领域海量资源库。

3. 国家哲学社会科学学术期刊数据库建设

2012年3月,经全国哲学社会科学规划领导小组批准,中国社会科学院调查与数据信息中心承建国家哲学社会科学学术期刊数据库。经过一年多时间建设,2013年7月16日,国家哲学社会科学学术期刊数据库正式上线运行(http: // www.nssd.org),如图1所示。

图1　国家哲学社会科学学术期刊数据库

期刊数据库建设以"公益、开放、协同、权威"为定位,以整合学术期刊数据资源,推进学术资源的公益使用、开放共享,推进学术研究方法和手段创新,促进科研成果普及转化,推动哲学社会科学繁荣发展为目标。目前除国家社会科学基金项目资助的200家核心期刊外,还与数百家具有较高学术价值的期刊签订了作品使用协议。计划用两年时间,在全国范围内精选500家社科学术期刊,完成哲学社会科学学术期刊数据库的回溯建库工作,并对公众开放全部内容,到"十二五"末,初步建成一个国家级、公益性、开放型的国家哲学社会科学数据库。

期刊数据库在实现学术资源查询、浏览、下载等基本功能的基础上,还研发了包括学术期刊原貌展示、特色栏目推荐、个人书房等多种特色功能。期刊数据库上线后将不断创新,全方位汇集哲学社会科学领域信息资源,通过数据清理、数据分析和数据挖掘工具进行知识加工,为不同用户量身定制独有的个性化服务。通过构建全方位信息服务机制和功能,从信息门户到移动终端,建设多尺度、多分辨率、多种类、多用户的哲学社会科学领域数据体系。通过积极参加哲学社会科学领域各类学术活动,不断拓展用户资源,提升期刊数据库在学术界、期刊界的影响力和知名度,打造最实用的公共服务平台和最具功能性的成果发布平台。

4. 开通中国社会科学网,提升学术传播影响力

中国社会科学院对网站的建设和知识传播非常重视。经过十多年不断探索和努力,逐步形成了院、学部、所(局)三级网站独立建设,门户网和机构网功能并重的综合网站系统。除了一级网站外,社科院建设了61个所局级对外网站,还建成了一系列专题网站。一些研究所网站已经不仅仅是研究所的官方网站,而成为本学科领域具有权威性和高知名度的代表性网站,如中国文学网、哲学中国网、近代中国研究网、中国宗教学术网等。

2011年1月1日,作为我国社会科学网站的"龙头",中国社会科学网(http://www.cssn.cn)正式上线。中国社会科学网定位为"高水平的马克思主义理论宣传网、国家级社会科学学术研究网、特大型国内外综合信息网"。中国社会科学网创办以来,在"重整合、易检索、求质量、上规模"的原则指导下,由小到大,逐步推进,坚持正确的政治方向和学术导向,突出了学术理论特色。目前,网站已开设中文、英文和法文三个频道。中文频道有60个栏目、10大板块,涵盖了哲学社会科学所有的一级学科和主要二级学科,初具大型综合性学术网站规模。英文频道有40多个栏目。网站影响力不断提升,荣获"中国最具品牌成长性媒体"、"2011年金长城媒体创新奖"。

2013年6月,院务会议决定中国社会科学网划归中国社会科学杂志社,与《中国社会科学报》进行人力资源整合。以此为契机,中国社会科学网将进一步调整办网定位,突出高端学术特色,发挥全院学科优势,重点建设学科频道,坚持内涵式发展道路,创建一流学术名网。从2014年开始,社科网将陆续推出包括马克思主义研究、哲学、社会学、政治学、法学、经济学、管理学、语言学、文学、历史学、考古学、军事学、教育学、艺术学、新闻传播学、民族学与人类学等20个学科频道,届时将成为规模最大的人文社会科学类学术网站。

5. 信息化推动哲学社会科学研究方法创新

经历了十余年的发展,我国社会科学领域的信息化应用已经取得了一定成果。就中国社会科学院而言,社会学研究所、民族与人类学研究所、文学研究所、考古研究所、语言研究所、民族文学研究所、金融研究所等单位的信息化应用成果更为明显。这些应用成果多数建立在数据库和数据共享基础上,结合各自学科应用特点,深层次服务于科学研究,促进研究方法与手段的创新。

中国社会科学院综合地理信息服务平台是建设较早的应用系统之一,如图2所示,它基于地理信息系统(GIS)技术,以各个历史时期为时间线索,以历代中国版图为空间范围界定,整合哲学社会科学各研究领域的信息和研究成果,促进信息资源共享和交叉学科研究应用。该平台以生动直观的电子地图为表现形式,集图像、音频、视频等多媒体展现方式为一体,同时借助平台的查询检索能力和灵活多变的地图对比研究功能,为科研人员提供可视化人文社会科学时空研究支持。现已整理入库的数据包括基础地理信息数据和专题地图数据两部分,其中专题地图数据含中国历史地图专题数据、汉语方言专题数据、民族分布专题数据和民族语言专题数据。

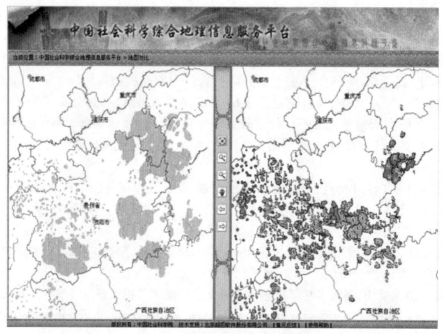

图2 综合地理信息系统服务平台

综合集成实验平台是依托于数据资源和学科专家建立起来的应用系统,如图3所示。该系统建成后将依托数据库,形成数据模型,进行推算仿真,从而预判结果的产生和对未来的影响,为国家决策提供支持。该平台计划开通经济研究、社会政法、国际研究、文哲研究、历史研究、综合研究等学科门类的实验室上百个,例如经济研究方面的实验室包括金融产品评价分析实验室、工经指数与工业运行研究实验室、竞争力模拟实验室、财政政策模拟与评价实验室、中国宏观经济运行与政策模拟实验室、金融风险管理实验室、经济社会发展综合集成与经济预测实验室、人口与公共政策仿真实验室、循环经济实验室等。目前该平台的建设仍处于起步阶段,各学科的应用开发正在探索之中,相信其应用价值和发展空间,会在很大程度上改变社会科学的研究方法。

图3 社科院综合集成实验室平台

社会调查是社科研究的重要手段之一。以往对一个课题的调研工作,从采样到筛选分类,以及最后的统计分析,往往需要几个月到几年的时间,为了得到有效数据,往往还需要重复往返多个步骤。调查与数据中心作为中国社会科学院设立的规模化、规范化调查、研究和咨询机构,为院内各类调查项目提供设计和咨询服务,统筹和建设全国居民调查执行的组织机构调查网络,制定和规范全院社会调查的标准化流程,承担调查项目的数据录入、清理及加工等工作。2011年以来,先后完成了"2011年度中国社会状况综合调查"、"中国公民政策参与调查"、"中国社会保障与收入再分配调查"、"中国公民政治文化调查"等多项调查,全国居民调查网络抽样框的研究和设计已完成,覆盖全国的调查平台初具规模。他们研发的"社会调查数据支持平台"是针对社会科学研究领域应用研究的开源统计软件。该平台以提供数据采集、数据整理、数据存储、数据发布、数据研究以及数据管理等功能为目标而建立的数据整合共享与分析研究平台。平台兼顾了系统安全性、可用性、可靠性和用户体验等特性的要求,完成了数据采集到管理等流程环节的规范化工作,很好地保障了数据质量,并实现了在线分析功能。另外,此平台的建立也可以为社科院国情调研数据提供一个共享的应用平台,通过在线常用统计分析功能的使用,提高数据的整合共享能力。

四、中国社科院信息化体制机制改革和未来发展

1. 中国社会科学院信息化体制机制改革

中国社会科学院信息化体制机制改革经历了三个阶段。1997—2019年,中国社会科学院计算机网络中心是全院信息化管理部门,同时也是信息化的主要建设单位。2010年,

中国社会科学院先后成立调查与数据信息中心及中国社会科学网。2011年3月经机构和职能调整,计算机网络中心、中国社会科学网、调查与数据信息中心被确定为"一个机构三块牌子",名称为"中国社会科学院计算机网络中心(中国社会科学网、中国社会科学院调查与数据信息中心)",分别履行规定职能。为进一步深化信息化体制机制改革,有效整合全院信息化资源,加快社会科学数字图书馆、中国社会科学网、哲学社会科学海量数据库、综合集成实验室平台和全院综合管理平台建设,全面提升我院信息化水平,尽早建成数字化中国社会科学院,在反复调查研究和深入讨论的基础上,院党组制定了《中国社会科学院信息化体制机制改革方案》,于2013年8月22日通过并正式实施[2]。

该方案对中国社会科学院计算机网络中心、图书馆、调查与数据信息中心和中国社会科学网的机构及其职能再次作出重大调整。原计算机网络中心的网络设备建设及运行管理业务部门和工作人员并入院图书馆,原隶属于计算机网络中心的调查与数据信息中心整体并入图书馆,合并后名称为中国社会科学院图书馆(调查与数据信息中心)。原隶属于计算机网络中心的中国社会科学网并入中国社会科学杂志社,与中国社会科学报等媒体整合,强化其传播功能。在院网络中心的基础上组建中国社会科学院信息化管理办公室,为负责全院信息化建设战略和整体规划、建设项目预决算及监督考核的管理部门,为正局级职能单位。下设综合处、规划与项目管理处、安全与考核监督处。该方案还规定了我院信息化建设的总任务、基本原则、机构职能调整、项目管理、经费安排和改革进度等事宜。这一轮信息化管理体制机制改革,将信息化建设与管理部门分离开,建设单位履行主体建设任务,管理部门承担管理职责,分工明确,理顺了关系。

2. 中国社会科学院信息化建设的主要任务和未来发展

十多年来,中国社会科学院信息化建设以需求为导向,在实践中逐步积累了"网络是基础、信息是生命、应用是目的、管理是保障"的信息化建设经验,也逐渐形成了一支从事信息化建设的专职和兼职队伍。中国社会科学院"十二五"信息化建设规划,明确了七个方面的主要任务:①创建以中国社会科学网为龙头的社会科学名网群;②启动数据中心建设,建设海量数据存储平台,加强信息资源开发;③结合哲学社会科学创新工程推动图书馆数字化建设;④整合原有单位部门的信息系统,建设电子院务工作统一平台;⑤建立可靠的信息化安全保障体系;⑥建立信息化标准体系;⑦完善信息化基础设施建设。目前各项建设任务在顺利推进之中[3]。

新近颁布的中国社会科学院信息化体制机制改革方案,进一步明确了中国社会科学院信息化建设的总任务。从2013年起,计划用3~5年的时间,通过对"一馆、一网、一库、两平台"的建设,全面提升中国社会科学院信息化水平,实现科研手段现代化、信息资源一体化、办公自动化,基本上建成数字化中国社会科学院。"一馆"指院数字图书馆;"一网"指中国社会科学网;"一库"指哲学社会科学海量数据库;"两平台"指综合集成实验室平台和全院综合管理平台。

中国社会科学院哲学社会科学创新体系建设方案提出"推动学科体系、学术观点、科研方法创新,形成中国特色、中国风格、中国气派的哲学社会科学"的建设任务。方案明确规定,信息化建设是科研方法创新的重要举措,强调要广泛吸收借鉴自然科学和其他学科先进的研究方法,加强哲学社会科学信息化建设,大力推进深度信息化进程,积极打造数字化哲学社会科学研究与教学机构,整合全国哲学社会科学研究力量,规划建设一批涵盖哲学社会科学主要学科的大型专业数据库和国家重点实验室,为宏观性、战略性、全局性、综合性、前瞻性哲学社会科学研究提供有力支持。

五、整体推进科研信息化的两点建议

哲学社会科学科研信息化是科研信息化的有机组成部分。中国社会科学院的信息化建设虽然取得较大进展,但与国内外主要科研机构相比仍有一定差距。主要表现在信息化基础设施建设相对滞后,网络带宽明显不足,数据传输速度亟待提高;数字化加工能力偏弱,数字资源共享还不充分;科研人员信息意识和信息能力还难以完全胜任科研信息化的需要,掌握信息化高端技术的研究人才十分匮乏;科研信息化的应用水平相对落后,缺少能够带动全局、产生重大影响的项目和成果。

着眼未来,社会科学领域的信息化发展将不断加速,在哲学社会科学基础研究和智库建设、决策服务实践方面,迫切需要信息技术的有力支撑和保障。可以预计,在社会科学研究领域,大型社会工程建设项目会逐渐增多,应用大数据、超计算的机会将陆续出现,对此应做好充分准备。我院科研信息化的发展空间巨大,必须进一步提高对科研信息化的认识,深化改革信息化建设管理的体制机制,加大信息化建设投入,培养科研信息化人才,制订科学的发展规划,整体推进中国社会科学院的科研信息化,带动全国哲学社会科学领域信息化建设发展。

对今后科研信息化建设提出以下两点建议。

1) 跟踪国际科研信息化发展态势,制定国家科研信息化战略

科研信息化的发展带来了科研模式的重大变革,促进了科研生产力的大幅提高,引发了新一轮科技革命,推动了整个社会信息化发展进程[4]。我们必须充分认识科研信息化在国家信息化建设发展中的重要地位和关键作用,把科研信息化上升到国家战略来考虑,从国家层面上协调部署制订科研信息化战略发展规划。在制订该规划的过程中,需要做好大量的基础调研工作,摸清现阶段我国科研信息化的发展程度及区域或学科差异,明确科研信息化的重点需求和主攻方向。要跟踪国际上科研信息化的最新发展态势,借鉴其他国家在科研信息化方面的经验与教训,尽量少走弯路。建设适应未来科研发展需要的信息化基础设施,既要在高速网络、超级计算、数据应用等方向加大投入重点建设,又要在信息化科研应用方面取得实质性进展,建设一批跨学科、跨领域、跨机构的信息化应用平台。

2) 协同合作共建共享,应对科研信息化新挑战

当前,协同理念被普遍接受,协同保障得到广泛应用推广[5]。在科研信息化的基础设施建设方面,需要加强宏观调控、统筹规划、合理布局,提倡跨区域、跨系统、跨部门的共建共享,避免重复建设浪费资源;要挖掘现有设施的潜力,盘活可用资源,避免设备设施闲置;在信息资源开发、数据库建设方面应注意尽量避免形成新的信息孤岛。特别要加强

科研信息化的国际交流与合作,共同应对未来信息化的新挑战。

参 考 文 献

[1] 中国社会科学院图书馆. 国家社会科学数字图书馆建设方案. 2011.

[2] 中国社会科学院网络信息中心. 中国社会科学院十二五信息化发展规划. 2011.

[3] 中国社会科学院. 中国社会科学院信息化管理体制机制改革方案. 2013.

[4] 南凯. 中国科学院科研信息化基础设施及应用. 中国科学院院刊, 2013 (4): 476-481.

[5] 陈明奇, 吴丽辉. 中国科学院科研信息化回顾与展望. 中国科学院院刊, 2013 (4): 461-467.

[6] 成全. 科研信息化现状及其网络协同化趋势研究. 西安电子科技大学学报(社会科学版), 2013: 26-32.

作 者 简 介

杨沛超教授,中国社会科学院信息化管理办公室主任。兼任中国图书馆学会副理事长、中国社会科学情报学会副理事长,北京大学信息管理系兼职教授。曾任东北师范大学信息传播与管理学院院长、中国社会科学院图书馆馆长。主要研究领域为图书馆学情报学基础理论、数字图书馆研究、信息资源建设与共享。著有《中国图书馆事业发展战略研究》、《目录学教程》等多部著作,发表图书馆学情报学论文80余篇。

第二篇

基础设施篇

中国科技网发展现状

南 凯[1] 陈 炜 马永征

（中国科学院计算机网络信息中心）

摘 要

中国科技网以服务国家科技发展战略为使命，建设和运行先进的互联网络基础设施。经过近二十年的建设运行，中国科技网全面具备了IPv4和IPv6双栈接入能力，建成了高速可靠的数据传输网络，并提供日益丰富的应用服务，积极应用新技术创新服务模式，开展未来互联网络研究和建设创新试验环境。

关键词

CSTNET；信息化基础设施；IPv6；国际合作

Abstract

The mission of the China Science and Technology Network（CSTNET）is to serve China national scientific and technology strategies by constructing and running the advanced Internet Infrastructure. After twenty years of efforts，CSTNET has been provided scientists with the dual-stack IPv4 and IPv6 access services，the high-speed and stable data transferring network，and more fruitful application services. Moreover，CSTNET has been exploiting new service mode by applying new technologies，researching on the future Internet，and building up the innovation testbed for new network technologies.

Keywords

CSTNET；Internet Infrastructure；IPv6；Service Mode

中国科技网是中国科学院领导下的全国性计算机网络，是学术性、非营利性、为科技服务的信息化基础设施。中国科技网作为我国最早的互联网络单位，围绕中国科学院的科研战略布局和知识创新工程，专门为国家科技界提供优质的信息化服务资源，中国科技网已建成覆盖中国大陆地区的国内骨干网基础设施，并提供7×24全天时基础网络运行服务、持续丰富的信息化应用服务和面向未来互联网络技术的创新性服务。

一、中国科技网基础设施建设与应用

中国科技网以1994年4月实现我国全功能接入国际互联网为起点，经过近二十年的努力，已建成覆盖中国大陆地区的国内骨干网基础设施，如图1所示，为中国科学院、国家

---

1 南凯，博士、研究员，博士研究生导师，现任中国科学院计算机网络信息中心副主任，兼中国科技网网络中心主任。

地震局、国家气象局、中国林业科学院、中国农业科学院等科研机构和高技术企业提供互联网络服务,推动我国科研信息化发展。

依靠中国科学院多个五年计划的信息化投入,以及承担国家发展和改革委员会组织的中国下一代互联网(CNGI)之"核心网工程"、"驻地网工程"和"基于下一代互联网的科研信息基础设施建设和应用示范工程"建设,2013年,中国科技网已经建成具有万兆交换能力的核心网、155Mbit/s~2.5Gbit/s传输能力的长途骨干网和1~10Gbit/s城域网接入服务能力,提供IPv4和IPv6双栈接入服务,将下一代互联网技术推进至科研一线。

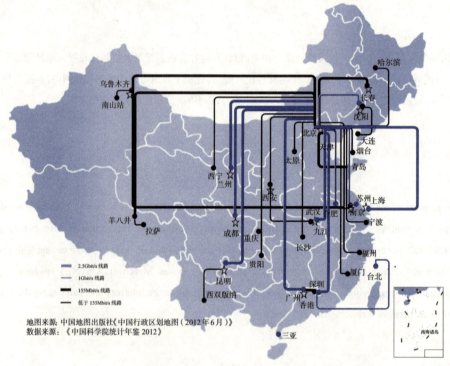

地图来源:中国地图出版社《中国行政区划地图(2012年6月)》
数据来源:《中国科学院统计年鉴2012》

图1 中国科技网骨干网覆盖情况示意图(2013)

1. 实现全网IPv4和IPv6双栈接入服务

为加快部署IPv6技术,中国科技网成功申请到丰富的IPv6地址段(2400:dd00::/28),做好了充分的IPv6地址资源准备,并根据现有网络结构特点和应用需求,完成了IPv6地址规划和部署计划。

2012年年初,在2003年CNGI核心网建设基础上,中国科技网进一步在IPv4核心网和骨干网上实施了新的IPv6扩容和部署工作,全面实现IPv4和IPv6双栈路由转发,并将中国科技网的IPv6地址空间向国际互联网发布,实现了中国科技网新IPv6网与国际互联网的互联互通。从而,中国科技网核心网和骨干网完成了IPv6网络部署,具备了为用户网络提供IPv4/IPv6双栈接入服务的能力。

结合国家发展和改革委员会"基于下一代互联网的科研信息基础设施建设和应用示范工程",中国科技网组织百余家研究院所、数十个野外台站和大科学装置进行了IPv6内网建设升级,进一步将IPv6接入能力推送至科研一线。中国科技网IPv4/IPv6双栈接入服务的交付,标志着中国科技网的科研网络服务迈进新的阶段。

2. 提升骨干网承载能力和可靠性

在CNGI核心网和中国科学院"十一五"信息化网络建设成果的基础上,采取必要的信道资源调度措施建设环网,并应用IPv6新技术提升信道能力和可靠性。

充分挖掘CNGI核心网建设成果的潜力,通过采用IPv4 over IPv6(以下简称4over6)技术,为6个分中心提供了双链路备份环路,提高了网络的承载能力和稳定性。中国科技网完成了上海、广州、沈阳、长春、兰州和成都6家分中心的4over6备份线路的建设,并产生实际应用效果;增量建设了西安–武汉、新疆–上海的备份环线,实现了主备线路的自动切换,提升了中国科技网骨干网络的容量和可靠性。2013年,中国科技网骨干网覆盖情况如图1所示。

在实际的网络运行服务中,4over6链路成功地在长途骨干线路故障时实现了动态的流量切换,保障了网络的可用性,实现了设计目标,产生了明显的实际应用效果。分中心4over6链路故障业务自愈切换效果如图2所示。

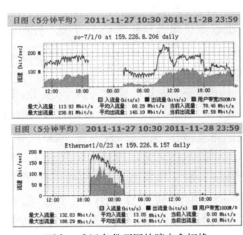

兰州分中心 4over6 备份故障自愈切换　　　　西安 – 武汉备份环网故障自愈切换

图2　骨干网故障业务自愈切换实例

3. 组织推动科研机构IPv6网络建设

为充分发挥中国科技网高速带宽资源和IPv6技术的先进性,中国科技网积极组织科研机构积极开展IPv6内网建设,全面提升研究所网络环境能力,并以云服务模式开发交付IPv4/IPv6网络管理系统和网络安全管理系统,提高研究所网络的可管理性和安全性。

在网络基础设施层面,在充分调研用户对IPv6网络建设需求的基础上,中国科技网组织研究所完成了研究所内网建设所需设备的选型和入围招标工作,为接入的研究机构提供IPv6内网建设所需的路由器、交换机、服务器、防火墙和其他安全设备,提供网络建设方案技术支持服务,直接支持了140余个科研院所、大科学装置和野外台站的IPv6内网基础设施建设。

除了完成IPv6内网网络基础设施建设,中国科技网还通过开发基于云服务模式的网络管理系统和网络安全管理系统,为用户提供网络运行维护所需的技术工具保障,用户可以通过灵活的定制,以云的方式使用统一建设的网络管理系统,对网络安全设备实施整体管理,提升了网络的可管理性和安全性。

通过众多的研究所参加的IPv6内网建设,中国科技网的核心网、骨干网和用户内网均能够全面的支持IPv6应用。IPv6网络延伸至科研一线,使科研用户享受到更加快速、稳定的网络服务,为相关科研应用创造了基础网络环境条件。

4. 推进科研网络互联,支持环球科研数据高速传输

信息化时代的科研活动更加强调信息的交互、共享与全球协同,中国科技网大力加强与国际科研网络(如Gloriad、OrientPlus、APAN)、国内科研网络(如CERNET)和国内外商业网络的互联互通,提升用户获得信息服务的范围和质量水平。

目前,中国科技网与美国科研网络、欧盟科研网络均实现了10Gbit/s连接,与中国教育和科研计算机网(CERNET)的互联互通在2013年提升至32Gbit/s。优质的科研网络互联资源直接支持了我国高能物理国际合作(大型强子对撞机网格计算、羊八井宇宙射线观测等)、国际天文e-VLBI联合观测、国际气象数据交换和全球综合对地观测系统(GEOSS)数据资源传输等科研活动的开展。同时,中国科技网也努力推进与中国电信、中国联通、中国移动和国家互联网交换中心等国内主要互联网运行商的高速连接,不断完善网络互联质量。

历经近二十年的建设、运行与服务,中国科技网已经成为为国家科研机构和高科技企业提供高质量、高可靠性服务的互联网络环境平台,为超级计算资源、科学数据存储资源、高能物理、天文观测、探月工程、战略先导专项等国家级战略性科研资源与任务提供支撑。

中国科技网为中国科学院超级计算环境和科学数据云提供网络环境条件,中国科学院超级计算环境通过自主研发的网格软件SCE整合了超级计算总中心、8个分中心、17个所级中心的资源及11个GPU计算系统,聚合CPU通用计算能力超过300万亿次、GPU计算能力3000万亿次,实现了统一的资源管理和作业调度,提高了资源的利用率。利用中国科技网互联网络环境,中国科学院开展了"数据云"项目建设,建设了云存储服务、云计算服务、长期归档和数据灾备服务、大数据处理环境与编程等基础设施服务(如IaaS),以及地理空间数据云(GS-Cloud)、科研数据管理云服务(VDB-Cloud)等应用服务(如SaaS)。目前,云存储服务已正式上线运行并推广服务,云计算服务开始服务科研用户,VDBCloud重点向数据库建设单位宣传推广,GS-Cloud已整合300TB资源提供一站式数据服务,注册用户人数达4.6万。

中国科技网已经成为重要的基础性的科研信息化基础设施,为科学研究提供可靠的基础服务,为科研项目提供传输、计算、存储和融合通信服务,为科研新方法、新概念提供信息化技术支撑和互联网创新实验环境保障。

二、中国科技网应用服务建设与应用

中国科技网通过不断丰富应用服务建设,拓展信息化基础设施建设成果的应用价值。除了支撑大型的计算资源、存储资源、科研装备、重大任务和科研项目,也面向广大科研人

员开发和提供丰富的信息化服务产品。这些应用服务具有集约利用资源、统一规划部署、统一运维服务和灵活易用易推广等特点，既解决了原来分布式建设和运维带来的重复投入、服务质量和安全方面的难题，又提高和保障了服务质量。典型的应用服务产品有以下几种。

1. 中国科技网电子邮件服务与通行证服务

中国科学院电子邮件系统自2004年8月建设运行以来，已使17万多用户享受到了安全稳定的邮件服务。该邮件系统每日的垃圾邮件的拦截效率已达到90%以上，每天过滤垃圾邮件100万封以上，很大程度上减轻了垃圾邮件对用户的侵扰。在病毒邮件处理方面，系统每日处理的病毒邮件涉及的病毒种类已达五十多种，基本杜绝了病毒邮件对用户的侵害。中国科学院电子邮件系统开发的Webmail页面，提供了许多实用的新功能，如群发单显、邮件召回、邮件提醒和邮件内容敏感词汇审核等功能，并开发了iPad、iPhone及安卓系统界面。

中国科技网通行证，是基于中国科技网的统一账号系统，包括了中国科学院邮件系统用户和原Duckling通行证注册用户，共20多万个用户、账号。通行证支持基于OAuth2.0协议的应用接入认证，采用HTTPS加密传输模式以保证用户信息安全，并提供了单点登录解决方案。目前已支持单点登录的应用服务包括中国科学院国际会议服务平台、科研主页、科研在线文档库等应用系统，并不断推广应用。中国科技网通行证应用使用用户可在各应用之间实现无缝切换，大大改善了用户访问中国科技网信息资源的使用体验。

2. 视频会议服务和桌面会议服务

中国科技网面向不同的应用场景，提供会议室型视频会议系统和桌面会议系统两种形式的视频会议系统服务。会议室型视频会议系统适用于传统的较为正式的会议形式，桌面会议系统适用于更为灵活的个性化交互形式。截至2013年6月，以会议室型为主的中国科学院视频会议系统已覆盖全院140多家管理机构和研究单位，拥有视频硬件终端超过150余台。

在视频会议应用方面，截至2013年6月，通过会议室型视频会议系统召开的政务管理、科学研究、学术交流和项目合作等大中型会议共900多次，涉及约10万多人次；召开所级、课题组级视频会议达500余次。据估算，每年节约的会议组织费和差旅费达2000万元。

2009年10月推出的桌面会议服务，已推广到140余家单位，开设了140余个管理账号和250余个专用会议室，共计3.5万余人次使用。

中国科学院视频会议服务和桌面会议服务，已成为中国科学院务实办会、提高效率、节约资源的技术手段，为科研人员提供集成视频、音频和数据的多媒体融合通信手段，体现出低成本、高效率、灵活易用、综合性强的特点。

3. 科研在线应用服务平台

科研在线如图3所示，是面向科研学者的科研应用服务云平台，基于自主研发的协同工作环境套件Duckling3.0开发，专为科研团队提供综合性的资源共享和协作平台，通过协同工作环境核心工具集、资源与服务池插件等核心软件,组织和集成科研信息化环境中的硬件、软件、数据、信息各类资源和人员,构成一个高效易用的有机整体。

图3 科研在线门户

用户通过Duckling协同科研解决方案可以获得完整的会议服务解决方案、社交网络解决方案、协作平台解决方案、协同通信解决方案、物联网应用解决方案、数据管理解决方案、移动开发解决方案、网络学习解决方案、网站建设解决方案以及个性化定制服务。其中,会议服务平台以云服务的模式提供在线服务,自2010年8月提供试运行以来,共有90多个研究所使用,举办国际国内学术会议400多个,会议人员总数达到46000多人。

三、中国科技网创新服务建设

着眼未来互联网发展趋势,中国科技网积极探索新的服务内容和服务模式,开展未来互联网研究工作。

1. 网络管理云服务

随着中国科技网IPv6的全面部署,IPv4/IPv6网络运行管理系统建设于2012年正式投入运行,该系统基于软件即服务(SaaS)的设计思想,采用云服务的模式为用户提供在线网络管理软件。现已有100余家研究所注册、安装和使用了该系统,该系统还在继续推广、应用和完善中。

系统支持IPv4和IPv6网络的运行状态监控,提供流量、性能、配置、故障等多方面的管理,为研究所提供展示本单位网络运行的整体视图和详细信息,帮助管理人员和网络使用者及时发现影响网络质量的性能瓶颈和故障根源,从而为科研应用提供良好的网络服务质量保证。

系统采用"云"+"端"的模式进行部署,在中国科技网网络中心建设网管中心,同时在研究所内网部署探针实现对研究所内网数据的采集,在网管中心提供统一访问入口,为所有研究所提供在线网管服务,整体架构如图4所示。

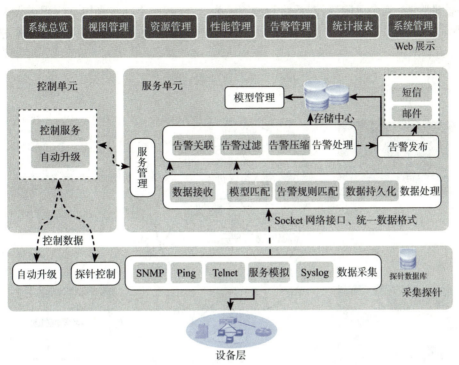

图4　中国科技网云网管功能和部署方式示意图

IPv4/IPv6网络运行管理系统基于SNMP、Syslog、Telnet、Ping和Tacas等协议或方式采集网管信息,经关联、处理和分析后提供了一系列网络管理功能,系统界面包括网络拓扑、机房拓扑、网络资源、故障告警、设备配置和统计报表等,网络管理人员可以在任何地方通过登录网络管理平台对内网运行状况进行查看。

各研究所可以通过在线申请的方式申请使用该系统,平台管理员对研究所提出的申请信息进行审核、批准,通过审核的研究所在内网的服务器上安装了探针软件后,就可以获得在线的网管服务。网管中心对系统的软件升级和状态监测等工作进行统一维护,保证了网管系统软件的版本一致性和连续性。研究所仅仅需要配置系统中的被管理对象数据并使用软件即可,大大降低了软件的部署成本和维护成本。

中国科技网IPv4/IPv6网络运行管理系统是软件即服务(SaaS)模式的一次实践,将网络管理软件作为通用性的服务交付研究所用户使用,该系统为中小型单位快速部署功能齐备的网络管理系统提供了良好的解决方案。

2. 网络安全管理系统

为了对中国科学院的网络安全设备与系统进行统一的管理,中国科技网建设了网络安全管理系统,为各科研院所提供整体的网络安全管理服务。通过该系统,可以直观、精确的对网络安全事件进行监控、分析和处理。可以对各类分散的资源进行统一的管理,以可视化的方式对各类资产进行风险评估,并能够提供各种类型的安全报表,对安全合规性和安全基线进行管理。

中国科技网安全管理系统架构如图5所示。网络安全管理系统以信息安全管理为核心,将性能监控、安全风险监控、运维管理等融为一体,按照不同级别用户权限进行灵活服务授权;同时,根据登录账户的类型,系统对相关账户安全数据和设备运行数据等进行不同风格的展示。

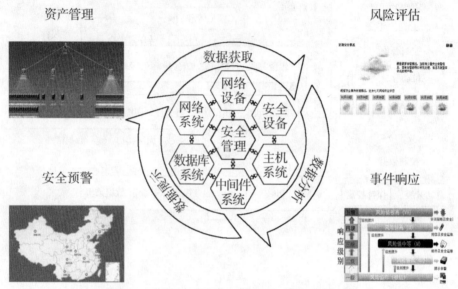

图5　中国科技网安全管理系统架构示意图

网络安全管理系统自动对收集上来的安全告警日志数据进行关联分析处理,帮助用户从海量的日志信息中发现有效的安全事件,利用分析报表、图表和地图等便捷的形式,展示监控对象的运行状况,提高管理维护人员的工作效率。同时还提供自定义关联规则,给用户提供更大的监控选择空间。网络安全管理系统还从资产视角,帮助用户直观的掌控信息资产状况,快速地确定资产分布、资产价值和风险。

3. 未来互联网关键技术研究

面向互联网技术创新,中国科技网开展了未来互联网体系结构、关键技术及试验床研究;参加了全球网络创新环境(GENI)国际合作项目,开展未来互联网试验床建设;推广、促进未来互联网试验床和e-Science的应用。

中国科技网开展了未来互联网创新实验环境建设,旨在以中国科技网等科研设施为基础,动态整合和配置网络资源、计算资源、存储资源和数据等资源,应用云计算、虚拟化和SDN技术,为未来网络技术创新提供可管可控的试验床环境,促进未来网络技术的架构与原型系统验证、部署、测量、测试、示范、过渡和推广工作。

四、中国科技网与国际科研网络合作

中国科技网积极拓展与国际科研网络的互联与合作,于2000年在中国香港建立了国际高速互联网交换节点——HKOEP(HK Light),通过HKOEP节点,中国科技网参加了环球高速科研网络(Global Ring Network for Advanced Applications Development,

GLORIAD）项目。当前GLORIAD已演进为GLORIAD-Taj，如图6所示，已实现与美国、俄罗斯、欧盟、加拿大、新加坡、日本、韩国、中国台湾和中国香港交换中心等15个国家或地区的科教网络高速互联。其中，中国科技网与GLORIAD-Taj北美节点连接带宽已经达到10Gbit/s。

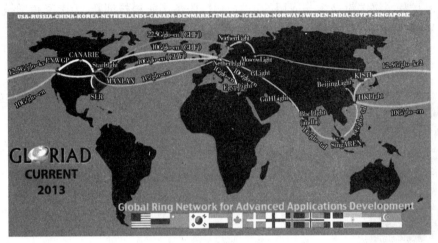

图6　GLORIAD–Taj

在中欧之间，中国科技网通过中欧科研网络连接（ORIENTPlus）项目，如图7所示实现了与欧洲科研机构之间的高速互联，2013年1月，ORIENTPlus中欧之间的网络带宽由原来的2.5Gbit/s提升至10Gbit/s。

中国科技网的国际科研网络合作和互联建设，大力推进了中国科学院用户与国际合作方在各科研领域的全面合作，有力支持了高能物理（大型强子对撞机网格计算、羊八井宇宙射线观测等）、大气研究与气象观测、生物信息、生命科学、全球天文联测、数字地球遥感观测和高性能网格计算等学科的前沿应用。

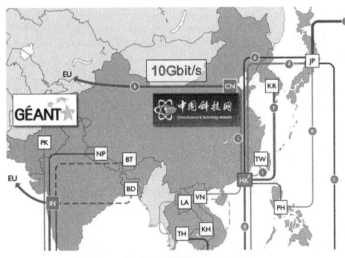

图7　中欧科研网络ORIENTPlus

五、结束语

经过近二十年的发展,中国科技网以服务国家科技发展战略为使命,建设并运行先进的互联网络基础设施。在未来的网络建设与服务中,中国科技网立足中国科学院,面向全国科技界提供科研网络服务,创新应用信息化新技术,不断丰富信息化服务产品,进一步开展未来互联网络关键技术与应用的前瞻研究,服务国家科技创新,为国家科学技术的发展提供基础性的信息化支撑与保障。

作者简介

南凯,博士、研究员,博士研究生导师。现任中国科学院计算机网络信息中心副主任,兼中国科技网网络中心主任。1999年至今在中国科学院计算机网络信息中心工作,主要研究方向为网络协同技术、分布式系统、计算机网络。

中国教育和科研计算机网发展现状

刘 莹[1] 李崇荣 吴建平

（CERNET网络中心）

摘 要

中国教育和科研计算机网（CERNET）是我国第一个全国范围的学术性主干网，已经成为支持我国高校教育和科研事业发展的公共基础设施的重要组成部分；中国下一代互联网示范工程（CNGI）示范网络核心网CNGI-CERNET2/6IX是迄今为止世界上规模最大的纯IPv6下一代互联网主干网，是我国推进下一代互联网发展战略、占领国际科技竞争战略制高点的基础设施科技创新重要试验平台。

关键词

中国教育和科研计算机网（CERNET）；中国下一代互联网示范工程CNGI示范网络核心网CNGI-CERNET2/6IX；教育科研基础设施；下一代互联网

Abstract

China Education and Research Network (CERNET) is the national research and education network，funded by Chinese government and managed by the Ministry of Education. It is also the largest national academic network in the world thus far.

Up to now，CERNET has 38 PoPs with the backbone bandwidth up to 10 ～ 100 Gbit/s. There are about 2000 universities and institutions connected and about 20 million end users. As an important national educational and research infrastructure，CERNET supports many important national network applications，including on-line college admission，distance learning，digital library，GRID for education and research etc.

China Next Generation Internet (CNGI) project is organized by China government. CNGI-CERNET2/6IX is the largest and only academic one of the network backbones of CNGI. It is the largest pure IPv6 Internet backbone around the world. CNGI-CERNET2 backbone has 25 PoPs distributed in 20 cities，and connects more than 300 IPv6 access networks in China. CNGI-CERNET2/6IX has become the important infrastructure for promoting the Chinese next generation Internet strategy.

Keywords

CERNET；CNGI-CERNET2/6IX；National Research and Education Network；NGI

---

1 刘莹，CERNET 网络中心副研究员。

一、中国教育和科研计算机网CERNET发展现状和支持应用情况

1. 中国教育和科研计算机网CERNET发展现状

中国教育和科研计算机网(CERNET)始建于1994年,是由国家投资建设,教育部负责管理,清华大学等高校承担建设和运行的全国性学术计算机互联网,是全国最大的公益性计算机互联网。通过"211工程"、中国下一代互联网(China Next Generation Internet, CNGI)示范工程等一系列国家重大项目建设,CERNET已经成为世界上最大规模的国家级学术网,在教育信息化中发挥了越来越重要的作用,成为国家教育和科研信息化的基础平台,并推动我国下一代互联网研究走向世界前列。

截至2012年12月底,CERNET拥有主干线光纤超过30000km,实际安装传输网设备超过17000km,预计2013年扩展到22000km,已经建成40×100GHz密集波分多路复用(Dense Wavelength Division Multiplexing, DWDM)业务承载平台。目前,CERNET高速传输网不仅为CERNET主干网提供单波带宽可达100Gbit/s的通信基础设施,同时也有力地支持了中国下一代互联网(CNGI)示范工程示范网络核心网CNGI-CERNET2等国家重大项目。CERNET已经成为国际上少有的拥有自己的光纤传输网的国家级学术网络,标志着CERNET的传输和承载能力已经达到或接近发达国家水平。CERNET主干网拓扑如图1所示。

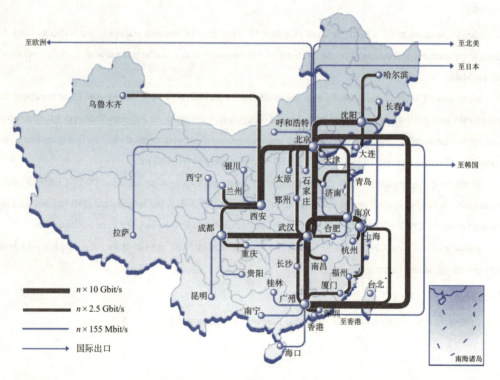

图1 CERNET主干网拓扑

基于CERNET高速传输网提供的传输线路,CERNET主干网连接38个核心节点,覆盖全国31个省、直辖市和自治区(除港、澳、台外)的36个城市,主干带宽达到

10 ～ 100Gbit/s。CERNET在北京、上海和广州各设立了一个与国内其他网络互联的网络互联点,与中国科技网、国内主要电信运营商的公众互联网实现了互联,提高了国内网络互联的可靠性和网络访问性能。自1995年以来,CERNET在北京设立唯一的国际出口,与美国、欧洲、亚太地区的学术网实现互联。目前,CERNET与国内其他互联网的互联带宽超过59Gbit/s,与国外和港澳地区网络的互联带宽超过35Gbit/s。据统计,CERNET拥有IPv4地址数约为1701万个,注册EDU.CN域名数为4026个。CERNET通达全国200多座城市,联网的大学、教育机构和科研单位超过2000个,用户超过2000万人。CERNET已经成为与世界同步、高效快捷的高等教育公共服务体系的重要组成部分,成为推动中国高等教育整体水平提升的重要支撑。

根据教育部2012年发布的《教育信息化十年发展规划(2011—2020年)》,为贯彻落实教育信息化基础能力建设行动计划,实施CERNET主干网升级换代,更好地为全国教育信息化提供主干网接入服务,清华大学等高校正在教育部的领导下抓紧实施"211工程"三期高等教育公共服务体系建设项目的CERNET升级扩容工程。该项目的总体目标是,"全面提高中国教育和科研计算机网的技术水平和服务能力,扩大传输网络的覆盖范围和传输容量,提高主干网高速接入能力和核心节点的性能,建立可靠的网络运行管理和安全保障系统,完善重点学科信息资源服务系统,提升服务全国高等教育和高校重点学科建设的能力,使其成为达到世界先进水平的国家教育科研信息基础设施。"该项目是贯彻落实教育部2012年发布的《教育信息化十年发展规划(2011—2020年)》中教育信息化基础能力建设行动计划的具体举措,实施CERNET主干网升级换代,将更好地为全国教育信息化提供主干网接入服务。

目前"211工程"三期CERNET建设项目已经完成了主要设备采购工作,改造了38个核心节点的机房环境;实施了17000多km的CERNET传输网扩容,在国内首次开通了单波100Gbit/s传输业务;进行了CERNET主干网升级,在国内首次开通了连接北京、上海等8个城市的12条100Gbit/s线路,成为国际上继美国下一代互联网学术网Internet2之后第二个开通100Gbit/s线路的国家级学术网。在开展"211工程"三期CERNET建设项目的同时,保证了CERNET主干网的安全稳定运行,推动了CERNET与国内外其他互联网的互联互通。

2. 支持教育和科研信息化应用和开展下一代互联网研究

CERNET在为高校师生提供全面互联网服务的同时,也为高校重点学科建设提供了先进的科研与教学环境,为我国高校开展协同科研起到了重要的支撑作用,支持了国家大型教育信息化工程,包括中国高等教育文献保障系统、高等学校仪器设备和优质资源共享系统、高等学校招生网上录取系统、中国教育科研网格、大学数字博物馆、远程教育系统等,成为我国重要的互联网研究平台与人才培养基地,为我国教育信息化科研提供了公共支撑环境。

CERNET不仅是教育信息化的基础平台,也是我国开展互联网技术创新的实验平台。早在1998年,相关高校依托CERNET就率先在国内开展了下一代互联网技术研究,先后承担了一批国家下一代互联网研究项目和试验网建设项目。特别是2003年以来,先后承担国务院批准、国家发展和改革委员会等八部委联合组织的中国下一代互联网示范工程（CNGI）一系列网络建设和技术试验项目。2004年年底，率先建成开通的CNGI示范网络核心网CNGI-CERNET2/6IX已成为目前全球最大的纯IPv6下一代互联网，一批创新性技术成果和国际标准引人注目，推动了我国下一代互联网的科技进步并跻身国际先进行列。取得的研究成果于2004年、2006年和2008年连续三次被评为国家十大科技进展，2007年"中国下一代互联网（CNGI）示范工程示范网络核心网CNGI-CERNET2/6IX"获国家科技进步二等奖。

二、CNGI-CERNET2/6IX发展现状和支持科研情况

1. CNGI-CERNET2发展现状

从2003年开始，我国启动了由国务院批准、国家发展和改革委员会等八部委联合组织的中国下一代互联网示范工程（CNGI），部署网络建设、技术试验、应用示范及产业化项目。CNGI示范网络核心网包括6个主干网（覆盖全国22个城市、连接59个核心节点）、2个国内/国际交换中心（北京和上海）。

由中国教育和科研计算机网网络中心、清华大学等25所高校承担建设的CNGI示范网络核心网CNGI-CERNET2和北京国内/国际交换中心CNGI-6IX是CNGI的重要组成部分，已经成为我国研究下一代互联网技术、开发重大应用和推动下一代互联网产业发展的关键性基础设施。CNGI-CERNET2主干网拓扑如图2所示。

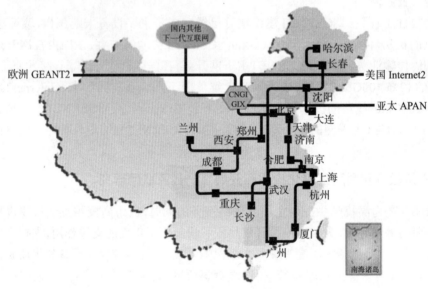

图2　CNGI-CERNET2主干网拓扑

CNGI-CERNET2是CNGI示范网络核心网中最大的主干网，连接了分布在全国20个城市的25个核心节点，也是其中唯一的一个学术网。CNGI-CERNET2主干网全面支持IPv6协议，于2004年开通并投入运行。目前，核心节点之间的互联带宽以2.5Gbit/s为主，其中，北京-武汉、武汉-广州、武汉-南京、南京-上海等链路为10Gbit/s。核心设备与接入设

备之间的连接带宽为2.5~10Gbit/s。截至2012年12月底，CNGI-CERNET2主干网共有34个IPv6自治域，IPv6地址总数达到18个/32，IPv6域名总计188个。CNGI-CERNET2的接入单位达到300多个，其中包括100个CNGI高校驻地网还有200多所学校、科研院所和研发机构，这些单位通过专线或隧道方式接入CNGI-CERNET2，IPv6用户总计超过200万。

北京国内/国际互联中心CNGI-6IX于2005年底开通并投入运行，如图3所示，它高速连接了中国电信、中国联通、中国移动的CNGI示范网络主干网，以及中国科技网等学术网和研究试验网，并与国际下一代互联网学术网，如美国Internet2、欧洲GEANT2（European Education and Research Network）和亚太地区APAN（Asia Pacific Advanced Network）实现了高速互联。

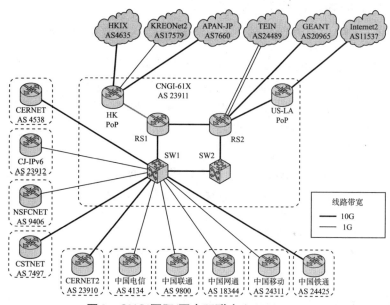

图3　CNGI国际/国内互联中心CNGI-6IX

2. CNGI-CERNET2/6IX取得的创新性成果

2006年9月，CNGI-CERNET2/6IX项目通过了教育部组织的科技成果鉴定，鉴定意见认为，该项目有多项重大创新，特别是"建设纯IPv6大型互联网主干网"、"基于真实IPv6源地址的网络寻址体系结构"和"IPv4 over IPv6网状体系结构过渡技术"属国际首创，总体上达到世界领先水平。

基于CNGI-CERNET2/6IX，有关高校突破下一代互联网关键技术，进一步取得了如下的2项重大创新成果。经过不断深入研究，2012年取得了新的重要进展，完成了新的科技成果鉴定：

（1）突破真实源地址验证关键技术。针对互联网体系结构安全设计缺陷带来的安全可信重大技术问题，在国际上首次提出"基于真实IPv6源地址的网络寻址体系结构"，推动国际互联网标准化组织互联网工程任务组（Internet Engineering Task Force，IETF）成立源地址验证技术专门工作组（Source Address Validation Improvements，SAVI），提交国际标准草案20项,其中1项为正式标准RFC 5210[1],3项为IETF工作组标准。

(2)突破IPv4向IPv6过渡关键技术。针对IPv4与IPv6协议不兼容带来的IPv6过渡重大技术问题,在隧道技术方面,在国际上首次提出"4over6过渡技术",推动IETF成立软线工作组Softwire,主导形成3项IETF正式国际标准(RFC 4925、RFC 5565、RFC 5747),4项IETF工作组标准草案;获得11项国家发明专利授权;完成4项中国通信行业标准;在翻译技术方面,在国际上首次提出"IVI翻译过渡技术",向IETF提交国际标准草案12项,5项获得批准(RFC 6052、RFC 6144、RFC 6145、RFC 6219和RFC 6791)。

2012年,以上形成国际标准的下一代互联网关键技术,已经向华为、中兴、华三、锐捷、神码、比威、思科等国内外相关网络设备厂商进行技术转移,研制的产品在CNGI-CERNET2主干网和100个校园网中大规模部署。

3. CNGI-CERNET2/6IX支持下一代互联网领域国家重大项目

依托已经建成的CNGI-CERNET2/6IX,应用上述取得重大突破的下一代互联网关键技术,上百所高校在教育部的领导下开展下一代互联网技术创新和应用示范,2012年圆满完成了国家科技支撑计划重大项目"可信任互联网"和列入中央拉动内需计划的CNGI重大项目"教育科研基础设施IPv6技术升级与应用示范",通过了国家项目验收。取得的标志性成果如下:

(1)建成100个完成升级改造并实现IPv6普遍覆盖的校园网,IPv6用户规模超过200万。实现了100所学校校园网IPv6全面升级和普遍覆盖,百校IPv4/IPv6双栈覆盖率平均为97%,达到了IPv6在校园网上的普遍覆盖。培育了我国首批IPv6用户,为园区网IPv6升级和培育IPv6用户提供了宝贵的经验。

(2)在全球率先实现了自主研发的IPv6网络支持系统在100个校园网以及CNGI-CERNET2主干网的大规模联合部署与应用。形成了较为完整的IPv6下一代互联网在基础设施、运行管理和重大应用等方面所需的网络支撑与服务平台,为公众互联网IPv6升级改造及规模商用进行了必要的技术准备。

(3)2008年开通了IPv6奥运官方网站镜像站点,成为我国面向全球的IPv6重要应用示范,在国际上引起了很大反响。在此基础上,升级改造和开发了一批重要的教育科研IPv6网络信息资源与应用,综合运用IPv4/IPv6双协议栈、IPv4/IPv6反向代理以及翻译技术等三种技术路线和方法,实现了教育科研门户网站、重点学科信息资源、大学数字博物馆、高等学校网上招生等10项重要教育科研网络信息资源和应用的IPv6升级;开发了基于IPv6的视频直播点播、高清视频会议、无线宽带通信等10项新的下一代互联网教育科研重大应用示范;带动了1300多个校园信息资源和应用系统IPv6升级,在100个校园网上提供了上千个IPv6信息资源与应用服务。为网站系统IPv6升级改造及IPv6应用服务进行了有益尝试。截至2012年12月23日统计,全球"IPv6 Enable"认证的网站总计1918个,中国有523个,排名第一。其中高校获认证网站473个,占国内总量的90%。

(4)开通了IPv6下一代互联网国际高速互联。升级了CNGI示范网络核心网CNGI-

1　RFC: Request For Comments,是一系列以编号排定的文件。文件收集了有关互联网相关信息,以及UNIX和互联网社区的软件文件。目前RFC文件是由Internet Society(ISOC)赞助发行。

CERNET2/6IX的接入能力和互联能力,支持100所学校1Gbit/s以上带宽接入,实现了中美下一代互联网10Gbit/s高速互联。升级后的100个IPv6校园网和CNGI-CERNET2/6IX构成了全球范围的下一代互联网科技创新试验平台,有力地支持了科技支撑计划"可信任互联网"等一批国家项目的研究与试验。

(5)实现了产-学-研协同创新,推动了下一代互联网产业发展。向华为、中兴等著名网络设备制造企业提供了形成国际标准的自主创新技术,并积极向中国电信等著名电信运营企业推广应用技术,基本形成了产学研协同创新模式,推动了我国下一代互联网产业发展,培养了大批下一代互联网技术研发、网络运行等方面的人才,为我国实现下一代互联网大规模商用奠定了重要基础。

4. CNGI-CERNET2/6IX支持国际交流与合作

依托CNGI-CERNET2/6IX,支持了多项重大国际合作项目以及学术交流活动。例如,通过中美下一代互联网高速互联,连接了CNGI-CERNET2、CERNET和中国科技网,以及美国的Internet2、NLR(National LambdaRail)和ESNET(Energy Sciences Network)等学术网,支持了高速网络测量技术试验、高清视频传输应用示范和大数据传输应用示范等,产生了重要的国际影响。依托中美学术网的高速互联,CERNET与美国国家自然科学基金会资助的互联网研究计划GENI签署了战略合作协议书,使CNGI-CERNET2成为GENI国际合作平台的重要组成部分,为未来互联网的研究提供国际范围的测试和验证环境。

CERNET作为中国学术网的代表参加欧盟第六和第七框架计划第二/三代跨欧亚信息网络项目(Trans-Eurasia Information Network,TEIN2/TEIN3)和中欧高速互联项目(Connecting Academic Networks in China and Europe,ORIENT)等项目,负责管理和运行跨欧亚信息网TEIN2/TEIN3主干网,为中国及亚太地区国家与欧洲各国开展国际交流与合作提供高速互联服务。这是中国的科研管理机构首次被授权管理国际性互联网络,也是国际上对我国管理并运行大规模学术网络能力的肯定。

2008年,四川汶川特大地震灾害发生后,利用中欧高速互联线路,使欧洲联合研究中心卫星观测的高分辨率的灾区遥感图片实时传送到中国科学院对地观测中心,为抗震救灾及时提供了重要信息。通过中欧下一代互联网高速互联,国内大学和科研机构与法国、德国、意大利、西班牙等十多个欧盟国家开展国际科研合作,主要应用包括:中国科学院高能物理研究所与欧洲核子研究中心在大型强子对撞机网格计算等宽带网络应用的合作;北京华大基因研究中心与英国、美国、德国等国共同发起成立国际千人基因组计划,绘制了迄今为止最详尽的、最有医学应用价值的人类基因组遗传多态性图谱;日本、意大利与中国羊八井宇宙射线观测站的合作;荷兰阿姆斯特丹大学与中国武汉大学、东南大学共同举办的技术竞赛等。

CNGI-CERNET2/6IX支持了我国下一代互联网科学研究、技术试验与应用示范,为我国参与全球范围的技术创新提供开放性试验环境,为我国实施高等学校创新能力提升计划打下了良好基础。

三、展望

经过近二十年的发展，CERNET已经成为具有世界一流水平的教育科研网，成为我国高等教育公共服务体系的重要组成部分，成为推动中国高等教育整体水平提升的重要支撑。《教育信息化十年发展规划(2011—2020年)》将完善教育信息网络基础设施列为教育信息化的主要发展任务之一，指出"加快中国教育和科研计算机网(CERNET)、中国教育卫星宽带传输网(CEBSat)升级换代，不断提升技术和服务水平。充分利用现有公共通信传输资源，实现全国所有学校和教育机构宽带接入。"未来5~10年，CERNET将继续面向高校提供高质量的教育和科研服务，不断扩大网络规模，提高服务质量，保持国际上规模最大的国家级学术网的地位和世界领先水平。同时，基于CERNET以及高校校园网提供的支持国内外协同科研的环境，将为高能物理、天文、地球物理等各个学科的研究提供创新的科学实验平台和协同工作环境，促进重点学科群和交叉学科的发展，取得重要的科学研究成果，培养高水平的人才。

下一代互联网已经成为"十二五"期间我国加快培育和发展战略性新兴产业的先导性和基础性领域，对我国加快经济转型、建设创新型国家、抢占信息技术产业国际竞争战略制高点具有重要战略意义。"十二五"期间，为了贯彻落实我国"十二五"期间加快发展下一代互联网的战略行动计划，将充分利用已经建成的CNGI-CERNET2/6IX基础设施，为下一代互联网关键技术及应用创新、探索新型互联网体系结构提供开放性的试验环境；带动我国下一代互联网产业的技术创新，为下一代互联网大规模商用提供技术试验与应用示范的验证推广平台。同时，将积极推动国家对我国下一代互联网试验与示范网络的升级建设的支持，使我国在下一代互联网试验与示范网络方面保持在世界上的先进地位，并争取达到世界领先水平。

作者简介

刘莹，CERNET网络中心副研究员。曾任中国计算机学会互联网专委会秘书长。主要研究方向是下一代互联网发展规划、网络体系结构、组播路由算法研究、组播路由协议设计、高性能路由器体系结构。作为项目和课题负责人，承担和参加了多项国家省部级重点科研项目，包括973项目、国家863项目、国家自然科学基金项目、国家科技基础条件平台项目、国家科技支撑计划课题等。

中国教育科研网格发展现状

吴 松[1] 金 海 徐晓麟

（华中科技大学）

摘 要

中国教育科研网格(ChinaGrid计划)是教育部"211工程"公共服务体系建设的重大专项。ChinaGrid二期建设规模在一期的基础上进一步扩大,运用云计算的服务模式整合中国教育和科研计算机网(CERNET)和高校的计算和信息资源,开发公共支撑云平台,进而建设重点学科资源云和部署典型应用,将分布在CERNET上自治的、分布异构的海量资源集成起来,进一步实现CERNET环境下资源的有效共享,形成高水平、低成本的服务平台,使ChinaGrid成为我国高等教育和科研事业的信息基础设施和公共服务体系,为所有的教育和科研单位服务,从而为完成国家教育信息化的建设任务打下坚实的基础。

关键词

网格计算；云计算

Abstract

ChinaGrid is one of the most important grid projects in China. It provides the nationwide grid computing platform and cloud services for research and education purpose based on the resources of top China universities, which is funded by China Ministry of Education（MOE）. ChinaGrid integrates all kinds of resources in education and research environments or CERNET, makes the heterogeneous and dynamic nature of resource transparent to the users, and provides high performance, high reliable, secure, convenient and transparent grid/cloud service for the scientific computing and engineering research.

Keywords

Grid Computing；Cloud Computing

一、ChinaGrid概述

在"十二五"期间,以ChinaGrid一期建设成果为基础,ChinaGrid二期建设进一步研究和开发网格核心技术,整合CERNET和高校中的网格资源,基于云计算技术建设和部署极具特色的典型网格应用,为高校教学和科研提供更好的高性能计算服务和信息服务。

ChinaGrid二期全国共有42所高校参加,按照云计算的资源服务模式建设了14个主节点,形成ChinaGrid核心资源,整个网格环境聚合计算能力达到每秒764万亿次浮点运算,聚合存储能力达到3376TB,同时在计算机科学与技术、大气与环境科学、材料科学与工程、力

---

1 吴松,教授、博士生导师,华中科技大学并行与分布式计算研究所所长。

学、能源动力、数字媒体、实证社会科学、法学领域建设8个重点学科资源云,整合重点学科的各类资源,并在主节点基础上建设若干典型应用和云计算服务。ChinaGrid公共支撑平台(ChinaGrid Support Platform, CGSP)坚持规范化、国际化道路,结合云计算模式,加强核心技术研发以及实用性和易用性建设,为网格应用提供良好的基础支撑服务环境平台。

ChinaGrid项目建设主要分成了三个阶段:①ChinaGrid在2003—2005年期间完成第一阶段建设,主要参与单位包括了国内12所重点高校。②ChinaGrid从2006—2012年期间完成第二阶段建设,主要参与单位包括了20所重点高校。2006年,ChinaGrid专家组成为教育部创新团队;2008年,ChinaGrid项目成果获得国家科技进步二等奖。③从2012年至今(二期建设),ChinaGrid参与单位扩展到了42所高校,并最终将覆盖所有211高校。图1是ChinaGrid二期参与高校的分布图。

ChinaGrid二期建立了以资源共享和协作为核心的服务重点学科建设与科技创新的基础性支撑体系,通过调用公共支撑平台CGSP的相关应用接口对重点学科相关资源进行整合,为重点学科发展提供一个以云技术为核心的虚拟科研环境(重点学科资源云)。ChinaGrid二期通过对具有代表性的重点学科需求进行详细分析,研究制定了重点学科资源云建设的发展战略、组织保障和运行机制,构建针对8个重点学科资源云的若干典型应用,实现各重点学科不同地域资源的共享和整合,包括软件工具、数据库、科技文献、仪器仪表等,为面向高性能计算的科学活动及信息服务提供支撑环境,实现各地区相同重点学科以及相关学科之间的充分交流和合作。

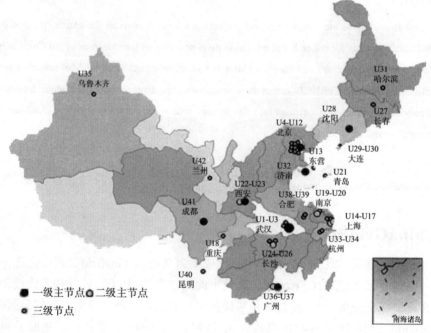

U1:华中科技大学;U2:武汉大学;U3:华中师范大学;U4:清华大学;U5:北京大学;

U6:北京航空航天大学;U7:中国人民大学;U8:北京师范大学;U9:北京邮电大学;

U10:北京科技大学;U11:北京工业大学;U12:北京化工大学;U13:中国石油大学(华东);

U14:复旦大学;U15:上海交通大学;U16:同济大学;U17:上海大学;U18:重庆大学;

U19：东南大学；U20：河海大学；U21：中国海洋大学；U22：西安交通大学；U23：西北工业大学；

U24：国防科技大学；U25：中南大学；U26：湖南大学；U27：吉林大学；U28：东北大学；

U29：大连海事大学；U30：大连理工大学；U31：哈尔滨工程大学；U32：山东大学；U33：浙江大学；

U34：杭州电子科技大学；U35：新疆大学；U36：中山大学；U37：华南理工大学；

U38：中国科学技术大学；U39：合肥工业大学；U40：云南大学；U41：电子科技大学；U42：兰州大学；

图1　ChinaGrid二期参与高校的分布图

二、ChinaGrid公共支撑平台CGSP

中国教育科研网格公共支撑平台CGSP是为ChinaGrid的建设和发展而研制的网格核心中间件，紧密结合当前对云计算服务的需求，融合了IaaS与PaaS两个云计算服务层次，提出了Web托管云服务（企业信息化）和科学计算云服务这两大类特色PaaS平台。普通用户可以利用PaaS平台享用通用的开发环境，例如提交科学计算任务、部署企业信息化环境等；对于想高度定制操作环境的高级用户，可以通过IaaS平台申请所需资源，自主搭建满足自己需求的操作环境。CGSP平台采用虚拟化技术，在底层提供虚拟化资源，向IaaS用户和PaaS平台提供可定制的虚拟化环境支持。CGSP充分考虑了云平台的扩展性，提供了多数据中心协同接口和公共云扩展接口，为云规模的有效扩展提供了强大的支持。

CGSP云平台如图2所示，它分为驱动层、核心管理层、服务层以及接口层四个层次，同时还包括辅助功能以及云扩展等部分。驱动层增强了云平台的扩展性，能够支持多虚拟化平台、多存储系统，同时为大规模细粒度监控管理提供支持。核心管理层作为云平台的中心，提供重要的管理组件，负责对资源进行有效分配调度，使上层的服务层专注于服务提供。服务层包括三种常用服务，接口层则向用户提供多种交互方式。

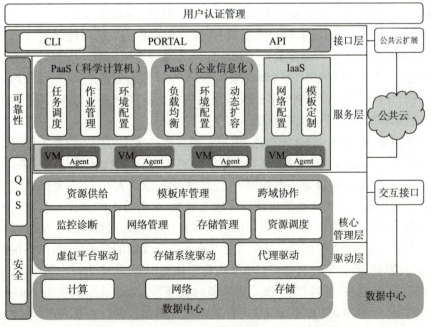

图2　ChinaGrid公共支撑平台CGSP系统结构

1. 科学计算平台

包括模板定制、环境构建、流程化作业处理等模块,为用户提供虚拟集群、模板定制、流程化作业处理等服务。

(1) 虚拟集群。为用户提供虚拟集群,虚拟集群上部署MPI(Message Passing Interface)计算环境、SGE(Sun Grid Engine)作业调度器、SSH(Secure Shell)配置。用户获得虚拟集群的root权限,可以根据自己所需,部署MPI应用软件、定制特定函数库、完成高性能计算(High Performance Computing, HPC)任务等。

(2) 模板定制。为用户提供镜像模板定制功能,用户可以使用模板定制功能,将MPI应用软件、特定函数库部署到模板之中,并将模板保存到CGSP平台的模板库中。用户使用定制模板服务时,CGSP平台使用基础镜像模板(基础镜像模板中部署有MPI软件)启动一台虚拟机,并将root密码提供给用户。用户通过SSH登录到虚拟机之中配置虚拟机,配置完成后,使用CGSP平台的模板管理功能,将模板保存到CGSP平台之中,并按CGSP平台的要求对模板进行一个属性描述。

(3) 流程化作业处理。用户完成一个MPI HPC作业需要完成如下操作:申请一个虚拟集群;部署MPI应用软件、或者程序;传输数据到虚拟集群中;启动作业;下载结果并释放申请的虚拟集群。流程化作业处理服务可以为用户完成这一系列操作,用户只需提供作业所需的参数即可。流程化作业处理功能依赖于模板定制功能,用户通过流程化作业处理功能来完成MPI HPC作业,其所需的相应MPI应用软件必须预先部署到模板镜像之中。

2. 企业信息化平台

面向用户提供了企业网站搭建及运行环境,能够轻松应对访问量的突变和负载的不均衡,保证服务质量提供了负载均衡、动态扩容、环境配置等功能。

Web PaaS负责从IaaS层取得虚拟资源,并按照用户和应用将资源配置为一个个应用域,每个应用域实际上是一个配置好了相应应用环境的虚拟集群。应用域中的虚拟机包括三种角色,一个负载均衡器,多个Web服务器,一个存储服务器。其中,负载均衡器为前端机,负责分发用户的请求,多个Web服务器构成后端机共同提供Web服务,存储服务器用于存放数据库等需要持久化的资源。

动态扩容是Web PaaS的一大特色,也是它相对于传统主机服务的最大优势。传统的主机租用服务一般包括专用主机、虚拟主机和主机托管三大类,无论是哪一类,由于没有引入虚拟化技术,服务的容量一开始就固定了,无论负载是大是小,总是固定数量的机器在运行着。而Web应用的特点是负载变化较为频繁,这种静态的架构一方面可能无法满足较高的负载,另一方面可能在负载较低的时候由于空转而浪费资源。动态扩容的出发点就在于此,力图通过负载信息去实时监控Web服务器实时的负载情况,然后根据一套策略来进行自动地扩容和缩容。目前只取了内存平均利用率,策略也较为简单,只是当利用率超过某个临界值时就扩容,低于某个临界值时就缩容。事实上,不同的Web应用具有不同的负载特征,一般来说,Web应用对内存的消耗都是很大的,但对CPU的消耗和带宽的消耗却各有不同,如果能够根据应用类型制定相应的策略将更好,这是未来要做的工作。

总之,动态扩容能够做到真正的需要多少资源就使用多少资源,对服务商来说可以提高资源利用率,而对用户来说则可以做到按使用付费。

3. 个性化IaaS平台

IaaS平台主要功能是向上层应用提供支撑,并面向用户提供基础设施服务,可以支持多种虚拟化技术,如Xen、KVM等,动态增加基础设施,如物理机、存储设备到系统平台,采用平台模块化设计,便于扩展服务器后台自动整合。

个性化IaaS平台采用虚拟化技术将物理资源转化为弹性的虚拟基础设施,向上层应用提供支撑,并面向用户提供基础设施服务。平台采用模块化的体系结构,向用户提供丰富的开发接口,使平台的扩展变得更加容易。本平台的主要特色有:同时支持多种虚拟化技术,如Xen、KVM等;动态增加基础设施,如物理机、存储设备到系统;平台模块化设计,便于扩展;服务器后台自动整合。

首先,IaaS提供多种驱动(Driver),以支持系统在数据中心大量服务器上的部署。虚拟平台驱动屏蔽多种虚拟化技术的异构性,使得上层应用与服务能够在Xen、VMware、KVM等不同虚拟化技术支持下正常运行,并对不同虚拟化技术的特性提供对应的增强功能。存储系统驱动使得云计算平台能够在本地存储系统或云存储服务提供商提供的存储上进行有效地存储管理,以增强扩展性及满足不同用户的需求(如NFS,CSP等)。该模块实现云存储中多个存储设备之间的协同工作,使多个存储设备可以对外提供同一种服务,并提供更大、更强、更好的数据访问性能。Agent驱动将Agent放于即将启动的虚拟机内部,在服务节点进入系统时,通过Agent进行信息采集、远程控制、服务器配置等工作;在系统运行过程中,维持服务器和虚拟机中有关模块功能的有效工作,并为故障节点提供恢复功能。

其次,IaaS实现了网络管理、存储管理、资源调度、跨域协作、模板库管理等多个系统核心功能,以保证系统的稳定运行以及其可扩展性。网络管理对整个系统的网络,包括物理网络、虚拟网络等进行统一管理,并提供基于IPV6的IP资源池管理。为动态增减物理资源、虚拟资源调度等系统功能提供支持。存储管理对系统所有存储资源进行统一管理,包括公共存储、私有存储等。任何一个授权用户都可以通过标准的公用应用接口来登录云存储系统,享受云存储服务。同时,存储管理也用于存储镜像模板。模板库管理为IaaS提供统一的模板库管理功能。将模板分为公共模板和私有模板,公共模板存放于公共存储区,私有模板存放于用户私有存储区,进行隔离管理,以保证用户数据的安全。同时为用户的模板定制功能提供支持。

4. 云监控系统

云监控系统的主要功能是从资源管理层获得调度信息,监控任何时刻物理资源和虚拟资源的对应关系。

在数据收集方面,本系统使用部署到监控对象(物理机或虚拟机)上的监控代理程序Agent收集需要的各类状态信息。通过将Agent部署到虚拟机内部,实现gray-box式的监控,可以获得更详细的状态信息,并可以进一步实现对应用的监控。我们在设计上确保Agent

的轻量化、可配置性和可扩展性。一些分布式系统的监控方案将监控数据在被监控主机本地存储，而在我们的方案中，Agent只负责收集数据和发送数据到中心服务器。收集具体指标数据的程序被定义为模块，经过简单配置Agent可以与不同的模块装配，从而对应不同的监控对象。另外，Agent的数据收集模块易于扩展，可以方便地增加新的监控指标。

监控服务器维护着系统资源模型(资源的属性及相互关系)。资源模型相当于资源的元数据，记录了各个资源部件的各类属性及资源部件之间的相互关系，监控服务器与IaaS调度器交互实时更新该模型。通过维护资源模型信息，解决了虚拟资源动态变化给监控带来的难题。本系统在数据收集和呈现之外加入了数据分析和事件管理系统，根据预定义的过滤规则发现异常并触发相应事件。事件处理模块执行被触发事件的处理过程(如发出通知)。

如何呈现数据直接决定了监控系统的易用性。监控系统提供三类用户接口：基于Web Service标准的API，命令行接口以及Web图形化接口。许多云计算用户将部分业务部署到云端，以一种"混合"的模式使用云计算资源，他们需要将本地资源与云端资源置于统一视图下管理，API接口便于将监控组件集成到用户自己的管理工具中。命令行工具方便高级用户快速地查看、下载监控信息。基于Web的图形化接口是本系统主要特色之一。系统针对不同的用户角色提供不同的信息可见度：管理员用户可以查看全部监控信息，而普通用户只能获得自己使用的资源(虚拟机)或服务的信息。为了便于管理者理解资源和应用的关系，本系统提供三类视图：物理机−虚拟机视图、用户−虚拟机视图、应用−虚拟机视图，将物理资源、虚拟资源和应用三个层次联系起来。

三、ChinaGrid典型应用

ChinaGrid二期面向我国在教育科研领域的重大应用需求，充分利用广泛分布在中国教育和科研计算机网CERNET和高校中的异构海量资源，在主节点和重点学科资源云平台基础上，建设了若干典型应用和云计算服务，使ChinaGrid成为我国高等教育和科研事业的信息基础设施和公共服务体系，为教育和科研单位服务。

计算机科学与技术重点学科资源云的应用建设由华中科技大学、复旦大学、国防科技大学、山东大学、东南大学和武汉大学等高校共同负责。该资源云主要是为计算机学科的教学和科研提供实验环境和软件解决方案。目前计算机重点学科资源云提供了海量开源软件数据的查询和下载功能、计算机系统结构虚拟实验功能以及恶意程序行为分析解决方案等服务。

大气与环境科学重点学科资源云的应用建设由清华大学、重庆大学、华中科技大学、中国海洋大学、大连海事大学、兰州大学、吉林大学、中山大学、云南大学、北方工业大学等高校共同负责。该资源云主要是为大气与环境重点学科的科研提供研究工具和地质资源信息、海洋环境数据等数据。目前，大气与环境重点学科资源云提供了三峡库区的地质资源和气象情景资源、三峡库区旱涝预警预报系统、三峡库区山体滑坡预测预报系统、三峡库区降水预测与预报系统、大气污染水平与健康信息共享平台以及海域溢油监测与分类识别功能等服务。

材料科学与工程重点学科资源云的应用建设由西北工业大学、北京科技大学、华南理工大学、东北大学、北京化工大学、中南大学、上海大学等高校共同负责。该资源云主要是为材料学科的研究发展提供共享数据平台和计算软件服务。目前材料重点学科资源云主要提供了飞行器材料软件计算、材料计算软件集成、地下燃气管网数据共享服务平台、先进粉末材料科学资源知识共享平台及相关计算、热力学相关软件服务及数据共享、高性能材料设计知识数据库共享等数据和服务。

力学重点学科资源云的应用建设主要由大连理工大学、上海交通大学、北京化工大学、河海大学、哈尔滨工程大学、湖南大学、杭州电子科技大学、新疆大学等高校共同负责。该资源云主要为力学的研究和教学提供仿真系统、计算环境和资源共享平台。到目前为止，力学重点学科资源云主要提供了面向力学工程与科学计算的软件集成优化平台，面向飞行器设计的计算环境、资源共享平台和仿真系统，面向特高坝静动力分析的软件与资源共享平台，船舶设计中多物理场仿真软件，数值风洞专业仿真平台，面向深海技术装备的资源集成共享平台，面向矿产资源绿色开发与修复的资源共享及协同工作环境等服务。

能源动力重点学科资源云的应用建设主要由西安交通大学、华中科技大学、中国科技大学、中国石油大学等高校共同负责。该资源云主要为能源动力学科的科研和教学发展提供软件共享、数据集成和科学计算等。到目前为止，能源动力重点学科资源云提供了面向热能科学的共享资源与科学计算平台，面向CO_2减排技术的资源共享及计算服务平台，生物质材料分子结构和热解反应机理的模拟相关数据与集成共享服务、面向地质成像的软件共享及服务环境等服务。

数字媒体重点学科资源云的应用建设主要由北京航空航天大学、北京邮电大学、北京师范大学、华中师范大学、电子科技大学等高校共同负责。该资源云为数字媒体学科的教学工作提供教学资源共享平台和软件服务。到目前为止，数字媒体重点学科资源云主要提供了一套素材资源共享与应用服务平台，面向字幕识别技术的资源集成和应用服务环境，一套教学资源共享平台，一个动画渲染和教学资源共享的服务平台和一套数字娱乐素材共享及软件工具服务平台等服务。

实证社会科学重点学科资源云的应用建设主要由北京大学负责。该资源云提供了一个广泛搜集实证数据的技术平台和机制平台，目前已有8家单位希望向该平台提供相关数据，其中两家单位已经提供了超过20000个数据集；合肥工业大学采集形成"医院、分科、症状、医生、疾病"五类数据集，提供1GB以上的精加工数据；基于多源异构数据聚合和分析技术构建普适医疗信息服务系统，提供在线数据服务和信息咨询服务。已经有两项初步应用成果：关于百姓住房面积的科学指标和基于历史网页数据的事件搜索。

法学重点学科资源云的应用建设主要由中国人民大学负责。该资源云提供了一个法学知识和资源共享平台，收集了近十年的司法考试真题、司法考试法规、司法考试大纲，进行了法条提取、考点提取，通过集成各类辅导资料的知识映射关系，建立了考点与真题的映射关系3756对，法条与真题的映射关系5172对，考点与法条的映射关系7993对；提供了法学知识导航、知识检索、知识推荐功能，并建立了基于Web 2.0的互动学习社区；抓取了我国现行的法律库，包括宪法、法律、行政法规、地方性法规、规章，以及相关领域司法解释等法律规范性文件共77474个、审判案例共65759个；提供了司法考试学习导航、司法考试纲要服务、司法考试自助学习服务和司法考试学习效果评估服务。

四、结束语

ChinaGrid二期建设面向"211工程"重点高校和重点学科发展的需要,进一步研究和开发网格核心技术,更深入地整合CERNET和高校中的网格资源,基于云计算技术建设了重点学科资源云,并部署了极具特色的典型应用,为高校教学和科研提供更好的高性能计算服务和信息服务。

作 者 简 介

吴松,教授、博士生导师,华中科技大学并行与分布式计算研究所所长,集群与网格计算湖北省重点实验室和服务计算技术与系统教育部重点实验室副主任。主要研究方向为网格计算与云计算、计算系统虚拟化。入选教育部新世纪优秀人才,获得湖北省杰出青年基金;已获得国家科技进步二等奖1项,省部级科技进步一等奖2项;在国内外重要学术期刊和会议上发表论文80余篇,获得国家技术发明专利授权15项。

我国超级计算中心发展现状

金　钟[1]　王彦棡　武　虹　刘利萍　陆忠华　迟学斌

（中国科学院计算机网络信息中心）

摘　要

随着IT技术水平的提高，我国高性能计算事业的发展步入了快车道。自主研发的国产超级计算机"天河一号A"（2010）和"天河二号"（2013）先后登上全球高性能计算机排行榜TOP500的榜首，实现了我国高性能计算发展的历史性突破。在各方的支持下，各地兴建了多家超级计算中心，这波高性能计算的发展浪潮很好地促进了应用的进步。本文介绍了我国目前超级计算中心的计算能力、应用成果、使用状况，以及未来的发展趋势。近日，在科学技术部、国家自然科学基金委员会和中国科学院等多部门联合支持和领导下，由各大超算中心联合多家应用单位成立了"超级计算创新联盟"。它的成立将为我国高性能计算的发展提供新的思路，对提高和加强业界内的沟通、计算资源共享、交流与合作提供了崭新的模式，势必将为我国超级计算中心的发展、运营水平的进一步提高、应用效果的提升带来显著的促进。

关键词

超级计算中心；发展现状；应用；超级计算创新联盟

Abstract

Along with the development of Information Technology, the car of China's high performance computing is running in the express lane. Tianhe-2, a supercomputer developed by NUDT, is the world's new No. 1 system with a performance of 33.86 petaflop/s on the Linpack benchmark, according to the 41st edition of the twice-yearly TOP500 list of the world's most powerful supercomputers. It is a new breakthrough of China's HPC development. That several national level supercomputing centers are established in China promotes a big progress of HPC applications. Computing capacity, achievements in application, usage and development tendency of domestic supercomputing centers are introduced in this chapter. The Supercomputing Innovation Alliance (SCIA) is founded recently under joint support of the Ministry of Science and Technology of China (MOST), National Science Foundation of China (NSFC) and Chinese Academy of Sciences (CAS). It will provide a new way to promote Chinese high performance computing, form a new model of enhancing communication, sharing of computing resources and collaborations in Chinese HPC community. This should improve the development, operation, applications of domestic supercomputing centers in China.

Keywords

Supercomputing Center；Current status of development；Applications；Supercomputing innovation alliance

---

1　金钟，博士，副研究员，主要研究方向为高性能计算应用与算法。

一、引言

在21世纪的钟声敲响后,我国高性能计算的发展驶入了快车道。速度更快、性能更强的超级计算机们如雨后春笋般现身神州大地。2003年,中国科学院装备的"深腾6800"超级计算机历史上首次进入了标志着世界超级计算机最高研制水平的排行榜——全球高性能计算机排行榜TOP500的前二十名行列。近年来,国产"天河一号A"、"天河二号"更是荣登榜首,实现了我国高性能计算发展的历史性突破[1]。党的十八大报告将超级计算机与载人航天、探月工程、载人深潜、高速铁路一同列为创新型国家建设的重大突破领域。

为了推动各地的科技创新,越来越多的地方政府投入巨资参与了国家级超级计算中心的建设。除了中国科学院超级计算中心、上海超级计算中心两个建成较早、运营相对成熟的国家级超级计算中心以外,天津、济南、长沙、广州等地相继建成或正在建设国家级超级计算中心,无锡等地也在筹备建立国家级超级计算中心。

二、我国超级计算中心的特点

中国科学院超级计算中心一直以来扮演了我国高性能计算发展的"先锋队"角色。在百万亿次时代,他们推出了国内首台面向公众服务的联想"深腾7000"百万亿次超级计算机,并在"十一五"期间引领了我国高性能计算"千核"应用的发展潮流。自21世纪以来,经过十多年的快速发展,我国超级计算中心的发展已形成了几个鲜明特点并具有良好发展态势。

第一,我国超级计算中心的计算能力提高显著,已达世界领先水平。在863计划专项、中国科学院信息化专项和地方政府项目的持续资助下,国产的百万亿次联想"深腾7000"(北京)、曙光5000A(上海),千万亿次"天河一号A"(天津)、神光蓝威(济南)、曙光"星云"(深圳)先后装备到遍布全国各地的国家级超级计算中心。2013年,"天河二号"问世并再次问鼎TOP500桂冠且落户广州超级计算中心,我国超级计算中心的单体和总体计算能力均从较低的几万亿次提高到万亿次,达到世界领先水平。

第二,各超算中心的应用范畴[2,3]进一步扩大。在科学计算领域,物理、化学、大气、天文、流体等作为传统的超级计算应用得到了很好的发展,取得了一大批丰硕的成果,同时,超级计算应用也进一步扩展到生命科学、制药、燃烧等新的学科。在工业计算方面,超级计算机已广泛地应用于先进制造、汽车设计、过程控制、质量管理等。随着人们物质生活水平的提高和生活质量的改善。文化创意产业、社会科学计算逐步发展成为超级计算的重要应用领域。

第三,超级计算中心的投资建设模式和资金来源多元化。现有的国家级超级计算中心既有国家主导投入,也有国家与地方合作投入,还有地方主导投入以及学校与企业共建。比如,中国科学院超级计算中心主要依靠中国科学院信息化专项和科学技术部863计划专项的资金支持,辅以与北京市地方政府合作建设;上海超级计算中心则依靠上海市与科学技术部863计划专项的共同支持。

第四,超级计算机体系架构多样化。既有集群架构,也有基于国产芯片的大规模并行处理(Massively Parallel Processing, MPP)架构。在集群架构的超级计算机中,既有同处理器结构体系，也有采用了中央处理器+加速器的异构体系；而加速器既有英特尔公司的Xeon Phi，也有英伟达公司的GPU。

第五，不同超级计算中心的发展形成不同层次和模式。中国科学院超级计算中心在联想"深腾7000"超级计算机的基础上，以应用为导向，发展了分布式计算环境。目前已形成三层架构的、建成8家分中心、18家所级中心和11个GPU中心的"中国科学院超级计算环境"，可靠性、安全性和抗风险性较强，形成了面向科学计算的成熟服务体系和模式。上海超级计算中心则以服务工业计算为主，形成了较为成熟的一套工业计算服务模式。天津、长沙、济南、深圳和广州超级计算中心也逐渐形成了科学计算+工业计算、高端计算+云计算等多种发展模式。

三、各个超级计算中心发展详述

我们在国际上虽暂时取得了高性能计算机系统研制的领先，但却仍未将超级计算建设纳入国家战略层面，在实际运营、长期规划等方面远未形成可持续发展的态势，软环境（应用软件和服务）的建设相对仍然比较薄弱，直接导致了目前"重硬轻软"的局面。

目前，我国的现有各大超级计算中心的建设各具特色，结合地域和应用领域的产业发展现状形成了不同的特色应用，如表1所示。

表1　我国主要超级计算中心应用一览

超级计算中心	特色应用领域
中国科学院	数学、物理、化学、材料、新药创制、流体力学、大气、天文、地理、力学、生命科学
上海	汽车、航空、钢铁、核能、市政工程、新材料、生物制药、天文、物理、化学
天津	石油勘探、生物医药、高端制造、动漫渲染、空气动力学、流体力学、海洋、遥感
深圳	动漫、生物医药、云计算
济南	海洋、农业、油气勘探、气候气象、药物筛选、金融分析、信息安全、工业设计、动漫渲染
广州	生物技术、汽车设计、气象预测、动漫设计
长沙	装备制造、钢铁冶金、汽车工业、生物医药、动漫

1. 中国科学院超级计算中心

中国科学院超级计算中心（Supercomputing Center of Chinese Academy of Sciences，SCCAS）挂牌成立于2001年，前身为中国科学院计算机网络信息中心超级计算应用研究室，其历史渊源可追溯到中国科学院计算中心，旨在为院内外科研单位提供超级计算服务和技术支持，主要从事并行计算的研究、实现及应用服务，为大规模复杂技术和商业应用提供解决方案。多年来，超级计算中心建设了分布式、具有三层架构的"中国科学院超级计算环境"，在提供优质高性能计算服务的同时发展了众多的远程用户，为国家973、863计划和国家自然科学基金的重大项目提供了强有力的支撑，为国家科技进步做出了重要的贡献。

作为面向科研的国家级超级计算中心，中国科学院超级计算中心的应用非常广泛，科研实力强劲并引领了我国千核级、万核级及以上计算规模并行应用的发展。该中心科研团队与中国科学院大连化学物理研究所的科学家合作,在院环境实现万核计算规模的蛋白质片段精确模拟基础上,将计算方案扩展到一百多个氨基酸的小蛋白质,并在"天河二号"上率先实现了30万核级的蛋白质折叠的精确模拟,并行效率超过30%。

中国科学院超级计算中心积极探索高性能计算发展的量化评估新方法,基于中国科学院超级计算中心"十一五"至今的超级计算环境建设与应用数据,从超级计算环境建设、用户直接科研产出、环境使用、人才培养、支持用户科研项目和收入六个维度,首次在国际上建立了超级计算发展指数(Supercomputing Development Index,SCDI)。SCDI以数据为支撑,用定量的方式衡量超级计算发展状况,能够直观体现超级计算的发展状况,可以对超级计算发展状况进行综合评价,以全面反映超级计算生态环境中各链条的发展状况,为分析发展过程中存在的不足、把握超级计算的发展方向、战略规划和科学发展提供量化的参考依据;可以进行超级计算发展状况的横、纵两个维度的比较与评价;评价结果可以结合指标体系进行归因分析,能够为未来的发展提供决策指引。

自成立以来,秉承"面向科研领域、立足服务社会、提供优质服务、推进并行事业"的方针,积极为用户提供大型科学计算服务和技术支持。服务单位遍布各类科研单位和高等院校,共计三百多家。科学计算任务涉及数学、物理、化学、天文、地理、力学、生命科学等多种学科领域,为科学计算研究与实际应用提供了强有力的支撑。与此同时,中国科学院超级计算中心每年通过举办国际与国内会议、高性能计算培训与应用软件研讨班,引进访问学者进行合作交流等诸多不同的方式,有效地达到了积极培养高性能计算专业人才和宣传、推进科学计算事业发展的目标。

2. 上海超级计算中心

上海超级计算中心[4](Shanghai Supercomputer Center)成立于2000年12月,由上海市政府投资建设,坐落于上海浦东张江高科技开发园区内。目前装备了曙光4000A(2004年全球高性能计算机排行榜TOP500排名第十)和"魔方"(曙光5000A,2008年全球高性能计算机排行榜TOP500第十、亚洲第一)等超级计算机,并配备了丰富的工程计算软件,致力于为国家科技进步和企业创新提供计算服务。通过多年的建设,已形成了面向社会开放、资源共享、设施一流、功能齐全的高性能计算公共服务平台,

该中心为来自工程科研院所和多所知名大学的众多用户提供随需应变的高性能计算资源、技术支持以及高级技术咨询服务,支持了一大批国家和地方政府的重大科学研究、工程和企业新产品研发,在汽车、航空、钢铁、核能、市政工程、新材料、生物制药、天文、物理、化学等多个领域取得重大成果。

3. 国家超级计算(天津)中心

国家超级计算天津中心[5](NSCC-TJ)是科学技术部2009年5月正式批准建设,由天津市滨海新区和国防科学技术大学共同建设,以国家高技术研究发展计划(863计划)信息技术领域"高效能计算机及网格服务环境"重大项目"千万亿次高效能计算机系统"研制成果为基础构建的国家级超级计算中心。其建设目标为:为天津、环渤海湾,乃至全国范围的企业和科研院所提供高性能计算服务;以提高国家科技创新能力和促进产业技术

创新；构建天津滨海新区高端信息产业基地。

NSCC-TJ装备了世界上运算速度最快的超级计算机之一的"天河一号"。它在科学技术部863计划支持下，由国防科技大学与天津滨海新区于2010年9月联合研制成功。自成立伊始，天津超级计算中心已为二百余家用户提供了高质量的高性能计算服务，对提高科研院所创新能力和促进企业的产业技术创新与产品竞争力发挥了很好的作用，取得了一批具有国际先进水平的应用成果。主要应用领域包括：石油勘探数据处理、生物医药、新材料新能源、高端装备设计与仿真、动漫与影视渲染、空气动力学、流体力学、天气预报、气候预测、海洋环境模拟分析、航天航空遥感数据处理等。

4. 国家超级计算（深圳）中心

国家超级计算深圳中心[6]（深圳云计算中心），总投资12.3亿元，一期建设用地面积1.2万平方米，总建筑面积4.3万平方米。该中心装备了由中国科学院计算技术研究所研制、曙光信息产业(北京)有限公司制造的曙光"星云"超级计算机，运算速度达每秒1271万亿次（2010年排名世界第二）。

该中心立足深圳、面向全国，服务华南、港、澳、台及东南亚地区，承担各种大规模科学计算和工程计算任务，同时以其强大的数据处理和存储能力为社会提供云计算服务，建设目标为功能齐全、平台丰富、高效节能、国际一流的高性能计算研究开发中心和云计算服务中心。

5. 国家超级计算（济南）中心

国家超级计算济南中心[7]（简称济南中心）是科学技术部批准成立的四个千万亿次超级计算中心之一，总投资6亿元，建设主体为山东省科学院，由其下属的山东省计算中心负责建设、管理和运营，于2011年10月27日落成揭牌并对外提供计算服务。它的建成标志着我国已成为继美国、日本后第三个有能力采用自主处理器构建千万亿次超级计算机系统的国家。济南中心的神威蓝光超级计算机系统持续性能为0.796PFlops（PetaFlops，千万亿次浮点运算/秒），LINPACK效率为74.4%，性能功耗比超过741MFlops/W（百万次浮点运算/秒·瓦），组装密度和性能功耗比居世界先进水平，系统综合水平处于当今世界先进行列，实现了国家大型关键信息基础设施核心技术的"自主可控"目标。

济南中心拥有集技术研发、计算服务和技术支持于一体的科研和服务团队，通过与国内外专家和应用单位的密切合作，面向海洋科学、现代农业、油气勘探、气候气象、药物筛选、金融分析、信息安全、工业设计、动漫渲染等应用领域提供计算和技术支持服务，承担国家、省部级重大科技或工程项目，为我国科技创新和经济发展提供平台支撑。

6. 广州超级计算中心

广州超级计算中心由科学技术部、广东省和广州市联合共建，已落户于中山大学，目前机房的主体设计已经完成，按计划将在2015年全部建成。目前已开通的超算先导系统采用国防科技大学研制的"天河一号"系列超级计算机的技术架构，具有三百四十万亿次的计算能力。利用超级计算中心的先导系统，广大用户在生物技术、汽车设计、气象预测、动漫设计等领域开展应用,并取得了初步效果。登上2013年6月发布的最新一期全球高性能计算机TOP500排行榜榜首的、由国防科技大学和浪潮公司共同研制的"天河二号"超级计算机系统已落户于广州超级计算中心,将于近期完成安装并进入试运行。该系统具有33.86PFlops的LINPACK实测峰值(54.9PFlops的理论峰值)。

7. 国家超级计算（长沙）中心

国家超级计算长沙中心[8]坐落于美丽的湖南大学校区内,采用国防科技大学"天河一号"系列高性能计算机,总投资7.2亿元。2011年全部建成竣工的一期工程规划建筑面积3万平方米,建成后运算能力达到每秒三百万亿次,由湖南大学负责运营,国防科技大学提供计算设备和技术支持。二期建设完成后,其计算能力将达到千万亿次的水平。

长沙中心由天河广场、天算台和研发中心等三大主体建筑构成,通过非传统建筑艺术形式,借助"0"和"1"的造型语言来组构。其中圆柱形天算台是国家超级计算长沙中心的灵魂。该中心将极大地提高华中地区的超级计算能力,显著增强气象预测、灾害防治、环境保护等公共机构及高校、院所等科研部门的服务能力,并为装备制造、钢铁冶金、汽车工业、生物医药、动漫等产业提供公共超级计算平台。

四、超级计算创新联盟

2013年9月25日,在科学技术部、国家自然科学基金委员会和中国科学院等多部门联合支持和领导下,由中国科学院超级计算中心联合国内各大超级计算中心,与多家高性能计算应用单位、超级计算相关技术和产品的研发、制造、推广、服务的企业、大学、科研机构等具备独立法人资格的单位或其他组织类机构,按照"平等自愿、统一规划、合理分工、权利义务对等、开放共享"的原则共同成立了超级计算创新联盟(Supercomputing Innovation Alliance)。该联盟的宗旨是"需求牵引、资源共享、协同创新、持续发展"。

联盟作为产学研的一种创新模式,把超级计算机的"造"、"管"和"用"这三个群体友好联合起来共同探索构建超级计算创新平台,促进行业技术进步和应用发展,更好地服务社会与广大用户,壮大我国超级计算事业。联盟将聚合超过6万万亿次的超级计算资源,包括最新全球高性能计算机TOP500排行榜中的9台国产超级计算机(如刚登顶世界的"天河二号"、2010年排名第一的"天河一号"等)。不同超级计算中心的用户使用联盟内共享的计算资源时将享有云计算服务模式,类似于银联的跨行取款。通过此种便捷的计算服务,将极大地方便用户。

它的成立,为我国高性能计算的发展提供了新的思路和形式,对提高和加强业界内的沟通、计算资源共享、交流与合作提供了崭新的模式,势必将为推动我国超级计算中心的发展、进一步提高其运营水平、更好地普及应用带来显著的促进。

五、结束语

世界高性能计算能力与应用发展正处于快速上升的过程,经过十多年的发展,我国超级计算中心的发展和建设已取得了较好的成绩,取得了百花齐放的局面。在硬件研制取得长足进步的同时应当看到,我国超级计算能力的发展并不均衡,应用的整体水平有待于快速提高,应用软件和人才均严重缺乏。超级计算中心的可持续发展也存在隐忧,已建成的超级计算中心的运行经费的长期保障均存在不同程度的困难,稳定人才队伍的机制体制有待完善。可以预见,在我国建设新型创新国家目标的指引下,通过日益增强国力的有力保障,我国的超级计算中心将为实现国家创新体系,实现"中国梦"作出巨大的贡献。

参 考 文 献

[1] TOP500. http：//www.top500.org/.

[2] 赵毅,朱鹏,迟学斌,等. 浅析高性能计算应用的需求与发展. 计算机研究与发展,2007,40（10）：1640-1646.

[3] 党岗,程志全. 超级计算中心的核心应用. 中国计算机学会通讯,2012,8（9）：56-60.

[4] 上海超级计算中心. http：//www.ssc.net.cn/.

[5] 国家超级计算天津中心. http：//www.nscc-tj.gov.cn/.

[6] 国家超级计算深圳中心(深圳云计算中心). http：//www.nsccsz.gov.cn/.

[7] 国家超级计算济南中心. http：//www.nsccjn.cn/.

[8] 国家超级计算长沙中心. http：//baike.baidu.com/view/4803970.htm.

作 者 简 介

金钟,美国Emory大学理学博士,中国科学院计算机网络信息中心副研究员,主要研究方向为高性能计算应用与算法。带领研发团队开发了集分子三维可视化、建模、结果分析、前后处理和作业调度管理为一体的计算平台GridMol。结合高性能计算、量子化学和分子模拟算法开发通用计算引擎并实现了三十万处理器/核的蛋白质折叠模拟计算。主持863计划、中国科学院信息化项目和国家自然科学基金课题多项。先后发表论文40余篇,其中SCI收录20余篇,拥有多项软件著作权。目前担任国际超级计算领域最有影响力会议——Supercomputing(SC)的专业委员会委员。

中国科学院数据云环境与服务

虞路清[1]　黎建辉

（中国科学院计算机网络信息中心）

摘　要

中国科学院"十二五"信息化要求面向科研发展云服务，数据云是中国科学院科技云服务的重要内容。目前已初步建成分布式的海量存储设施，2015年将建成总存储容量50PB，是数据云提供基础设施即服务(IaaS)的主要环境，支持包括云存储、云计算、云归档、云灾备等服务。此外，数据云为科学数据库共享服务、大数据处理、重大项目研发测试等提供应用资源即服务(SaaS)和综合技术支持。

关键词

数据云；云存储；云计算；大数据；科学数据库

Abstract

With the cloud computing and bigdata technology emerging, CAS enhanced e-Science infrastructures to promote scientific cloud services. Data cloud is one of scientific clouds and will integrate resource such as massive storage, scientific databases, big data and data application. A distributed storage system has been preliminary developed according to CAS 12th Five-Year informatization plan, and total capacity will reach to 50PB by 2015 year.These data infrastructures formed data cloud will be operated jointly by the Center of Network and Information of CAS (CNIC) and 12 branches of CAS. Data cloud provides IaaS services including cloud storage, cloud computer, data archive and disaster recovery, and also supports SaaS services on data sharing, bigdata processing, cloud environment testbed, etc.

Keywords

Data cloud；Cloud storage；Cloud computer；Big data；Scientific databases

以数据为核心的数据应用环境列为"十一五"中国科学院科研信息化基础建设的重点内容。随着云计算和大数据等技术的进步，中国科学院数据环境面向科研信息化的新发展和新需求，加快发展云服务模式，利用云计算技术深入整合支撑科学数据应用的基础设施、基础资源和基础平台，联合各方资源共建中国科学院数据云，为科研活动提供数据环境按需服务，进一步提升海量存储设施公共服务、科学数据共享与应用服务。

1　虞路清，中国科学院计算机网络信息中心高级工程师，主要从事科学数据库应用研究和基础设施应用服务。

一、数据云基础设施

　　数据云由北京数据中心和分布在中国科学院各分院地区的区域节点构成,通过统一管理、统一运营、统一服务形成一个覆盖全国的数据云,提供海量数据的云归档、云存储、云容灾、云处理等服务。

　　以国家基于下一代互联网科研信息基础设施建设和应用示范工程和中国科学院"十二五"信息化专项科技数据资源整合与共享工程为依托,中国科学院"数据云"环境将建设分布式海量存储设施,存储布局12个分院,存储服务进入研究所,到2015年存储总容量将建成50PB。目前,存储环境建成容量为13PB,各区域存储节点通过1Gbit/s高速科技网络互联,实现统一存储和运行服务。

　　分布式海量存储系统架构包括北京中关村主存储中心、怀柔总归档备份中心和12个区域存储节点,形成覆盖全院、辐射全国的云存储网络,为重大科研和工程应用提供存储备份服务。数据环境基础设施分布图如图1所示。

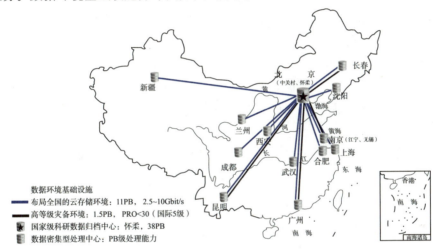

图1　数据环境基础设施分布图

　　北京主存储中心是整个海量数据环境的总中心、数据备份中心和管理中心。北京怀柔辅存储中心是总归档备份中心,主要为数据异地备份提供安全保障。上海、广州、兰州、合肥、昆明、新疆、成都、武汉、长春、南京、无锡和西安12个存储节点面向所在分院区域,对区域内科研院所的科研活动和工程应用的存储需求提供存储服务。各存储节点协同形成一个云存储网络,提供统一的云存储服务,支持海量科研数据的存储、备份、长期保存和数据密集型处理等需求。各个存储节点和主存储中心之间通过高速CNGI互联,实现海量数据远程异地之间的备份和归档服务。各存储节点情况如表1所示。

表1　中国科学院"数据云"已建成分布式存储节点情况

分院区域	存储节点/共建单位	十二五规划存储容量	带宽	备注
北京分院	中国科学院计算机网络信息中心中关村机房	7PB	12Gbit/s	总中心
	中国科学院计算机网络信息中心怀柔机房(北京市怀柔区)	11PB	10Gbit/s	总备份中心

续表

分院区域	存储节点/共建单位	十二五规划存储容量	带宽	备注
昆明分院	中国科学院昆明植物研究所	680TB	1Gbit/s	
兰州分院	中国科学院寒区旱区环境与工程研究所	432TB	1Gbit/s	
合肥物质科学研究院	中国科学院合肥物质科学院智能机械研究所	336TB	1Gbit/s	
武汉分院	中国科学院武汉植物园	384TB	1Gbit/s	
南京分院	南京市江宁经济技术开发区管理委员会(南京市江宁区)	728TB	1Gbit/s	院地合作
	江苏物联网研究发展中心(无锡市新区)	288TB	1Gbit/s	
长春分院	长春市高新技术产业开发区管理委员会;长春唐讯科技股份有限公司(长春市高新区)	728TB	1Gbit/s	院地合作
西安分院	中国科学院西安分院网络中心	288TB	1Gbit/s	
上海分院	中国科学院上海高等研究院	480TB	1Gbit/s	
新疆分院	中国科学院新疆生态与地理研究所	144TB	1Gbit/s	
	中国科学院新疆理化技术研究所	288TB	1Gbit/s	
广州分院	广东省东莞市政府(东莞市松山湖科技产业园区)	824TB	1Gbit/s	院地合作
成都分院	中国科学院成都文献情报中心	240TB	1Gbit/s	

注：带宽是指存储环境接入科技网在院内的运行带宽

为加快"数据云"建设和服务,"十二五"期间中国科学院计算机网络信息中心将推动以云服务模式提供数据环境基础设施公共服务,主要包括以下方面:

(1)云存储。提供简单对象存储服务以及应用程序接口,使用户能通过网络访问云存储中的数据。"十二五"期间逐步将云存储规模从6PB升级到11PB以上,支持用户云存储和应用云存储服务。

(2)云归档。利用分级存储技术将数据迁移到磁带库大容量存储设备,按照自定义规则提供数据自动归档。"十二五"期间,怀柔数据归档备份中心总容量由17PB逐步扩展到38PB。

(3)云灾备。针对重要数据提供基于互联网的远程异地备份和容灾服务。"十二五"期间,选择其中的5个分布式存储节点,建设30min内可恢复数据的灾备服务能力,灾备容量1PB。

(4)虚拟机。利用虚拟化技术将服务器群形成统一的资源池,基于互联网提供按需配置、自助管理、安全稳定的虚拟机。"十二五"期间数据云将提供500个以上的虚拟机,为科研应用相关部署提供支持。

二、数据云环境与服务进展

中国科学院"数据云"目前已具备了云存储和云计算服务,可以面向全院科研用户提供统一运行、按需使用的存储资源和虚拟机资源公共服务。

1. 云存储服务

科研用户通过科学院邮箱直接登录,或快速注册后开通云存储服务。可以通过三种方式使用云存储:①利用Web Service云存储接口(RESTFUL/SOAP)开发应用程序使用存储空间;②Linux环境下直接挂载(mount)云存储空间存取数据;③使用客户端程序,连接云存储空间后存取数据。中国科学院"数据云"云存储服务平台如图2所示。

图2　中国科学院"数据云"云存储服务

目前,云存储系统对分布式存储设施利用虚拟化技术实现了统一存储资源池管理,由中国科学院计算机网络信息中心统一建设管理,并联合各分院及共建单位联合运营。云存储基于标准API实现了弹性扩展、按需使用的存储服务(如IaaS),为科研应用提供云存储公共平台,面向科研团队,按资源组机制支持团队内部存储资源共享。各分院用户可就近使用云存储,并利用存储网络CNGI的独立宽带1Gbit/s,实现在北京高速备份。

2. 云计算服务

基于OpenStack开源项目,面向科研应用开发了云计算平台,实现了虚拟机和物理机资源的统一管理和动态调度,可以提供用户自定义配置的虚拟机快速交付,支持Hadoop和MPI等环境的快速部署以及资源的弹性扩展,提供虚拟机全生命周期管理的云计算服务。

目前,云计算平台包括数十台服务器集群、1200多个虚拟机资源,正常运行超过6个月,支持非结构数据、虚拟机镜像等对象存储,支持大容量的弹性块存储,实现了应用无需停机的高可靠在线迁移,实现了虚拟机CPU、内存和存储的在线扩展,大幅度提升了云计算的可用性和易用性。中国科学院"数据云"云计算服务平台如图3所示。

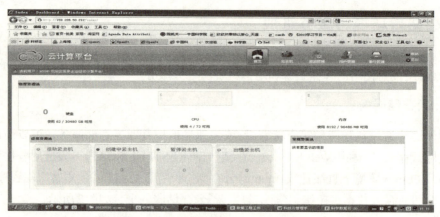

图3 中国科学院"数据云"云计算服务

3. 基础设施服务情况

目前,中国科学院已有60家研究所建立数据库系统镜像,来自40家单位的用户进行存储备份,共使用存储空间超过2PB。已开展的主要服务包括:①云存储服务提供海量数据的存储备份;②云计算服务提供科研应用部署、系统托管和服务镜像;③归档服务提供海量数据的归档存储和长期保存等。

归档服务已开始为中国科学院档案馆数十TB和不断增长的数据量提供安全、加密的长期归档保存服务。云计算服务目前为重点基金项目"ACP仿真系统的部署和运行"、973项目"社会网络数据获取系统的部署和运行"、中国科学院信息化项目"微生物云"和"高寒环境联合监测研究云"等科研工程项目提供虚拟机资源以及云计算解决方案。云存储用户包括研究所、课题组、重大项目团队等各类单元的应用,其中使用存储容量前十名用户如表2所示。

表2 使用存储容量前十名用户

序号	存储用户	使用存储容量/TB
1	中国科学院科学数据库项目	450
2	中国科学院高能物理研究所	269.14
3	中国科学院超算环境项目	263.13
4	中国科学院遥感与数字地球研究所	141.39
5	中国科学院大气物理研究所	121.24
6	中国科学院植物研究所	72.29
7	中国科学院国家天文台	65.01
8	中国科学院地理科学与资源研究所	42.92
9	中国科学院网络科普项目	42.51
10	中国科学院ARP项目	42.28

用户存储数据保持持续增长,2012年存储空间使用量月均净增长约30TB,如图4所示。

图4　2012年月度存储量增长情况

三、数据共享服务

1. 中国科学院科学数据库共享服务

中国科学院科学数据库是科学数据共享的重要推手,自1986年就开始系统地和持续地整理科研活动中产生和积累的基础数据资源。

进入"十二五",中国科学院计算机网络信息中心继续运维保障科学数据库系统和科学技术部基础科学数据共享网运行服务,提供科学数据在线共享,通过开发部署数据资源量在线统计、数据服务监控与统计等软件系统,对科学数据库在线服务进行日常监控,为推动科学数据库共享服务和持续发展提供支撑环境。

截至2012年年底,科学数据库访问量累计达4500万人次,数据下载量累计超过400TB。2007—2012年科学数据库访问人次和下载量的增长趋势如图5所示。

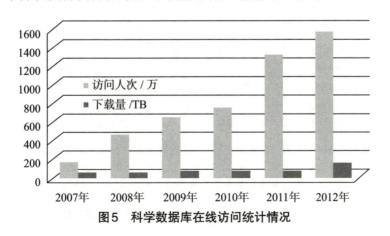

图5　科学数据库在线访问统计情况

2. 地理空间数据云服务

面向地理领域对海量数据资源及其处理的需求,中国科学院计算机网络信息中心基于自主开发的地理空间数据搜索系统、大数据文件系统、大数据处理调度系统和科学数据处理模型网络集成平台,整合存储、数据和模型等地学数据资源提供按需申请、数据共享的云服务。2012年7月地理空间数据云在原有的软件架构上,完成了云服务的升级改版,正式上线服务。

目前,地理空间数据云具备1PB数据汇聚能力,含9大类91个原始数据产品,集成了地学遥感影像数据处理和应用13个模型。通过大数据处理系统,地理空间数据云大幅度提升了在线数据分析处理能力,使用户可以在线提交数据分析作业,自定义分析模型,较快获取分析结果。例如,中分辨全球覆盖数据的处理在10h内就可以完成。

目前,地理空间数据云已整合数据量300TB,注册用户达4.6万,数据服务专员受理和提供项目服务案例240多个。2009—2012年地理空间数据云用户使用情况如图6和图7所示。地理空间数据云平台如图8所示。

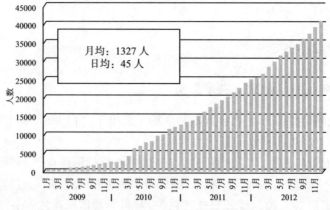

图6　2009—2012年地理空间数据云用户数

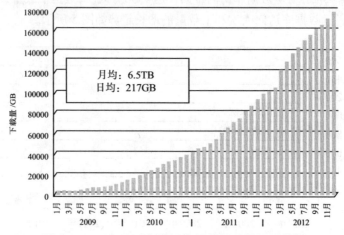

图7　2009—2012年地理空间数据云数据下载量

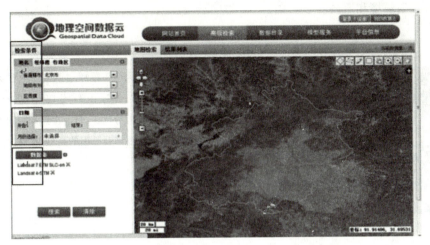

图8　地理空间数据云平台(www.gscloud.cn)

四、数据云环境应用和技术支持

基于海量存储设施和数据应用处理等相关技术,中国科学院计算机网络信息中心为科研信息化应用发挥了积极支撑作用,直接服务和提供重要技术支持的重大项目包括:

(1)结合中国科学院战略性先导项目,面向支持碳循环研究的信息化环境支持建立我国陆地生态系统固碳潜力与速率的综合模拟与集成分析平台,将提供多源异构数据的存储管理、在线检索、互操作和共享服务等功能。

(2)根据国家科技支撑计划,面向我国农村信息服务平台的需求,基于现有的海量分布存储和计算资源,支持农村信息服务云存储与云计算的关键技术研究与平台建设,将为农村信息服务提供统一的存储和处理平台。

(3)在环境保护部重大专项的支持下,支持全国生态环境综合评价系统建设,旨在依托海量存储环境,提供各种遥感数据和评估结果等地理空间数据的网络发布、共享服务和应用分析。

(4)此外,还参与中国科学院"空间先导专项"数据灾备服务方案,为国家科技支撑计划"食品安全隐患信息采集及时空可视化预警系统研究"提供垂直信息搜集整合和可视化预警平台等支持,为国家自然科学基金委重大研究计划"面向非常规突发事件应急管理的云服务体系和关键技术"、国家发展和改革委员会高技术服务业研发与产业化专项"基础研究大数据服务平台应用示范"项目等提供云存储和云计算平台应用支持。

五、工作展望

云服务是推动科研信息化资源整合和高效运行的可行方案,将为科研活动提供统一运维保障的基础设施服务和数据资源服务。中国科学院数据云环境将充分利用云计算和大数据相关技术,继续探索和加强包括存储、处理和数据等资源的整合服务,面向科研提供自助式、按需使用的科研信息化基础设施服务,运行提供数据驱动创新的、基于大数据应用的数据云环境和服务。

作 者 简 介

虞路清,中国科学院计算机网络信息中心高级工程师,主要从事科学数据库应用研究和基础设施应用服务。2001年参加工作,参与中国科学院科学数据库、数据应用环境建设与服务、科技数据整合与共享工程等项目,目前重点策划和推动数据中心基础设施公共服务和产品化运行应用,主要涉及数据的共享、存储、处理、灾备和归档等。

网络协同工作环境应用

马永征[1]

（中国科学院计算机网络信息中心）

摘 要

网络协同工作环境建立在互联网络环境、超级计算环境和数据应用环境等信息化基础设施上，利用和集成基础性信息化服务，构建支持网络化科研模式的综合性服务，支持面向具体科研活动的特色协同环境。Duckling协同工作环境套件是一个支持互联网协同应用开发的开放平台，致力于支持更多的科研人员自主开发专业领域的科研应用。基于Duckling协同科研平台，形成了科研在线文档库、国际会议服务平台、实验室协作系统和科研主页等在线协同应用。

关键词

协同工作环境；Duckling；科研在线

Abstract

The network collaboration environment is built on the internet, supercomputing facilities, and data application environment. It provides scientists with special coordinated working environment by integrating cyber-infrastructure and thus forming the comprehensive service which enable a network-based scientific mode. Duckling, as an internet-based application development open platform, is devoted to support more and more people develop their own scientific application in every research area. Currently, based on the Duckling platform, a range of online collaboration applications are released, such as the Duckling Document Library (DDL), Conference Service Platform (CSP), Laboratory Collaboration System (dLab), and Scholar Homepage (dHome).

Keywords

Network collaboration environment；Duckling；Online scientific research

数字化技术与计算机网络的发展，使人、科学仪器与装置、计算工具和信息联系在一起，提供了网络协同工作环境[1]，消除了地域、时间、机构之间的边界，为科研活动提供了革命性的新模式，从而大大促进了科研活动中的信息共享、合作与交流，促进了学科的交叉，提高了工作效率和创新发现能力。网络协同工作环境的主要用户是科学家，它建立在互连网络环境、超级计算环境和数据应用环境等信息化基础设施之上，利用和集成它们提供的基础性服务，构建支持网络化科研模式的综合性服务，支持面向具体科研活动的特色协同环境。

---

1 马永征，博士，副研究员，中国科学院计算机网络信息中心中国科技网主任助理。

Duckling[2]协同工作环境套件是中国科学院计算机网络信息中心开发的一个支持互联网协同应用开发的开放平台,致力于支持更多的科研人员自主开发专业领域的科研应用。2010年3月17日,基于Apache License Version 2开源协议,Duckling实现开放源码,在全球最大的开源网站SourceForge上发布源代码包和部署包。基于Duckling协同工作环境套件,中国科学院计算机网络信息中心开发了科研在线文档库、国际会议服务平台、实验室协作系统和科研主页等在线协同应用。

一、科研在线文档库

科研在线文档库[3]如图1所示,采用云服务模式,提供协同编辑、信息发布、文档上传和整理、文献共享、知识积累、沟通交流等在线服务,并支持Android、iPhone等主流智能手机平台,与云端知识的同步,使科研团队能够随时随地获取云中的信息。

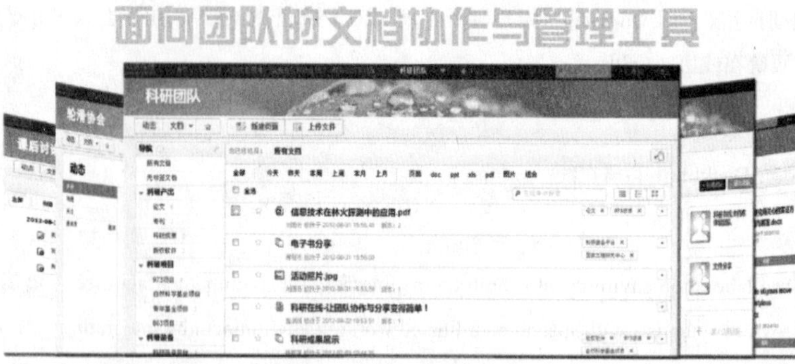

图1 科研在线文档库

科研团队、项目组、兴趣小组、创业团队、中小规模企业可以通过科研在线文档库创建其专属的网络虚拟科研环境,在工作过程中进行文档协作与管理。每个注册用户都可以按需创建多个团队。团队空间相互独立,用户可在各团队中自由切换。科研团队在团队空间内存放和管理需要共享的全部文档。团队成员可以通过网络平台进行沟通协作。团队创建者可通过邮件发送邀请,邀请成员加入团队。

科研在线文档库支持用户在线创建、发布并保存页面内容。页面由团队成员共同编辑和维护。科研在线文档库提供所见即所得的编辑器,支持页面在线创建与编辑,同时,页面的每个版本都会被完整保存,不同版本间可比较差异。用户也可以上传任意格式的本地文件,系统支持文件下载和批量上传。用户可快速、方便地上传多个文件至工作区,存储或分享任何类型的文档(Office文档、PDF、图片、视频等)。

科研在线文档库支持用户使用标签对文档进行多维度分类管理,例如组织部门、项目名称、创建人姓名、规章制度等任意类别。每个文档都可以有多个标签,标签信息全团队共享。关联性较强的文档可建立组合。

在科研在线文档库中,用户可以关注其他任何成员或某个文档,成员的工作动态以及文档的任何变更都会有动态消息通知该用户。用户还可将自己认为有用的文档分享给其他成员,并附上留言。用户可对任何文档及页面内容发表观点,每个页面都设有讨论区,团队成员之间可以就该文档在线展开讨论。

科研在线文档库自动记录每个用户的个人工作历史,例如何时创建、修改或评论了哪些文档。方便用户快速回退到上次工作状态。此外,团队空间中的所有变更,都会记录在更新中,用户不会错过任何重要信息。最后,科研在线文档库中的每个文档都自动记录了访问次数、访问人员以及访问时间,文档所有者可根据文档的访问情况随时调整后续的共享内容。

截至2013年6月,科研在线文档库已拥有7000名用户,服务于1500个科研团队,在线共享的资源数量达60000多个。这些科研团队的研究工作覆盖了国家重大专项、973计划、863计划,以及中国科学院重大项目等。

二、国际会议服务平台

国际会议服务平台[4]采用云服务的模式提供在线服务,提供的服务包括:会议网站创建一键式服务、流程化在线审稿服务、已注册用户浏览服务、自定义的会议通知和在线反馈服务、签证信息服务、安全快速的支付服务等。国际会议服务平台支持大规模乃至超大规模的学术会议,为会议主办方提供便捷、高效、稳定的会务信息化管理云服务。

国际会议服务平台的服务贯穿了会议的全生命周期,为用户提供了丰富的会议管理功能,包括在线注册、提交摘要、在线审稿、酒店预订、旅游和社会活动、在线支付等。为满足不同组织者和不同类型会议的用户需求,国际会议服务平台提供了灵活多样的自定义功能,可以根据用户需要实现完美定制,打造个性化的会议网站和参会流程。国际会议服务平台设置个性化的注册表单,注册流程中收集会议举办方所需要的信息。例如参会者的餐饮禁忌和特殊需求,为参会者提供最贴心的服务。参会者提交信息后,系统自动邮件通知。会议举办方可以定制确认邮件模板,还可以群发邮件给参会者。参会者可以在线提问,会议举办方在线反馈和提供帮助,通过及时有效的邮件系统让会议举办方和参会者时时保持畅通交流。

2012年8月,"国际会议服务平台"成功支持了国际天文学联合会第28届大会(IAU2012),如图2所示,共完成了88个国家3000多名代表的在线注册,收集论文摘要3000余篇,其中2700多名代表通过会议服务平台提供的在线支付缴纳会议费用。系统累计自动发送各类邮件13000余封,访问量达80万次以上。

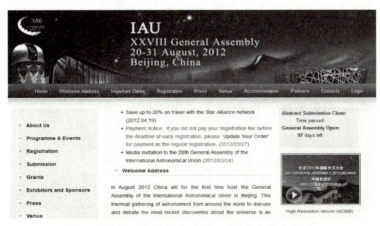

图2　国际天文学联合会第28届大会服务平台

截至2013年6月，国际会议服务平台已拥有近5万名用户，支持了500个左右的学术会议。会议的主题涵盖了天文、生物、信息、物理、化学、健康等各个研究领域。

三、实验室协作系统

实验室协作系统采用云服务的模式提供：实验室网站创建一键式服务、实验室信息发布服务、实验室研究方向学术动向实时推送服务、实验室学术资源共享服务、实验室团队日程管理服务、实验室特定仪器管理定制开发服务和实验室科研数据全过程处理流程定制开发服务。

实验室协作系统支持团队管理、任务管理、考核管理和系统管理四大核心功能。项目管理服务支持任务的流程化管理、团队成员考核、邮件通知等功能，并且与其他工具集信息共享，协作互通，有力地支持了团队成员的协作办公，可有效提高团队工作效率。团队负责人可创建团队任务并分配给合适的团队成员，团队成员需要按要求不定时的提交工作汇报，其他成员对该成员的工作给予评论和指导，任务完成后，团队负责人对任务完成情况评价，并关闭(或驳回)任务。

截至2013年6月，实验室协同平台已经为2008年北京奥运会、2010年上海世界博览会、广州亚运会等国家大型活动提供了高效的支撑服务，目前已为20个左右的实验室或虚拟组织提供了稳定服务，学科范围涉及能源、化工、地球科学等领域。

1. 外场实验站点监控显示系统

基于实验室协作系统，中国科学院计算机网络信息中心与中国科学院安徽光学精密机械研究所、中国物联网研究发展中心中科环境光电感知技术研发中心合作，在环境科学无线数据传输、大型外场台站GIS显示监控、大气环境数据实时显示及存储等方面开展了深入的研究与开发，建立了从数据采集到数据存储、实时显示、站点GIS监控、远程控制的一整套技术方案，共同研发了外场实验站点监控显示系统，如图3所示，实现了对整个外场实验站点的准确定位、实时监控、显示及站点历史数据在线查询功能。还提供对不同大气环境数据参数进行在线类比分析，如在线分析某一时刻的PM10、PM2.5、SO_2、NO_2含量等。

该系统已服务于2011年11月16—21日举办的第十三届中国国际高新技术成果交易会上中国科学院专馆的中科环境监测海云计算平台和感知融汇平台，整个软件平台位于中国科学院计算机网络信息中心，以Web云服务模式提供国内外19个监控站点的科研数据和多媒体信息的实时服务。该系统还曾作为技术支持服务于2011年10月20—22日第二届中国国际物联网(传感网)博览会。

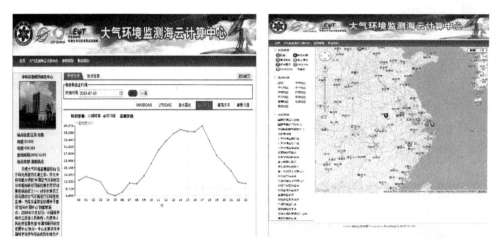

图3 外场实验站点监控显示系统

2. 能源微生物功能基因组学虚拟实验室

生物质能源是新型清洁能源的典型代表,在生物质能源的研发过程中,科研工作者需要在一个集成的协同科研平台上分析大量不同能源微生物(如真菌和细菌等)的海量基因组和功能基因组等数据,并支持不同地域的科研工作者在研究分析过程中以多种方式随时进行交流和讨论,同时还可以使用科研协同平台集成的高性能计算资源进行计算模拟以及结果的可视化。

能源微生物功能基因组学虚拟实验室[5],如图4所示,基于实验室协作系统。该虚拟实验室支持科研人员进行从生物质能源的作物培育、生物质降解到能源分子合成的全过程科研协同活动。利用能源微生物功能基因组学虚拟实验室所集成的数据资源和高性能计算资源,可以在一个集成的信息化科研环境实现生物质能源技术研究的全过程化,从而可以加快生物质能源的研发速度。

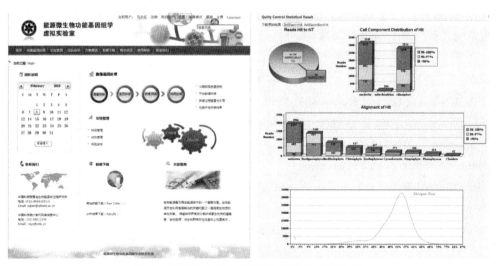

图4 能源微生物功能基因组学虚拟实验室

四、科研主页

科研主页旨在为科研人员和机构提供个性化的主页服务,包括"学术主页"和"机构主页"两大功能。学术主页如图5所示,面向科学家、科研工作者和学生,在这里,用户可以轻松便捷地创建个人的学术名片和学术空间,分享学术成果,结识更多同行,扩大学术影响力;机构主页是机构在科研在线的一个"家",有效聚合机构成员信息,凝聚机构学术成果。科研主页还支持用户随时了解自己主页的访问情况以及与其他社交媒体(如微博、博客、人人网等)的一站式整合,用户可以在首页添加其他社交媒体的链接。

图5 学术主页

科研主页是针对学术圈人士提供专业的主页服务,是科研在线平台(http://www.escience.cn)推出的科研服务之一。用户可以发布自己的论文列表、教育和工作经历、联系方式等,作为自己的学术名片;也可以在平台上发布文章、发表言论等,版式及内容均可自由定制。截至2013年6月,科研主页已拥有2280个科研人员和机构主页。

参 考 文 献

[1] 南凯,董科军,马永征,等. 支持e-Science的协同工作环境. 科研信息化技术与应用,2008,1:35-40.

[2] Yu J J, Dong K J, Nan K. Duckling: towards cloud service for scientific collaboration system. CSCW (Companion),2012:259-262.

[3] 科研在线文档库. http://ddl.escience.cn.

[4] 科研在线会议服务平台. http://csp.escience.cn.

[5] Su X Q, Ma Y Z, Yang H W, et al. An open-source collaboration environment for metagenomics research. Proceedings - 2011 7th IEEE International Conference on eScience,eScience 2011,2011.

作 者 简 介

马永征,博士,副研究员,硕士生导师,主要研究方向包括分布式计算、协同计算。现为中国科学院计算机网络信息中心中国科技网主任助理,科学技术部国际科技合作计划项目评价专家和中国科学院青年创新促进会会员。近年来共发表论文20余篇,获得软件著作权6项,提交技术发明专利1项(实审中)。

科研仪器设备设计信息化

王 伟[1] **卢杰妍 陈孝政**

（中国科学院南京地质古生物研究所）

摘 要

满足科学研究需求的仪器设备的研制，是协助解决科学问题的一种有效手段。对这一手段的信息化优化，可以让设备更好地为科学研究服务，推动科学的发展和进步。为科学研究服务和以科学家为本是仪器设备信息化的本质，因此，基于科学研究需求的重大科研仪器设备研制需要从设计开始就研究和考虑其信息化平台的建设，而信息化平台应该包括但不限于互联网和电子介质。本文探讨了科研仪器设备研制中的科学目标设定和设备设计，设备的可扩展性、传感器和控制器的数字化、设备的物理安全、数据安全和网络安全等的信息化问题，以及科学研究基本过程中（如研究的阶段性和科学合作等问题）的信息化处理，同时还探讨了广义信息化在科研仪器设备设计中的应用。

关键词

科学研究需求；仪器设备设计和研制；信息化；科研阶段性；科学合作

Abstract

Invention and building of new instruments for scientists requirements support new approaches for solving of problems like as measurement, observation and process simulation et.al., and informatization of these instruments is helpful for these researches and related scientific fields. As the informatization of research-oriented instruments, its design is suggested to be first considered following scientists requirements and their research proposals, however, informatization system should include but not only includes information technology (IT) or cyber world. This article listed and discussed main steps of informatization on design for research-oriented instruments, which includes science goals, sensor and controller, security of instrument and its data in cyber world et. al., and suggested additional works of general informatization based on characteristics of scientific works, such as informatization in scientific community working, conferences, cooperation and even stages division of researches, which may be ignored or not included in standard IT informatization platform setup.

Keywords

informatization；scientific research-oriented；scientific instrument design；research steps division；scientific cooperation

---

1 王伟，博士，中国科学院南京地质古生物研究所研究员，长期从事地球科学研究工作，先后在芝加哥大学、麻省理工学院和东京大学等院校进行科研合作或博士后研究。

一、引言

科学仪器或装置是人类认知过程中对脑和手的重要延伸,是定量化认识世界的重要途径,也是观察科学现象及科学过程的重要手段,正如门捷列夫所言"科学是从测量开始的"。基于现代科学研究需求的仪器设备的研制,最关键的就是这些仪器设备的设计和制作是否充分满足了科学研究发展和科学家的需求。

现代科学的发展历史中不断涌现的重大科学创新和科学研究新领域的开辟,往往是以新的科学需求带动新的科学仪器和方法为先导。科学仪器的发明创造支撑着科学前沿的发展方向,科学仪器的创新既是科技创新的组成部分,也是推动科技创新的重要支撑[1]。正如国家自然科学基金委员会原主任陈宜瑜所说:"没有自己创新出来的仪器设备,很难获得世界一流的突破性、变革性的成果。"

科学仪器对科学研究推动的例子比比皆是。在地质古生物领域中,电子显微镜的使用使微米–毫米级的牙形刺(石)化石的深入研究和广泛应用成为可能,并将地层划分对比的精度从米级进步到厘米级,从而使其成为国际生物地层划分和对比的重要的标准数据。同样,随着同位素技术和古地磁技术在地层学上的广泛应用,同位素地层学和磁性地层学成为国际地层学研究的重要内容[2]。而同步辐射技术在古生物学方面的应用则使人们重新认识了生命起源的本质[3]。

现代科学探索的高速发展,除了利用现有的通用设备进行研究之外,为证实或证伪某些理论或观点,或者限定某些理论和观点的适用条件或范围,以及尝试新的发现,还需要根据新的科学目标设计制造全新的专用科研设备或装置。这些新设备或装置往往不是对现有设备的改造,而是基于科学研究及其发展的需求,遵循物理、化学和生物学等的基本原理并结合现代理论及技术,为明确的科学目的服务的专用设备。尽管在短时间内这些设备可能没有大的市场前景或需求,但由于其对科学不可或缺的推动作用而具有重大意义。正如对撞机和风洞等装置,市场需求极少,但其对科学研究的深入和对技术进步的推动起到了现有设备所无法比拟的作用。而新的专用设备或装置的研制过程必然会遇到很多意想不到的技术问题,对这些技术问题的解决也有利于新技术的积累和进步。

我国对以市场为导向的科学仪器研制、现有科学仪器技术改造升级,以及科学仪器成果转化及产业化方面比较重视;而对以科学研究需求为导向的科研仪器的创新和研制,特别是原创性仪器设备或装置的研制,以及科学仪器基础研究等方面重视不够,导致科研仪器的源头创新不足,由此也阻碍了需要新仪器、新设备支撑的科学研究和科学探索的发展和进步。钱学森曾明确指出:"发展高新技术,信息技术是关键。"[4]因此,在现代科技特别是信息技术快速发展的今天,基于信息技术支撑的原创性科研仪器设备的研制尤为重要。

信息化一般是指培养、发展以计算机为主的智能化工具为代表的新兴生产力,并使之造福于社会的过程。人类社会现在已从工业化时代、机械化时代进入了信息化时代。在科学技术迅速发展的当今社会,科研信息化正在引发21世纪科学与工程的变革。信息化在仪器设备的研制领域涉及计算机辅助设计和计算机辅助制造、仪器设备的管理和应用,以及基于设备和装置实验基础的计算机模型的建立和模拟。但仪器设备研制过程中的信息化通常会忽略掉信息的本质特征,即与仪器有关的信息化在科学研究和科学探索中的作用,如科学合作、科学共同体运作中的信息化。

狭义的科研信息化(e-Science)已成为科学研究信息化的主要内容,它提供了一个可以让信息交流更加灵活、方便、有效的平台。e-Science的概念是20世纪末在英国首先被提出的,英国国家e-Science中心给其的定义是:e-Science是指大规模的科学所日益增加的分布式全球协作,这种科学协作的一个典型特征是科学家能进入大规模、大容量的数据库和数字资源网络以及高性能的可视系统[5]。然而,实际上广义的信息化并非只以电子介质(如互联网)作为介质的信息传播和共享为特征,还包括传统介质(纸质等)的信息传播和利用等。因此,如面对面科学合作和学术会议的讨论等信息传递对科学创新和推动的意义也需要重视,科研信息化不能仅限于互联网和电子介质。其本质就是利用信息的各种形式和各种功能,为科学研究和科学家服务。

笔者早期从事的互联网科学传播工作取得了一定国际声誉,该工作基于互联网但不限于互联网,采用所有可能的信息传播和利用途径[6],推动了地质古生物知识的传播和公众对科学问题的共同参与和探索。这也是我国最成功的互联网科学传播模式之一,并获得2009年世界信息社会高峰会议e-Science大奖[7]。

随着科研信息化的不断发展,科研仪器设备研制也需要迈入信息化时代:通过网络共享和大量科研资料的调研对所研制的仪器设备进行可行性分析;仪器设备要逐步采用计算机程序控制和自动处理,并同多种仪器设备联用,形成综合性的分析测试设备;通过网络平台实行信息化管理,随时监控各仪器设备的"开"、"关"情况和使用状态。仪器研制的信息化过程除了计算机辅助设计和计算机辅助制造之外,对传感器和控制器的数字化处理也有利于设备的信息化优化和改进,同时还需要通过各种信息传播、共享和必要的信息保密和隔离过程,为国内外科学合作研究提供条件,进一步提高国家基础科学研究的水平。

以国家重大科研仪器设备研制专项"降解–矿化平衡的实验模拟设备"研制为例,该设备旨在模拟并探索研究生命起源和地球生物圈演化过程中涉及的通过推测、描述和观察难以解决的一系列科学问题,基于物理化学及生物学理论和技术,研制出一套降解–矿化平衡的实验模拟设备,如图1所示。该设备可以模拟得到广泛认可的地球历史上可能存在过的环境,以及虽然有争议但可以实验模拟的极端特殊环境,如晚前寒武纪的雪球事件、酸性海洋等与生命演化过程息息相关的地球早期环境。通过该设备,可以实现如化石的形成过程与化石的鉴定特征、地球早期大气环境、低温成矿等相关性实验模拟,温度变化与黑色页岩形成、火山灰水解物的生物毒性等环境因素与生物事件的关系;地球早期特殊环境(气体介质和水体)的有氧或缺氧条件对生物降解和化石埋藏的影响等,也都可以通过该设备直接给出模拟结果,为了解和验证相关理论或论点提供了条件(特别是其论点成立的限制条件)。这些推测争论由来已久,实验模拟设备可以通过模拟地球历史上可能的过程和各种可能的因素间的相互制约关系,得到一系列的实验模拟数据,并在此基础上建立数学模型。这里主要讨论并探索了在该设备研制过程中的第一步,即设计过程中涉及的一系列信息化问题,提出了解决有关问题的建议和方案。

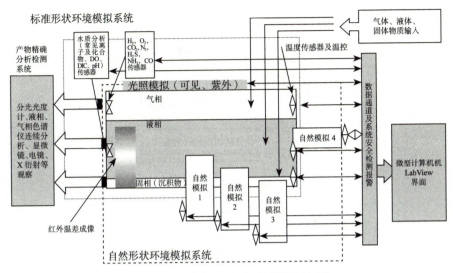

（主系统）自然形状和标准形状环境模拟控制系统

图1 降解-矿化平衡的实验模拟设备

二、科研仪器设备研制中设计的信息化环节

仪器设备研制的信息化环节主要涉及科学目的的设定以及设计制造和调试过程的信息化。科学目的或科学目标的合理正确、前瞻性和可行性是仪器设备研制的灵魂，而科学目标和技术可行性的协作和融合是仪器设备研制有效开展的关键。计算机技术和控制技术的发展为计算机辅助设计奠定了基础和条件，计算机辅助制造及标准件、通用部件和其他领域可以互用的部件等资源的信息共享，以及各部件之间的兼容性使设计和制造及系统整合更加简便，提高了研制科学研究专用仪器设备的效率。

仪器设备设计需要考虑到的环节包括：科学目标的确定及其可扩展性，科学目标的技术可行性及其阶段性，计算机辅助设计及模拟，标准件及通用件的使用信息规范，传感器和控制器的数字化，自动控制及分析系统，仪器设备安全检测及网络和数据安全，以及科学研究合作和科学共同体的信息优化等，如图2所示。

1. 科学目标的确定及其可扩展性

科学目标的确定是基于科学研究的专用仪器设备研制的最主要前提，也就是说仪器设备的设计和制造必须以完成科学研究为目的。科学目标的正确合理与否，是否具有推动科学进步的能力，是科学研究仪器设备研制成功与否的关键。

科学目标是为解决某方面或某领域科学研究和探索的问题而提出的，而科学研究日新月异，新的科研成果不断涌现，因此在科学研究目标设定中必须时刻把握相关领域的最新进展信息，并预测该领域或相关领域的未来发展趋势和发展方向。只有与国内外同行或相关学科专家共同探讨，以把握最新的科学动向信息，科学目标的设定才具有科学推动意义和预测科学未来发展方向的原创性和前瞻性。

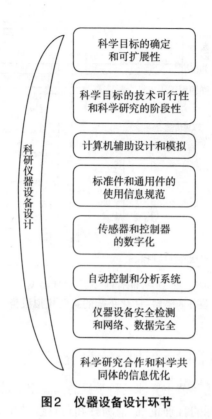

图2　仪器设备设计环节

科学研究的进展一日千里,也许为某一科学目标需要研制的仪器设备完成时,其他科研人员已经在相似设备上取得了相似的研究成果和进展,从而使该仪器设备及其所服务的科学目标的重要性下降。尽管从仪器设备研制本身来说,任务和工作已经完成,但其科学意义和科学推动作用却大打折扣。如果在科学研究目标设定时考虑其前瞻性和预测性,以及可以为相邻学科提供创新性服务和支撑,并将这些潜在的使用需求融入到科学目标的设定中,那么基于此科学目标设定研制的仪器设备的科学推动作用就会具有更大的意义和价值。

科学目标的可扩展性是基于了解本领域科学研究进展的最新信息和前瞻性预测信息,以及对相邻学科中应用前景的信息把握。

2. 科学目标与技术可行性的统一及其阶段性

科学家对科研仪器设备研制具有明确的目的性要求,即如何利用该设备完成科学研究任务并取得预期或超出预期的成果,他们往往掌握该领域科学研究发展的最新进展和成果信息。而仪器设备的设计和制造成功与否则在很大程度上取决于技术专家对科学目标的理解和认识。但由于专业的差异,技术专家往往对科学家的需求和目的理解不确切甚至存在偏差。通常的情况是对科学家需要实现的目标要求,技术专家往往认为按照现有技术难以达到,或某些功能需求不可实现;而技术专家认为可以完成的指标未必符合科学家的要求。因此双方的信息交流和共同语言的建立就显得非常重要。

一般情况下,双方会达成对科学目标和技术可行性认识或理解的统一,或者由科学家协作和引导技术专家利用新的方法来解决某个问题,或者由技术专家提供新的解决方案让科学家去解决更加深入、更加前沿的科学问题。当然也有可能是各退一步,达成共同可以实现的目标。无论是"共进一步"还是"各退一步",都需要科学家和技术专家的信息共享和基于共同语言的合理沟通和协调。这种技术可行性和科学目标的临时变动,不但是实现科学目标的重要尝试,也是科学研究阶段性的重要过程。

科学研究的阶段性同样让基于科学研究需求的设备研制具有阶段性。基于科学研究需求的仪器设备研制,需要在不同的技术可行性的条件下进行阶段性的科学研究,并在阶段性研究的基础上同技术专家一起对设备的设计进行改进。由于这种设备的研制并非有章可循,也没有现成的仪器设备可以对比,因此仪器设备研制是否合理和成功只有一个检验标准,那就是其能否实现预定的科学目标。

3. 计算机辅助设计及数学模型模拟和扩展接口预留

随着计算机和软件工业的快速发展,计算机辅助设计已经成为仪器设备设计工作中经常采用的重要手段。一般情况下,计算机辅助设计只是用于绘图制图的替代手段。而实际上计算机辅助设计还需要关注相关领域模型的计算机模拟,或基于实验的数学模型的计算机过程模拟,如受力、应力模拟、热过程模拟、化学状态和过程的计算机模拟等。也就是说,可以根据已有的数学模型对设计的设备进行可能的运行模拟,还可以据此提出设备设计的修改意见,以及根据设备的实际运行结果对数学模型进行必要的修正,甚至提出更加完善的数学模型。

科学目标前瞻性需要研制的科研设备具有可扩展性,在科研仪器设备的设计过程中同样需要准备好扩展接口并考虑系统的兼容性(包括硬件和软件),以便可以随时加入新的功能以实现新的科学目标和需求。比较通用的方法是参考计算机系统的总线信息传输及其兼容的扩展接口,使为新目标服务的兼容设备随时可以加入研究体系。因此,设备及系统的可扩展性和可兼容性,在科研仪器设备的设计过程中同样需要考虑。

4. 标准件及通用件的使用规范

尽管为某一领域科学研究的仪器设备研制通常具有专用性或目的单一性,有一些部件需要特殊设计、加工或制作,但在设计过程中需要尽可能地用标准件、其他相似设备的通用件或已经广泛商业化的零部件替代,以提高仪器设备的可靠性和稳定性,同时可以降低研制成本,提高研制效率。

标准件和通用件的使用,不但需要技术专家掌握国内外最新的技术信息和进展、各种部件的技术参数等,还需要科学家能够了解更多的非本领域的可以利用或借鉴的仪器设备的通用部件及其性能、使用方法等信息。根据最新掌握的信息适当修订科学目标,并同技术专家一起改进设计方案,以更好地通过仪器设备达到科学研究的目的。例如,不少医用设备是基于生物学和物理化学的最新进展或成果而研制,而这些商业化的设备、部件或方法在相关领域的合理使用,可以使生物学或环境学研究产生质的飞跃。

5. 传感器和控制器的数字化

随着计算机自动控制技术的广泛应用,自动控制已经成为科研仪器设备研制的重要内容。多种类型的传感器传递了反应器或研究工作区中(指反应器等研究目标区域,不包括科学家的生活工作空间)的各种理化状态或生物过程状态的信息,构架了工作区和仪器设备体系的联系,并可将这些信息在设备的人机界面可视化地表达和反馈。

随着信息处理平台的普及和发展,数字信号的传输、运算及其显示表达极为方便。因此,通过传感器数字化(或通过模数转换的数字化)把研究工作区的理化状态、生物过程状态或环境状态进行数字化传递和处理,更有利于人们对该工作区状态特征及发展趋势的认识和判断。最重要的是,还可以通过仪器设备的人机界面构成可解读的可视化信息。如可根据在屏幕上显示的"温度-时间"简单关系曲线,了解工作区状态的变化历史过程以及可能的变化趋势或发展方向,这是一般单独的数字或模拟的温度数字显示所难以达到的效果。

目前,不同类型的数字化传感器的可选择方案越来越丰富,为工作区状态的数字化提供了方便。有些性能稳定、灵敏度高的模拟传感器,也可以用广泛使用、性能稳定且价格低廉的模数转换电路或模块进行数字化转换处理。随着电化学、膜技术和生物传感器的快速发展,不同类型、用途、精度的数字化传感器和模数转换模块已经成为通用商品。此外,也有成熟的可直接使用的数字化控制器件,或者通过数模转换模块把人机界面或经过运算的数字信息转换成模拟信号对设备进行控制,这些都为仪器设备的数字化信息处理提供了条件。

6. 自动控制及分析系统

随着数字化传感器和控制器的广泛应用以及计算机控制技术的飞速发展,科研仪器设备的自动运行控制和分析能力以及减少人为不确定性,逐渐成为衡量设备先进性的重要标志,这也是现代仪器设备的发展方向之一。

现代科研仪器设备的研制,不仅要考虑实现通过人机界面控制或了解工作区的状态改变,还包括依照计算机程序控制,实现工作区相关状态的自动监控、记录甚至反馈控制等目标。其中涉及的自动控制系统,除了数字化的传感器和控制器外,还要有相应的设备自动控制软件。例如,用图标代替文本创建应用程序的图形化编程语言(如Labview就是设备初期设计和控制中的一种选择。它可以提供很多外观与传统仪器(如示波器、万用表)类似的控件,方便地创建用户界面,并根据自己的需要编写设备的自动控制程序,简化设计和控制)。

实验结果的自动分析系统不仅可以有效降低科学家的工作强度,而且也为实验过程的自动控制提供了重要的参考。这里的自动分析系统包括两个方面:一方面是对实验结果"质"和"量"的自动检测分析,例如有什么产物和有多少产物;另一方面是对实验结果科学性的分析,例如与其他类似实验结果的自动对比。其中,"质"和"量"的自动分析主要依靠各类传感器的功能,而科学性的分析则需要一个相对完善的对比数据库,这些都离不开大量的信息支持和高效的计算机运算。

7. 仪器设备安全及网络数据安全

仪器设备的安全运行,是更好地为科学研究服务、满足科学研究目的的基本条件,这方面的研究讨论很多,在此不再赘述,但其重要性不言而喻。仪器设备运行过程中的超限、差错、甚至遭受攻击等的安全状态信息,事实上同科学研究中关注的各种测量数据或理化状态数据信息同样重要。将设备安全状态数据信息化表达有利于人们直接认识和理解仪器运行状态,并方便对其更好地进行监控,保证设备的正常运行。

仪器设备的检测数据和运行状态,特别是其安全状态的网络传输可以为远程处理和远程实验研究工作提供条件和可能。但网络的特性也为经由网络传递的信息安全提出了新的要求。如何保证科学家在远程设备控制和实验研究的同时,完全隔离可能的网络攻击和破坏也是基于网络或连接到网络的仪器设备设计过程中的重要课题,这就要求必须合理地运用网络安全措施到仪器设备的设计和管理中,以保证仪器的安全运行和科学研究的正常进行。

科研仪器设备的研制,特别是原创性仪器设备或装置的研制,不可避免需要投入大量人力、物力和财力资源,所获得的也不仅仅是设备本身及其科学用途,其中蕴含的科学和技术方面的知识产权也不可小觑,其可以为该领域科学发展和技术进步奠定基础。因此,设备研制过程中的专利权申请和知识产权保护,特别是对其中信息类知识产权的重视和保护,也是需要在设备研制过程中考虑的问题。

8. 科学研究合作中的信息优化

科学研究专用设备的研制不同于单纯的设备制造,科学研究工作需要广泛的合作和协作来更好地推动科学进步和提高在科学共同体的认识。只有进行有效的合作,才能让更多的科学家参与到基于该专用设备的合作研究工作中,提高该设备的科学研究成果的水平。因此在基于科学研究目标的仪器设备研制的设计阶段,也需要为将来的科学合作工作提供条件和平台。设备的功能信息及基于该设备获得的科学信息的共享,如研究成果的公开、交流或发表,是让更多的科学家利用该设备进行合作研究的基础,这不但可以提高该设备的价值,同时也有利于该设备的进一步完善。因此在设备设计阶段就需要考虑设备的信息共享和信息隔离范围,即需要了解在什么阶段公开哪些信息给哪些合作对象,哪些信息需要暂时保密。

总之,基于科学研究需求的仪器设备的研制,其目标只有一个,那就是解决科学问题,推动科学发展和进步,让更多人享受科学进步带来的成果。

三、小结

基于科学研究目标的仪器设备研制,就设计阶段而言涉及科学目标的确定、仪器设计等多个方面的问题。其信息化也就需要从科学目标的确定开始,符合科学研究本身的发展规律,在其前瞻性、扩展性、阶段性,以及标准化、数字化和自动化等方面体现和实施信息化过程,同时也要研究和关注从实体设备到数学模型的相互印证和修正。而仪器设备能否正常运行,其安全性包括物理安全、数据安全和网络安全等,都需要在设计过程中加以关注。为解决科学问题的专用科学仪器研制成功与否,最重要的是评价基于该设备的科学成果和对科学的推动,及科学家之间的合作和对科学共同体的影响。

科研仪器设备研制的信息化处理极为重要,它可以有效提高仪器设备的设计效率和质量,正如习近平总书记2013年8月29日在东软集团(大连)有限公司参观时指出的"用信息化系统提高医疗水平,叫如虎添翼",科研设备的信息化,也是现代科学研究不可或缺的重要手段和发展方向。

四、致谢

本项目得到国家自然科学基金委员会国家重大科研仪器设备研制专项"No.41227801,No.41273004,No.41003028"的资助。

参 考 文 献

[1] 冯勇,谢焕瑛,刘容光,等.国家重大科研仪器设备研制专项立项及管理工作的若干思考.中国科学基金,2012,6:334,369-371.

[2] 金玉玕,王向东,王玥 译.国际地层表(2004).地层学杂志,2005,29(2):98.

[3] Chen J Y, Bottjer D J, Davidson E H, et al. Phosphatized Polar Lobe-Forming Embryos from the Precambrian of Southwest China.Science,2006,312:1644-1646.

[4] 钱学森,于景元.一个科学的新领域——开放的复杂巨系统及其方法论.自然杂志,1990,(1):3-10.

[5] 秦长江.E-Science(科研信息化)对现代科学的影响.科技进步与对策,2008,25(8):143-145.

[6] 王伟,陈孝政.以受众为本,指导科学传播实践.数字博物馆研究与实践2009,北京:中国传媒大学出版社,2009.

[7] Wang W. Fossil Web//The World's Best E-contents 2009. Paris:UNESCO Publishing,2009.

作 者 简 介

王伟,1985年毕业于中国地质大学,在中国科学院南京地质古生物研究所工作并获博士学位,先后在芝加哥大学、麻省理工学院及东京大学等进行科研合作或博士后研究。长期从事地球科学研究工作,主要包括地球早期环境演变与生物大灭绝事件、地质时代框架等,近期较多涉及地球早期环境变化与响应的实验模拟和设备的研制,也曾实践过科学传播工作。发表SCI论文20余篇,其中在*Science*合作发表4篇。

第三篇

应用实践篇

云服务在高校科教信息化中的应用

宓 詠[1] 赵泽宇 刘百祥

（复旦大学校园信息化办公室）

摘 要

当今信息技术迅速发展，已成为支撑高等教育的一个重要力量。云服务扩展了云计算的内涵。本文提供了高校中应用云服务的案例，受限于服务目标和条件限制，多数高校把关注的焦点仅仅放在私有云方面。我们相信在终身教育、开放式教育和协作的理念指导下，公共云和私有云最终会实现无缝衔接，从而形成区域性混合云服务。

关键词

高等教育；信息化；云服务

Abstract

Information technology develops rapid in nowadays and becomes major force of supporting higher education. Cloud services is extending the concept of cloud computing. This article describes the cloud services cases in universities. However, most universities make their focus on private cloud since objectives and restrictions. We believe that public cloud and private cloud will connect seamlessly to form a regional hybrid cloud services under the guidance of lifelong education, open education and cooperations.

Keywords

Higher education；Informatization；Cloud services

一、高校信息化背景

1. 校园信息化的现状

当今社会正处在一个信息科技高速发展的时代，信息化成为各个行业发展的重要推手。对于国内高等教育而言，提升素质教育和教学科研改革是当前面临的最重要任务，校园信息化成为支持高校改革与发展的基础和技术保障。高校信息化的本质是建立快速、广泛的网络基础设施，整合教育和管理资源，完善和改良业务体系，向校园网用户提供全面的信息资源服务，推动高校科学研究和教育培养，深化高等教育的内涵，提升高校的综合实力[1]。

我国高校信息化、规模化建设大多从"十五"计划开始，至今已有十几年时间，根据工

---

1 宓詠，博士，教授，复旦大学校园信息化办公室主任。

作重点不同,基本可以归为基础设施建设阶段、应用和资源建设阶段,以及信息化服务深化阶段[2]。以复旦大学为例,自2001年在全国高校率先组建了实体化的信息化办公室以来,经过多年的建设,建成了连接四个校区的校园主干网,实现了核心-汇聚-接入层的稳健连接,无线网覆盖全校教学科研区域;建立覆盖全校师生、面向学校重要职能部门的人事、学工、教务、招生、资产、研究生、外事、校友、就业等管理系统,完成核心共享数据系统的建设与整合;目前,正以"一站式"服务为目标,完善校园信息门户和个人服务相对独立的业务实现模式,开展面向用户的综合服务体系初步探索。

2. 高校信息化发展与趋势

1) 从软硬件分离的建设思路向一体化战略转变

传统的信息化建设追求系统的独立性,孤立地以单个业务部门或服务对象为主体,以硬件基础设施、软件、数据库、信息系统等相分离的方式,独立支撑相应的业务系统。这种方式适应了校园信息化早期的环境,各业务部门独立完成适合自身业务的信息系统的建设和运维管理,推动了校园信息化的繁荣发展。然而,随着信息技术的发展和服务意识的提升,校园信息化的建设模式正朝着一体化战略模式转变,以信息化"一站式"服务为目标的建设以用户服务为核心,融合软件、硬件、服务为一体,面向用户提供简单易用、明确统一的服务入口和服务过程,这就要求业务部门之间的业务整合和数据贯通,学生的迎新和离校过程就是个很好的例子。虚拟化、云计算等技术的支撑极大地提升了硬件基础设施的利用率,通过集群承载虚拟机、多设施提供云化服务的方式,实现设备和应用的高度融合,以及信息化建设模式的整体战略转型。

2) 从业务和管理信息化向教学和科研信息化转变

业务和管理信息化之所以成为高校信息化优先发展的领域,一方面受企业管理信息化蓬勃发展的影响,另一方面也得益于高校的行政层级制度使其比较容易找到信息化变革的目标,从而自上而下地推行管理信息化,所涉及的使用人群较少,遭遇的阻力比在教学和科研领域相对较小。然而,随着信息技术的全面发展,高校师生的信息素养和服务意识越来越强,单纯通过业务和管理信息化提高行政效率已经不能满足终端用户的需求。以教学信息化为例,许多具备良好计算机应用技能的教师提出了使用信息化手段辅助教学过程的要求,以Moodle[3]和Sakai[4]为代表的第三方、开源在线教学平台涌现,这两年还出现了利用互联网实施跨区域教学合作的第三方大规模网络开放课程(Massive Open Online Courses,MOOC),体现了用户对教学信息化的旺盛需求。在科研信息化领域,云计算技术得到了高度重视,利用云计算和分布式技术开展科研信息化,强化协同工作和知识管理,统一资源,提升计算和存储效率,降低了科研工作的门槛。由此可见,高等教育信息化的未来发展焦点已经从信息技术自身的应用问题转向了如何利用信息技术促进大学教学方式及科研方式变革等深层次的、影响大学整体变革和发展的核心议题。

3) 从业务流程信息化向服务信息化转变

近几年,新媒体、社交网络、移动网络、智能终端的发展改变了信息传播方式、社会交往方式和协作方式,用户体验成为信息化成果的重要体现。与传统的信息化观念相比,业务流程的信息化形式固然重要,但与用户的使用需求存在巨大的鸿沟,许多高校通过信息化"一站式"服务模式整合业务过程,根据师生角色生命周期涉及的服务项目,建立公共服务平台,集聚服务资源,推广移动应用,完善服务体系,推动服务信息化建设。在智慧校园概念的指导下,物联网、无线定位等新型设施和服务被引进,进一步扩展了服务信息化的范畴,成为引领教育信息化发展的风向标。

3. 云计算的机遇与挑战

云计算无疑是近几年业界最为热门的话题,它最早由图灵奖得主John McCarthy于1961年提出,预言计算资源将可作一种公共服务设施,并对其实现方式做了预测。20世纪90年代,随着PC的普及和互联网时代的来临,网格计算被提出,但由于其计算模型面向松散的异构资源,标准化和技术难点在短期内难以良好解决,因此在商业上未能推广,但为后来云计算的提出奠定了设计思想和技术基础。此外,虚拟化技术的应用和推广也是云计算得以推行的基础。虚拟化被视为云计算的核心技术,而基础设施即服务(Infrastructure as a Service, IaaS)则被认为是最为基础的云计算服务,软件即服务(Software as a Service, SaaS)和平台即服务(Platform as a Service, PaaS)则描绘了云计算的高层服务机制,体现了云计算"无处不在"和"按需服务"的特征。

云服务是建立在云计算基础上的一个新型概念,它倡导通过创建丰富的个性化产品,满足用户的个性化需求,其服务理念借鉴了云计算的特性,将服务运营能力像水、电一样供外部随需使用。云服务的优势之一就是利用云计算的基础设施,服务者可以提供更好、更廉价和更可靠的服务条件,甚至可以利用云的全部资源而无需额外投入更多的硬件设施。云服务将资源的服务集中在少数专业人士手中,确保了服务的稳定性和可靠性。

云服务迎合了高校信息化的改革思路,即将传统上高校业务的管理对象——师生员工转变为服务的使用者,通过建立广泛存在、统一管理的基础设施,提供随时可用的服务[5]。这些服务包括[6]:①随时随地可访问的网络资源和知识化的信息,使得教师和学生可以更加灵活地开展教学、研究活动。学生有机会参加需要大量计算或涉及复杂资源利用的实践,教师则可使用更大规模的资源开展学术研究。②对全校IT资源进行整合,统一管理和调用,使得资源利用最大化,缩减经济、管理和运行维护成本,技术部门可为业务连续性提供可靠的技术支持保障。③利用校园无线网提供人性化的、丰富的教学、生活支持服务。④可实现校际之间的合作办学、科研协作等活动。⑤基于云端整合实现大规模的数据分析,协助各个层面的用户合理有效地使用数据,帮助学习者了解学习内容,帮助教学者了解学习者,提供个性化的指导,帮助学校管理者合理决策。

二、云服务的技术基础

1. 服务器虚拟化

服务器虚拟化又称平台虚拟化或计算虚拟化,其核心思想是在物理计算机上运行多个操作系统,使之统一管理但逻辑隔离,物理上共享资源但运行维护互不影响。虚拟机管理器(Virtual Machine Monitor，VMM)又称Hypervisior[7]，是负责创建和运行虚拟机的软件系统，为每个虚拟机的操作系统提供虚拟设备(BIOS、CPU、Memory、Chipset、PCI等)，并负责虚拟机操作系统的指令转换运行。运行于硬件上的Hypervisor是一个直接控制硬件的特殊操作系统，典型例子是VMware ESX；运行在通用操作系统中的Hypervisor是一个软件运行环境，VMware Workstation和Oracle VirtualBox是典型代表。服务器虚拟化中最重要的两项技术是处理器虚拟化和内存虚拟化。处理器虚拟化的核心是将X86指令集虚拟化[8]，使得物理主机可以安全、高效地运行多个虚拟机，内存虚拟化[9]则在虚拟机内存和物理内存间建立可靠的映射。对于早期PC架构的计算机来说，CPU指令集和内存软件映射机制的缺陷使得完全的硬件虚拟化是不可行的，直到具备虚拟化硬件辅助特性(VT-x/AMD-V) [10]的CPU、Intel扩展页表(Extended Page Table，EPT)和AMD快速虚拟化索引(Rapid Virtualization Index，RVI)的出现，才使得虚拟化将硬件基础的效能良好地发挥出来。

2. 桌面虚拟化

桌面虚拟化(Virtual Desktop Infrastructure，VDI)是对计算机的操作终端的界面进行虚拟化，使得用户可以通过任何设备、任何地点、任何时间访问远端的属于个人的桌面系统。桌面虚拟化是云计算的重要组成，通过与IaaS的结合，形成桌面云服务(Desktop as a Service，DaaS)。

早期的桌面虚拟化技术，主要是结合服务器虚拟化，提供对远端虚拟机操作系统的远程访问，主要使用的协议包括Microsoft的RDP[11]、Ctrix的HDX/ICA[12]等。这种虚拟化技术只是对服务器端的虚拟机进行一对一的远程桌面服务，将PC机转换成同等数量虚拟机的管理压力没有明显降低。新型的桌面虚拟化技术则将桌面系统的运行环境与安装环境拆分、应用与桌面拆分、配置文件拆分，使得管理重心集中到应用，减少操作系统镜像的数量，从而大大降低了管理复杂度与成本，提升了管理效率。同时在网络协议方面，以PCoIP[13]为首的新型显示协议通过服务器渲染，将显示运算放在服务器端，显示结果通过网络传输，不需任何运算就被直接传递到显示器，支持零客户端部署，实现真正意义上的桌面虚拟化。

3. 存储虚拟化

存储虚拟化要解决的问题是将资源的逻辑映像与物理存储分开，使得虚拟化的存储资源就像是一个巨大的"存储池"。用户不会看到具体的磁盘、磁带，也不必关心自己的数据经过哪一条路径通往哪一个具体的存储设备，只需通过固定的接口即可使用存储。

传统存储系统的基础架构包括DAS(Direct-Attached Storage)、NAS(Network-Attached Storage)和SAN (Storage Area Network) [14]。从虚拟化的角度来看，NAS和SAN无疑已经提供了部分虚拟化的特性。基于交换架构的虚拟化是基于SAN架构的一种实现，在网络设备之间实现存储虚拟化功能，将类似于卷管理的功能扩展到整个存储网络，负责管理Host视图、共享存储资源、数据复制、数据迁移及远程备份等，并对数据路径进行管理避免性能瓶颈；最常用的基于磁盘阵列的虚拟化是虚拟磁盘，把多个物理磁盘按照一定方式组织起来形成一个标准的虚拟逻辑设备；基于应用的虚拟化则完全依赖存储管理软件，在系统和应用级上，实现多机间的共享存储、存储资源管理、数据复制和数据迁移、远程备份、集群系统、灾难恢复等存储管理任务。

4. 网络虚拟化

网络虚拟化可以分为网卡虚拟化、虚拟交换机、接入层虚拟化和网络虚拟化覆盖（Network Virtualization Overlay）等。网卡虚拟化主要解决多虚拟机访问物理网络接口的问题，提供对虚拟机I/O的DMA支持，目前业界标准包括SR-IOV（Single-Root IO Virtualization）[15]和MR-IOV（Multi-Root IO Virtualization）；虚拟交换机通过软件模拟的方式实现外部网络交换功能，代表产品包括VMware vSwitch和Open vSwitch；接入层虚拟化把虚拟机的网络流量纳入传统物理网络交换设备的管理范畴，成熟的解决方案包括Cisco VN-Tag（802.1Qbh）[16]和HP VEPA（802.1Qbg）[17]；网络虚拟化覆盖是为了满足虚拟化方案对传统交换网络的特殊需求，如要解决虚拟机的网络隔离性、可迁移性、可动态迁移等。代表性的解决方案包括VMware和Cisco联合推出的VXLAN（Virtual eXtensible Local Area Network）[18]、Microsoft、Intel、HP和DELL联合提出的NVGRE（Network Virtualization via Generic Routing Encapsulation）[19]、Nicira主导推出的STT（Stateless Transport Tunneling）[20]。

此外，在数据中心跨站点二层网络建设中，往往通过三层网络承载二层网络虚拟化实现，主要技术包括MPLS核心网、VPLS和OTV等。近几年，OpenFlow和SDN的提出更是将网络设备的数据转发和路由控制分离，并提供了反馈机制，确保网络逻辑拓扑能够动态变化，更好地适应网络资源的应用和分配。

5. 大数据

大数据的特征包括数量庞大（Volume）、种类繁多（Variety）、高速产生（Velocity）和真实准确（Veracity）。大数据将目光集中在数据的完整性、整体性方面，相比关系数据库时代对数据的精确性的苛刻要求，大数据包容各种结构类型的数据，包括结构化数据、半结构化数据、准结构化数据和非结构化数据。

在管理技术方面，目前存在NoSQL[21]和NewSQL[22]等方案。NoSQL产品并没有一个明确的范围和定义，但具有如下一些共性：不需要预定义模式、数据分散部署无共享架构、可在线弹性扩展存储节点、数据分区保存和异步复制保障安全性、保证数据最终一致性和软事务等。常见的NoSQL数据库包括HBase、Redis、MongoDB和Cassandra等。在一些高容量、高吞吐量的数据处理场合，不能牺牲强事务一致性，NewSQL是一种优秀的解决方案。NewSQL将关系模型的一些优秀特点整合进了分布式架构，在保障关系数据库性能的同时，确保了良好的可扩展性。NewSQL的典型代表包括Google Spanner、Amazon RDS、SQL Azure等。在系统架构方面，采用并行架构或分布式架构来提高系统的扩展性已经成为必然。目前主要有两大流派：一个是大规模并行数据库，另一个是以MapReduce/Hadoop为首的NoSQL[23]。

三、云服务的信息化应用

1. 双（多）活数据中心

传统模式中业务保障与数据安全通常使用灾备的方案，需要较高的投入且实施难度高，切换困难，备份设备往往通过1：1配比或者弱化配比，但处于完全闲置状态。随着计算平台虚拟化逐渐普及和存储虚拟化逐渐完善，双活数据中心的模式已经取代了传统的主备模式，使资源得到更有效的利用。

伴随多年的网络基础设施建设，高校大多已经具备分散于多校区的数据中心机房，且拥有校区间的高速网络互通。相比大多数企业所使用的城域网络，其更加适合建设双活数据中心。

双活数据中心通常由两个校区的计算资源平台、配合存储虚拟化技术的存储设备，以及连接两个校区的高速链路所组成。其中，计算资源平台通过虚拟化技术封装CPU和内存的差异；存储设备通过高速链路互相连通，进行数据的同步和复制，保障两处数据的完整性和一致性，业务可以在两侧计算资源平台自由切换。配合第三方的仲裁主机，可以在任何一个节点的网络、存储、计算平台等任意元素出现整体故障时，完整切换至另一个中心运行。正常时期，计算资源平台可以在保持Active-Active的双活模式同时提供服务，提高了资源的利用率，避免浪费，双活数据中心所提供的接近于0的恢复目标时间（Recovery Time Objective, RTO）远远超过学校的日常业务需求，提供了足够的安全保障。

针对高等院校的业务特点，部署双活数据中心辅以本地存储群的模式，可以节约实施成本，更好地利用资源。数据集中的业务如共享数据库、一卡通财务系统等可以运行于双活架构之上，而对数据集中不敏感的业务可以进行分布式实施，分布于不同中心的计算资源层提供多点服务，使用各中心本地存储即可。双活数据中心示意图如图1所示。

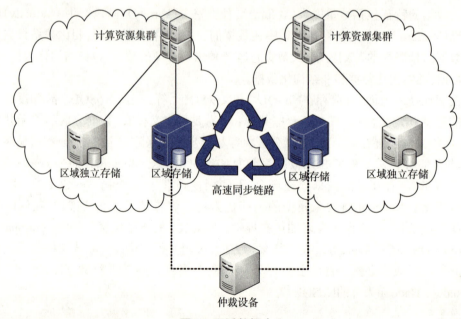

图1 双活数据中心

2. 一卡通虚拟化管理

作为校园信息化重要组成部分,校园一卡通系统承载了校园身份认证、金融消费等关键业务,相比常规数据中心,存在大量POS机具的接入、银行网络互联互通、脱机消费等独特需求;大量实时、非实时的消费流水数据的安全保障、数据分析都对基础设施提出了更高的安全性和稳定性需求。

一卡通数据中心的传统方案一般采用与校园常规网络隔离的专网接入,使用小型机主备方案保障业务稳定运行,同时配备多台业务终端完成设备管理、数据同步等多种任务。随着虚拟化逐渐完善,在虚拟化集群部署数据库业务也已经被证明可行,将一卡通主数据库迁移至使用简化的X86服务器所构建计算资源集群,在不影响性能的前提下提供了业务所需的高可用支持、资源伸缩支持,这样部署独立的一卡通计算资源集群给相关业务带来更高的灵活度。在数据层面,通过实时数据保护、SSD数据加速、跨区域镜像等保障数据安全,同时提供了数据归档分析所需的性能保障。

以复旦大学为例,一卡通虚拟化集群结构如图2所示。整个一卡通方案使用4台X86物理服务器,按照3︰1方式部署在2个校区(包括服务器和存储设备),主校区提供完整运行环境,分校区提供弱化的灾备环境,构建虚拟化集群封装计算资源差异并提供高可用模式;主校区部署CDP方式的存储设备,保证业务不间断;分校区部署异步复制存储设备,通过校园高速链路互通,可以达到10s以内的延时;通过以上的架构,做到了硬件故障不中断,灾难级故障仍可在最短时间恢复。

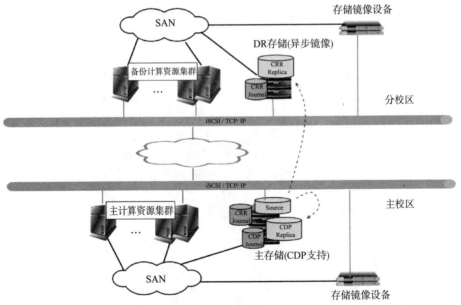

CRR Journal:持续远程复制日志;CRR Replica:持续远程复制备份:Source:源

图2 一卡通虚拟化集群

3. 平台化云存储

现阶段云存储主要以公有云产品为主,国外以Google云盘、Microsoft Office365、Dropbox、

iCloud为代表,国内也存在不同风格的产品,如金山快盘、新浪微盘、华为网盘、酷盘、115网盘等。在公有云厂商的推动下,用户开始熟悉并接受云存储的概念。国内的公有云现阶段主要面向个人用户服务,强调用户随时随地可以访问的特点,同时支持小范围共享功能,而面向团队协作、文档共享的Google在线文档、Office365等在国内正处于推广阶段。

在私有云方面,部分企业和院校已经开始建设私有云存储项目,并存在可行的案例。然而这些云存储案例由于缺乏经验和业务系统支持,大多停留于网盘层面,仅仅提供文件存储保管服务,尚未达到云存储平台化服务的效果。私有云存储架构如图3所示。

随着信息化的发展,校内的师生员工已经认识到信息化的重要性,开始在工作生活中大量使用各种业务系统与软硬件产品。但还存在以下问题:用户能力参差不齐,年龄跨度、学科区别、个人兴趣等决定了用户的技术水平有很大差异;用户乐于尝试新事物,业界中发布的新产品都可能尽快地在校园环境出现,智能手机和平板电脑已经逐步开始普及;用户自主意识强烈,会依照个人特点来选择不同的软硬件产品,校园特点也决定了不可能使用强制的行政命令来限制;安全意识薄弱,个人重要数据没有得到妥善的保护,经常出现因为硬盘、U盘等硬件故障或者遗失导致的数据损失;人员流动快,学生在校期间积累的有价值资料往往因为毕业离校而损失,不利于知识积累与传承;协同工作需求增加,用户需要将科研、教学中产生的数据和文档分发到特定的群体(班级、小组、实验室等),或者项目需要由多人在不同校区分别处理不同内容后再汇总完成,现阶段用户往往使用简单的FTP或者公共邮箱来完成协同工作,效率和安全都无法得到保障;在科研项目支持方面,较多用户需要平台提供批量文件上传下载管理、分级授权,外部用户访问等功能为各种科研项目服务,现阶段往往通过独立建设方式完成,缺乏合理规划,稳定性与安全性都有所欠缺。

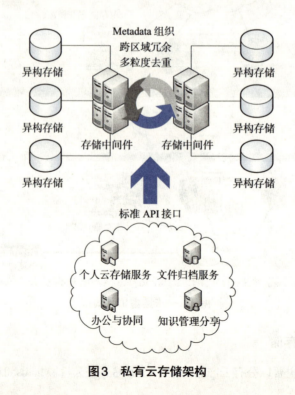

图3　私有云存储架构

　　校园存储设备是多种存储的混杂结构。目前有多种品牌、多种型号产品应用于不同的业务系统中,各款设备在接口、容量、处理能力上有一定差异,大多使用FC链路为虚拟化平台、数据库业务服务,使用iSCSI链路为虚拟化平台、独立应用服务,使用NAS平台为文件存档、备份服务,从基础平台角度而言,缺少面向最终用户服务的文件存储平台。

　　因此,高校内部开始建设统一的私有云存储平台,为校园内部数据、文档的保管、交换、利用服务等提供前段程序封装用户操作。通过客户端与Web平台服务,以数据中间件作为云存储系统基础,挂载云存储系统的硬件存储层,提供完整的私有云存储体系。

　　私有云存储平台体系主要搭建私有云存储结构,提供多业务接口、跨校区冗余和数据文件去重服务;提供前端程序和用户数据保障,解决普遍存在的文件丢失、权限管理等简单需求;融合校园业务系统,体现私有云特性,优先整合教学辅助系统、办公协同系统、Email系统、科研协作平台(文献、数据),配合无线网络、智能终端支持以满足随时随地的存储访问需求;通过平台对校园文档的积累,开展基于校园数据、文件的知识管理与利用,从简单的文档管理上升到知识管理,有效地利用群体智慧。

4. 虚拟桌面服务

　　在企业中,桌面虚拟化由于集中化部署、便于管控、数据安全等特性得到青睐,但在高校环境中,用户的自由性决定了科研、办公的个人电脑并不合适进行集中化管理。从全校级别的基础设施平台角度出发,如下的场景适合使用桌面虚拟化进行服务,并得到实际的应用。

　　正版软件管控:由于科研软件的授权费用高昂且数量有限,高校难以获得面向校园级别的软件授权,往往只能提供数量有限的授权。因此,如何有效分配授权和避免授权长期占用成为管理的主要问题,采用桌面虚拟化配合虚拟化生命周期管理软件可以有效地解决用户申请、开通、使用以及使用完成后的回收工作。例如,SPSS、SAS科研计算和统计分析工具,全校教师、学生均有使用的需求,而从可承担的成本角度出发,全校级别只需部署数百个并发授权,针对师生不同的使用特点,分配部署好软件的桌面资源即可,用户凭借校园身份认证申请或排队等待资源。使用完成后系统将自动释放授权,避免了资源的长期占用,提高了使用效率。另外,从采购成本角度出发,校级整体采购能获取更佳折扣,节省支出。此类场景适合各种受并发总数限制的软件产品。

　　计算资源托管:由于教师、实验室、科研组等均有软件计算的需求,传统分散采购主机并托管至信息化部门的模式给管理带来了非常大的难度。桌面虚拟化模式通过整体建设计算资源集群,配合正版软件授权管理和全生命周期管理等,可以有效地将计算资源转化为服务提供给最终用户使用,整体规划和部署进一步降低了成本和管理难度。

　　历史软件兼容:使用桌面虚拟化部署不同版本的操作系统,提供历史软件兼容性,最常见的例子就是浏览器。校园信息化系统由于建设周期长,更新缓慢等原因,往往对浏览器的兼容性支持较差,而用户计算机往往处于较新的版本,这样带来了访问的难度。通过桌面虚拟化即可为同一用户提供IE6、IE7、IE8等多个版本,降低了服务难度。

5. 信息化数据服务

随着信息化的进展,业务系统建设已经逐渐完善,用户对信息化服务也提出了更高的要求。业务系统中堆积的历史数据、实时产生的业务数据和科研项目所产生的大量数据,都存在决策分析、可视化展示等需求。高校中常见的数据服务主要包括下几个方面。

1) 整合业务数据,支持"一站式"服务

高校信息化数据中心将运行过程中逐步积累的业务数据合并、抽取和同步,通过数据筛选,面向跨部门业务和个人综合业务形成完整、独立的主题数据库,提供数据封装和应用接口。基于高度集中的业务数据交换,支撑包括迎新、离校等跨部门业务的"一站式"服务,以及依据师生角色生命周期,形成教务、科研、认识、IT和其他业务服务的门户,如图4所示。

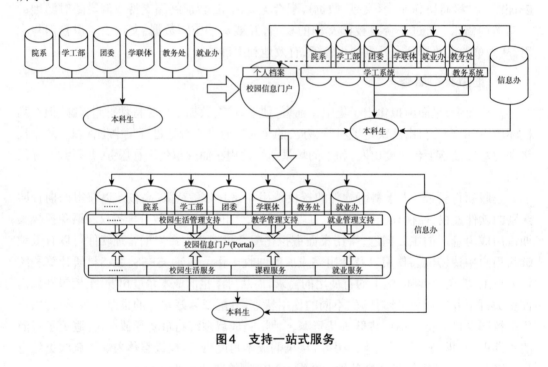

图4 支持一站式服务

2) 综合数据集中展示,服务业务部门

依托第三方数据展示工具,向职能部门提供自定义或预设主题的查询和展示服务。以复旦大学为例,目前建成有涵盖教职工与本专科生、研究生的6大类17小类的综合(主题)数据展示系统。数据展示服务紧密结合用户需求,往往需要在业务合作过程中由业务部门主导数据设计,并由信息化部门来筹备数据和交换。复旦大学综合(主题)数据展示系统如图5所示。

3) 数据统计和分析,辅助校务改革

根据业务部门的要求,通过纵向对比(与历史数据)和横向对比(与其他院校),辅助学校的管理决策,提升学校管理水平。以招生管理为例,复旦大学以数据研究支持招生就业对比分析、指导招生改革的工作。分析过程主要关注国内不同生源地入学后的绩点、不同类型生源入学成绩和毕业成绩对比、毕业去向对比等,对学生的入学、学习和毕业过程的跟踪分析反馈,为招生改革提供数据支持。数据统计分析功能如图6所示。

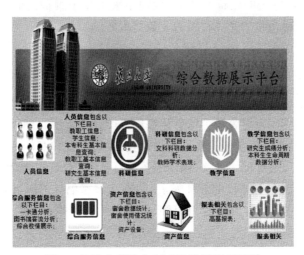

图5 复旦大学综合(主题)数据展示系统

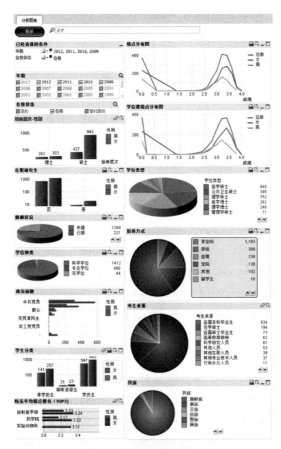

图6 数据统计分析

对于非业务数据以外的非结构化数据,很多高校在探索专用的大数据计算集群进行针对性服务,例如建设统一的数据分析展现服务平台,通过对多种形式的数据的整合,整体提供信息化服务。在一般的高等院校,由于信息化投入人力和资源等原因,信息化部门较难对Hadoop等进行持久的跟踪和研究,倾向于采用易于维护的商业化大数据平台、计算服务软件,提供普遍能够接受并利用的大数据服务。

四、总结展望

本文从虚拟化、云计算、大数据等方面探讨了云服务在高等教育信息化中的建设成果。云服务概念的提出,为高等教育信息化提出了美好的憧憬。然而我们也应当意识到,技术并不总是能将想法付诸实施。在高校信息化领域,重视自身的特点,恰当地使用和应用技术,才能有效地实现目标。目前,由于服务目标、区域的限制,高校大多还将建设重点放在私有云方面,而伴随着高校的业务发展,特别在国家倡导的区域合作办学、开放式教育、终身教育的理念指引下,公有云、私有云将实现无缝连接,形成区域化混合云服务网络,推动协作与共享。

参 考 文 献

[1] 赵泽宇,张凯,宓詠. 高校一站式信息化服务. 科研信息化技术与应用,2012,3(3):52-59.

[2] 宓詠,张凯,陈翼. 复旦大学:"十二五"服务优先. 中国教育网络,2010:19-21.

[3] Moodle. http://www.moodle.org/.

[4] Sakai复旦共享版. http://sakai.fudan.edu.cn/projects/fudan-sakai.

[5] 宓詠. 智慧校园离不开资源与应用. 中国教育网络,2011:29.

[6] 耿学华,梁林梅,王进. 云计算在高等教育信息化中的应用与展望. 现代教育技术,2012,3(22):5-9.

[7] Hypervisor. http://en.wikipedia.org/wiki/Hypervisor.

[8] VMware. Understanding Full Virtualization,Paravirtualization,and Hardware Assist. White Paper,2007. http://www.vmware.com/files/pdf/VMware_paravirtualization.pdf.

[9] VMware. Performance Evaluation of Intel EPT Hardware Assist. 2009. http://www.vmware.com/pdf/Perf_ESX_Intel-EPT-eval.pdf.

[10] X86 Virtualization. http://en.wikipedia.org/wiki/X86_virtualization.

[11] Microsoft. Remote Desktop Protocol. 2009.http://msdn.microsoft.com/en-us/library/aa383015(VS.85).aspx.

[12] Slashdot. http://slashdot.org/story/06/04/16/001224/alternatives-to-citrix-remote-computing.

[13] Harding C. Teradici Announces Next-Generation Tera2 PCoIP® Zero Clients. 2013. http://www.thatsmyview.net/tag/tera1/.

[14] 周宝曜,刘伟,范承工. 大数据战略·技术·实践. 北京:电子工业出版社,2013.

[15] Intel. PCI-SIG SR-IOV Primer:An Introduction to SR-IOV Technology. 2011.

[16] IEEE 802.1. 802.1Qbh - Bridge Port Extension. http://www.ieee802.org/1/pages/802.1bh.html.

[17] IEEE 802.1. 802.1Qbg - Edge Virtual Bridging. http://www.ieee802.org/1/pages/802.1bg.html.

[18] The Care and Feeling of VXLAN. Coding Relic.2011. http://codingrelic.geekhold.com/2011/09/care-and-

feeling-of-vxlan.html.

[19] Microsoft. Network Virtualization technical details. 2012. http：//technet.microsoft.com/en-us/library/jj134174. aspx.

[20] Ivan P. Do We Really Need Stateless Transport Tunneling（STT）. 2012. http：//blog.ioshints.info/2012/03/do-we-really-need-stateless-transport.html.

[21] NoSQL. http：//en.wikipedia.org/wiki/NoSQL.

[22] NewSQL. http：//en.wikipedia.org/wiki/NewSQL.

[23] Microsoft. Big Data，Hadoop and streamInsight. 2012. http：//blogs.msdn.com/b/microsoft_business_intelligence1/archive/2012/02/22/big-data-hadoop-and-streaminsight.aspx.

作 者 简 介

宓詠，博士，教授，复旦大学校园信息化办公室主任、中国高等教育学会教育信息化分会副理事长、上海市高等教育学会信息管理专业委员会理事长、教育部"小金教工程"顶层设计组专家、教育部《教育信息化十年发展规划》和《教育信息管理标准》编制组专家、上海市杨浦区政协委员。近年来多次参与了教育部的教育信息化方面重大研究课题工作。

云计算环境下的教育解决方案

袁天然[1]　王丽兵

（华为技术有限公司）

摘　要

教育信息化的发展和信息技术的发展密切相关,信息技术给教育带来的直接效应是促使知识更新周期加快,同时经济的全球化使得人才的竞争和知识结构也具有了国际化的特征。云计算、互联网、智能终端技术(云ICT环境)的成熟,让教育资源在虚拟性、全球性、交互性和开放性方面加速转变:移动互联的课堂、泛在的学习资源和社区、以学生为中心的个性化教学正在颠覆传统的以固定的课堂、老师、课程为主的教育;这些都使得教育从校园之内走向校园之外,教育的对象也不再仅仅局限于学生。华为基于"云计算、宽带互联网、智能终端"理念构建的智慧教育解决方案,融合了家庭、学校、社会综合性教育的特性,促进教育逐渐从校园内延伸到社会的每一个角落,使得学习不再被动、课堂不再固定,让随时随地随需的"教与学"成为可能,最终实现"以学生为中心,终身学习"的教育之路。

关键词

智慧教育;智慧校园;云计算;宽带网络;智能终端

Abstract

The education information level is closely related to the development of information technology（IT）. IT has brought direct effect in the education field，which promote the update cycle of knowledge structure system being shortened sharply. Meanwhile，the economy globalization makes the knowledge structure and competition among talented workers being provided with international characteristics. The maturation of cloud computing，Internet，smart terminal technology（cloud-based ICT environment），accelerates the educational resources change towards virtualization，globalization，intercommunication and interaction rapidly. Connected class，the ubiquitous learning resources and the communities，student centered & individualized teaching，are overthrowing the traditional education mode violently，which has the fixed classroom，the fixed teacher，and the fixed curriculum. The Education confined only inner the campus in the past are now pervasive toward outside，the educated group is opening to social people. The smart education solution based on "cloud computing，the broadband Internet，the smart terminal"，integrates the good education characteristic of the family，school and social education，and promote the education extend toward to every corner of the society，from the limited range of the campus in the past. So that the learning is no longer passive，the classroom is no longer fixed；the "teaching and learning" on-demand everywhere anytime becomes possible in the future. Ultimately，we will achieve the goal of the "student-centered，lifelong learning".

1　袁天然，华为教育行业解决方案系统架构师。

Keywords

smart education；smart school；cloud computing；Broadband Network；smart terminal

一、概述

新技术革命(20世纪中叶开始的第三次科技革命)的兴起,促使以工业经济为主的时代转化为一个全新的以知识经济为主的新时代,知识的生产成为主要的生产形式。知识、智慧作为新时代的生产要素和战略性资源,其重要性相当于货币资本之于工业经济时代,土地之于农业经济时代,并且正在超越以往的货币资本、土地,以更快的速度推动社会财富的快速增长,促使国家与国家、城市与城市之间的经济、文化差距进一步加剧。教育作为传承知识、培养人才的智慧资本的载体,在21世纪引起世界各国的高度重视。

科技的发展和生产力的变革在促使经济形态经历了农业、工业、知识经济转变的同时,也给教育模式和教育技术带来了极大的变革,农业经济时代教育主要以小规模、分散、面对面的贵族式教育为主。工业经济时代,学校开始大量兴起,对学科、老师、课程进行了细化的分类,人才培养和知识的传递逐渐专业化、社会化,传授方式以学校为主体的集中式教育为主。

在知识经济时代,信息技术的飞速发展促进了世界各国"信息高速公路"(互联网)的建设,计算机的广泛普及、云计算技术的日趋成熟,为全球性的知识流通和共享奠定了技术基础。云计算自由、互联、移动、分享的精神,使得教育不再受资源、时间、地点、空间的限制,随时随地随需的学习成为可能,拉近了人与知识之间的距离,为缩小国家之间、区域之间、校际之间的差距,实现公平教育,并更好地服务于经济的发展提供了切实的根基,在教育行业逐步显示出其强大的生命力。

二、教育信息化发展历程趋势

教育信息化的发展与信息科技的发展密切相关,二者相辅相成。信息技术的发展经历了20世纪60—70年代的大型机、70—80年代的PC、90年代的互联网,以及目前正在兴起的移动宽带、云计算时代,教育信息化在信息科技的不同时代有着各自显著的特征,大致按照实验室信息化、计算机房信息化、学校教育信息化、社会教育信息化的趋势发展。

1) 大型机使用（实验室信息化）阶段

20世纪60—70年代,信息科技的主要代表就是大型机,昂贵的价格使得其难以进行大规模的普及,主要安装在欧美发达国家的科研机构、大学的实验室中,扮演着重要的科学计算、仿真的辅助科研角色,由专业的技术人员管理使用。其在促进高等教育科技的发展及对未来信息科技人才的培养起了至关重要的作用,为互联网的诞生奠定了基础。该时期教学方式仍沿袭着传统的模式,一个老师、一张讲桌、一块黑板、一群学生。

2) 计算机推广应用（计算机房信息化）阶段

20世纪70—80年代,随着IBM、苹果、微软等企业在信息科技行业不懈的努力,计算机变得灵巧,拥有了可视化交互的视窗,使用范围不再局限于实验室内。个人电脑的出现,为信息技术在教育行业的应用、研究、发展起到了催化剂的作用,在学校得以规模化推广应用,计算机房在学校开始流行起来。此时期信息技术虽然在教学、科研、行政管理上得到了一定应用,但仍是作为教学的辅助工具出现,并未对传统的教学和教育管理造成较大冲击,"老师+黑板+学生"的模式仍起着主导的作用。

3) 信息技术推广应用(学校信息化)阶段

20世纪90年代初,WWW的诞生为Internet 实现广域超媒体信息截取/检索奠定了基础,为促进信息的快速传播和分布的信息资源共享提供了基础,信息技术在教育行业了真正的广泛应用。以计算机+网络互连为主的信息化技术给教育在技术上带来了数字化、网络化、多媒化、智能化的变革,并给传统封闭的教育赋予了开放性、共享性、交互性与协作性的活力。

20世纪90年代中后期,教育信息化主要以实现校园互联网络接入和学生用计算机普及为主要目标,以硬件建设为主;21世纪初起,随着教育电子政务和教育资源管理软件平台的成熟,教育信息化的发展开始具体到数字校园、区域信息化的建设上。随着教育网、校园网、计算机、教育软件系统的应用,在教学方式、方法上给教育带来了极大的变革,但教育仍是以学校为主体,学生作为参与者的形式呈现,教育信息内容的共享平台仍局限在校园之内。

4) 信息技术融合创新(社会教育信息化)时代的到来

21世纪信息技术的发展更为迅速,给教育带来的直接效应是促使知识更新周期由18世纪的90年、19—20世纪初的30年,缩短为21世纪初的不到5年。同时经济的全球化使得人才的竞争和知识结构也具有了国际化的特征,为适应未来经济的发展,需要在教育中融入更多的社会和企业元素,使得教育从校园之内走向校园之外,教育的对象也不再仅仅局限于学生。云计算、互联网、智能终端技术(云ICT环境)的成熟,使得面向全球性的教育资源共享平台和信息交换中心的建设逐渐成为现实,加速教育向虚拟性、全球性、交互性与开放性转变:移动互联的课堂、泛在的学习资源和社区、以学生为中心的个性化教学正在颠覆传统的以固定的课堂、老师、课程为主的教育。融合了家庭、学校、社会综合教育特性的社会教育信息化将逐渐登上舞台[1]。

三、教育信息化现阶段面临的挑战

1) 经济差异导致的"数字鸿沟"

20世纪末以来,工业、经济的全球化促使各种资源向城市快速集中,城市化给教育带来了难得的发展机遇,城市正成为知识流通和文化创新的所在,促使教育由精英向大众化的快速转变。但由于城市人口的大幅扩容带来了大量的"教育移民",使得教育面临前所未有的困难,加之政府财政教育投资不足、城乡经济差距扩大,造成了教育区域之间、校际之间的发展极不均衡。大多数学校由于资金来源有限,处于资金资源不足、信息化基础设施较差的境况。优秀的教育资源(师资、硬件、软件资源)主要集中在少数学校,无法快速扩散到经济能力有限的学校和学生用户。同时教育逐渐具有产业和消费化的属性,家庭受教育程度与收入成正相关,给教育带来极大的不公平性[2]。过去的一个世纪,教育的差距使得区域之间的科技差距远大于经济之间的差距,在有限的教育投资下,如何遏制"知识鸿沟",促进公平教育,使得人才培养与社会需求挂钩、教育更好地服务于社会经济的发展,是目前世界各国所共同关注的问题。

2) 技术差异导致的"信息孤岛"

现阶段,科技更新的周期通常为3~5年,而很多国家对教育的信息规划通常为10年左右,新出现的信息化技术变革并未融合到教育信息发展规划中,面临着建设完成即落后的局面。虽然现在各教育机构的信息化水平日益提高,但是由于受早期技术、理念等的限制,缺乏统一的规划,导致目前的教育信息化系统架构存在诸多问题。各学校的教育信息系统越来越复杂,烟囱式的系统建设方式导致资源难以共享、信息系统重复建设、标准程度差、无统一的数据接口,各应用系统之间难以连通,很大程度上造成了信息孤岛的形成,使得数据挖掘、信息整合、决策支持等比较困难[3]。

3) 信息科技变革加速知识结构更替

过去10年里,信息科技的变革对人才的知识结构提出了更大的挑战,知识结构和技能的更新变为5年或更短的周期。新技术的发展,工作竞争的全球化,人口、政治、经济的非常规性波动均给工作岗位增加了更多的不稳定性和不可预测性,使得新时代的学生承担着比以往更大的压力。为适应新的挑战,满足岗位不断变化的需求,人们必须从其他渠道获取更多的知识,以学校为主体的教育已经不能满足人才培养的需求,逐渐显现出疲态[4]。

四、云计算环境给教育行业带来的创新与变革

1. 教育信息化模式的变革

近年来,IBM、Microsoft、Amazon、Google、Cisco、Apple等公司在云数据中心、网络、智能终端的创新、融合使得基于云计算提供的服务逐渐走到大众面前,并在教育行业得以推广应用。云计算融合虚拟化、网络的宽带化、终端的智能化特点,具有统一资源、弹性扩展、按需分配、智能管理、移动互联、泛在接入的特性,将软件资源、硬件资源统一起来,采用虚拟化的方式通过网络为师生提供高价值、低成本的泛终端(PC、平板、手机、瘦终端等)接入服务,使得学校能融合实体和虚拟校园的优势,汇聚教育资源信息,为师生提供泛在的学习、社交、协作、共享平台,突破了传统的信息化边界,如图1所示。

图1　云计算环境下的泛在教育架构示意图

云计算为教育机构提供了"一站式"的教育信息化平台,集管理、教学、娱乐、交流于一体,管理者、师生、家长等人员可以在同一个平台上进行工作,避免了以往教育信息化建设中各机构之间、学校内部各部门之间独立发展、自成一体,不能互连互通("信息孤岛"),以及基础设施重复购置的问题;同时,云服务的获取独立于云端资源的实际物理位置,使得网络能覆盖到的地方即能获得信息服务,教育信息化建设开始呈现教育机构为主、企业共建或从企业租赁服务三种模式共存的局面,企业的参与有效弥合了教育信息化建设中资金短缺("数字鸿沟")的问题,把高性能计算环境和技术资源提供给那些存在资金困难的人们,加速教育信息化的普及和提升公平性,如IBM与大学共建公益云计算平台,西蒙教育春雷项目(SIMtone Education Thunder Program),为格雷汉姆小学600名师生带来虚拟电脑桌,Google APPs平台为新加坡350所学校的3万名师生提供基于云的协作平台。

2. 学习模式的变革

信息科技的发展使得终端计算设备具有移动、互联、智能化的特点,同时也更加经济化,上网设备已不再局限于个人电脑,平板电脑、智能手机等在具有个人电脑计算能力的同时,也具有了丰富的智能感知、虚拟现实交互、自然语言的处理能力,通过智能终端设备,人与人之间可以进行远程的Face-to-Face的体验和协助互动[5]。智能终端及宽带网络的使用正逐渐融入到学生的日常生活中,通过智能终端可以在学校、家里、工作的地方获取大量的数据资源,进行学习、社交、娱乐等活动。同时,经过过去几十年的积累,目前已有的文献资料已经基本实现数字化,每天还在产生大量新的音频、视频、文本资料,云计算通过互联网把分散在世界每一个角落的数字资料统一起来,给终端用户提供了一个共享的分发平台,如Google数字图书馆、网络百科全书Wiki、视频资源YouTube、开放网络大学iTunes U、Coursera等。

云计算环境下资源的共享、社交、协作的国际化,使得学生能有机会了解人类几千年来累计下来的各个民族的文明、科技知识。学生能接触大量的优秀机构、老师、课程资源和信息,可通过远程的视频协作进行在线的互动学习。这给学生提供了海量的知识和国际化的社交舞台,其获取知识的渠道已不再局限于固定的老师、课堂、图书馆,学习不再受物理地点的约束。学生能够根据自己的节奏、喜好去制订自己的学习计划,通过丰富的网络资源和协作及时解决学习中所遇到的问题,提升对知识的掌握、驾驭以及文化感知能力。

3. 教学模式的变革

云计算环境下学校随着互联网的触角延伸校园的围墙之外,学校的教学模式、教学科研成果以更加清晰、透明的方式呈现给学生、家长以及社会机构。学校的透明化将提高人们对学校培养人才能力的期望,迫使学校以更快的速度改革传统的教育模式,引进新的教育模式。

信息技术的发展使得学生能自由地访问更多优秀教育机构的资源、服务,这些资源、服务远超单个老师所拥有的知识量,学校的老师必须拥有驾驭这些信息服务的能力,并在此基础上进行创新。只有将实时反馈、多媒体、虚拟现实、协作交互、真实感官学习等融入到教学中,才能在课堂上吸引学生。传统的"一本书"教学模式已不再适应,只有那些能够提供持续性创新、生动有趣的教学资源的学校才能从教育中创造价值,具有更强的生命力。云计算使得Coursera、Udacity和Edx等开放教育平台走入现实,让更多的渴求知识的人通过网络得到高等学府的教育机会,不必去上名牌大学即可学到从基础的统计学知识到自然语言处理和机器学习种类繁多的课程。老师正逐步从知识的传授者变成引导学生获取知识的协助者,"开放、融合、共享"正成为新时代教育的主要特征[6]。

五、华为云计算环境下的智慧教育

华为针对教育信息化中出现的"数字鸿沟"、"信息孤岛","知识更替加速",提出了基于云计算环境的"教育云平台+智慧校园"的融合智慧教育解决方案。采用如图2所示的国家教育云平台、区域教育云平台和智慧校园三级架构的模式进行部署,自上而下构建统一的社会教育信息化平台,从而实现国家范围内的资源共享和教育信息的统一化,缩小区域间的信息化水平差异,对师生、教育资源的全生命周期进行高效的管理。

1) 区域教育云平台

区域教育云平台以区域(市/县)教育主管单位为建设中心构建云计算虚拟资源池,整合教育资源、数据和信息、业务流程,建立统一的教育公共服务平台和教育服务体系,动态管理监控下属学校IT资源分配、使用、回收,实现学校、教育主管部门、社会机构的互联互通,为教师、学生、家长、管理者等提供统一的协作和沟通平台。图3为单级部署的区域教育云架构,主要由区域教育云平台、智能管道(教育城域网和运营商网络)、泛在接入三层次构成。教育云平台统一集成了区域内公共的教育资源、教育管理和协作沟通中心，并提供多种网络统一的接入区域教育云，从而为师生提供云端授课、移动教学、成长档案袋等终身学习、沟通、协作的服务。区域教育云集中建设、统一管理、按需分、共享资源的特点，能有效弥合区域间的数字鸿沟。开放的区域教育云平台在共享教育资源、教育市场、人才资源和文化资源的同时，避免教育资源的垄断和不公平竞争。

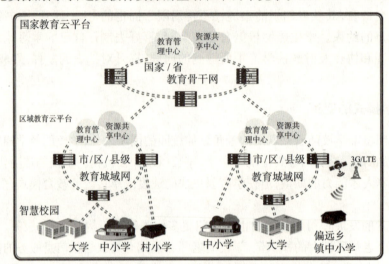

图2 "国家–区域–学校"三级部署的智慧教育信息化平台

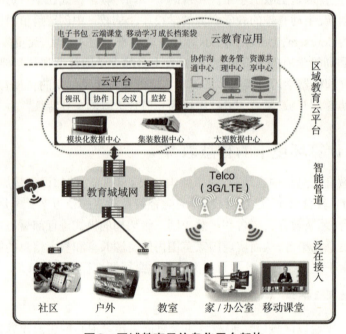

图3 区域教育云信息化平台架构

2）智慧校园

智慧校园将云计算、网络、泛终端融入到校园的各个应用服务领域，如图4所示，主要由教育应用、校园云数据中心、校园网络、终端设备及接入四部分组成,在此基础上构建全面的智能感知环境和综合信息服务平台,实现校园中的智慧管理、领先教研、平安校园、绿色节能、便捷生活五大业务系统,提供面向教学、科研、管理、生活的个性化、互联、协作服务。

校园云平台实现了对校园软硬件信息化资源的统一管理和分配,可以根据现状进行弹性的扩展和升级,能有效避免传统校园建设烟囱式架构带来的信息孤岛、系统弹性差、资源平均利用率低、建设周期长、IT成本高等缺点。一体化校园网络实现了对有线、无线以及运营商网络的统一融合,大大提升师生接入的便捷性和安全性,实现师生在校园内外使用多种类终端设备接入校内教育资源,以及实时的优质视讯课堂资源共享。

智慧校园为学校与外部世界提供一个相互交流和相互感知的接口,实现了泛在的网络学习、透明高效的校务管理、开放的校园文化三者相互促进与提升。

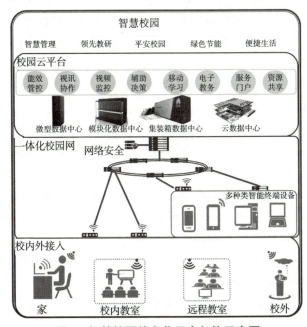

图4 智慧校园信息化平台架构示意图

华为智慧教育的主要思想是以学校为知识产生、分享的主要分支节点(智慧校园)、市县教育机构为汇聚节点(区域教育云平台)、国家教育机构为核心节点(国家教育云)构建网状社会教育信息化平台。把以碎片化形态分布在老师、学校、科研机构等的数字资源采用自下而上的方式聚集上一级的平台节点,最终在国家云平台上形成庞大的资源、服务库,使得资源、服务覆盖到校园之外网络能够延伸到的地方,为师生提供便利的学习资源、社交、管理平台,为决策者提供辅助分析、决策的数据,实现“开放、融合、共享”的社会化教育。华为智慧教育采用基于“云、管、端”的战略,为教育行业提供E2E的解决方案,在物理上的具体呈现形式为云数据中心、宽带网络和智能终端。

(1)云数据中心是智慧教育解决方案的核心,华为通过虚拟云平台把网络资源、计算资源、存储资源、软件资源进行了统一和融合,以虚拟化资源池的方式呈现,利用智能管理平台进行动态监控、调度和弹性部署其中的各种资源,按需为用户提供资源、软件和信息共享服务。

(2)宽带网络是云计算的管道,华为融合自身在固定网络和移动网络的领先技术,实现移动网络宽带化、宽带网络移动化,提供融合承载云、多媒体、移动性应用的有线无线一体化的泛在接入网络。

(3)智能终端是云计算呈现的载体,以华为云数据中心和宽带网络构成的基础信息化架构,支持多种类智能终端设备的泛终端接入,从而获得获取存储、共享、音频、视频、协作等服务。

华为基于"云、管、端"理念构建的智慧教育解决方案,继承了云平台弹性扩展、按需分配、资源服务独立硬件物理位置、网络自由开放、移动互联的特点,使得教育已逐渐从校园的围墙之内融入到社会的每一个角落。更多的学生有机会翻阅"大英百科全书",学习不再被动,课堂不再固定,让随时随地随需的教育与学习成为可能,为个性化人才的培养提供了良好的土壤,有效培养创新和独立自主的学习能力,实现"以学生为中心,终身学习"的教育之路。

参 考 文 献

[1] Jerald C D. Defining a 21st century education . http://www.cfsd16.org/public/_century/pdf/Defininga21stCenturyEducation_Jerald_2009.pdf.

[2] Cohen E. Challenges of Information Technology Education in the 21st Century. Hershey:Idea Group Publishing,2002.

[3] Carnoy M. ICT in education:possibilities and challenges . http://www.uoc.edu/inaugual/dt/eng/camoy1004pdf.

[4] Madan D,Pant A,Kumar S,et al. E-learning based on cloud computing. International Journal of Advanced Research in Computer Science and Software Engineering,2012,2(2):1-6.

[5] Singh N A,Hemalatha M. Cloud computing for academic environment .International Journal of Information and Communication Technology Research,2012,2(2):97.

[6] 黄荣怀.教育信息化助力当前教育变革机遇与挑战.中国电化教育,2011,1:36-40.

作 者 简 介

袁天然,华为教育行业解决方案系统架构师,对面向云计算的教育行业解决方案有较深入理解,负责华为在基础教育、职业教育、高等教育等市场的综合解决方案咨询规划、设计及合作工作。

国家人口健康科学数据共享平台

刘德培[1,2] **尹 岭**[1,3] **杭兴宜**[1,3]

（1. 国家人口健康科学数据共享平台管理中心；

2. 中国医学科学院；3. 中国人民解放军总医院）

摘 要

国家人口健康科学数据共享平台承担着我国人口健康领域科技资源汇交、数据存储、数据加工和数据服务等职能。目前，数据资源总量超过 12.7TB，包括 423 个共享数据集，涵盖基础医学、临床医学、公共卫生、中医药、药学、人口与生殖健康和地方医学七大类数据。同时还建立了传染病防治、脑卒中筛查与防治、肿瘤转化医学、气象环境医学和农村三级医疗卫生等十四个专题服务。该平台已经成为中国人口健康领域科学数据汇交、存储、交换和服务的中心。

关键词

人口健康；医学；数据库；数据服务

Abstract

National Scientific Data Sharing Platform for Population and Health（NSDSP）is responsible for data collection，storage，processing and analysis services in population and health field of China. The total data size reaches 12.7TB including 423 shared datasets，which cover basic medicine，clinical medicine，public health，Chinese medicine，pharmacy，population and reproductive health and local medicine. There are 14 special subjects built for data sharing and service for national level important and specific demands. For example infectious-disease control，screening and prevention for stroke，cancer translational medicine，meteorological and environmental medicine，3 levels of medical services in rural area etc. At present，NSDSP has become a data collection，storage，exchange and service center in population and health field of China.

Keywords

population health；medicine；database；data service

一、背 景

国家人口健康平台建设起自 2002 年，通过对医学领域科学数据共享的调研，起草了《医药卫生科学数据共享可行性报告》；2003 年，"医药卫生科学数据共享系统"在科学技术部立项，由中国医学科学院和解放军总医院联合承担，包括基础医学和临床医学两个数

---

1 刘德培，中国工程院院士，曾任中国医学科学院院长、北京协和医学院（原中国协和医科大学）校长、中国工程院副院长。

据库；2004年扩大为基础医学、临床医学、中医药学和公共卫生四个数据库；2005年纳入科学技术部科技基础条件平台建设内容，更名为"医药卫生科学数据共享网"，包括基础医学、临床医学、公共卫生、中医药学和药学五个数据中心和一个地方服务中心；2009年通过科学技术部和财政部认定转为长期运行服务，再次更名为"国家人口健康科学数据共享平台"，增加了一个人口与生殖健康数据中心，强调为社会开放地提供数据共享服务。

二、目标和任务

建立一个"物理上合理分布、层次分明，逻辑上高度统一、充分共享"的国家级人口健康领域的科学数据共享服务平台；具有完善的组织保障、标准规范、资源规划和技术平台支撑体系；承担国家科计划课题中的科技资源汇交、存储、数据加工和数据挖掘的任务；为政府卫生决策、医疗、保健、科研教学、健康产业和百姓健康提供权威、实时、便捷的数据共享和信息服务。

三、组织保障体系建设

国家人口健康平台由国家卫生与计划生育委员会、中国人民解放军总后勤部卫生部、国家中医药管理局、国家食品药品监督管理总局联合共建。该平台实行理事会领导下的平台中心主任负责制。理事会设在国家卫生与计划生育委员会，刘谦副主任为首任理事长，秘书处设在国家科技司，刘德培院士为首任平台管理中心主任。

人口健康平台包括基础医学、临床医学、公共卫生、中医药学、药学和人口与生殖健康六个科学数据中心和地方服务中心。分别依托中国医学院基础医学研究所、北京协和医院/解放军总医院、中国疾病预防控制中心、中国中医科学院、国家食品药品监督管理总局信息中心和国家人口与发展研究中心。参建人员达到1100多人，目前从事平台运行服务人员共563人。人口健康平台组织保障体系架构如图1所示。

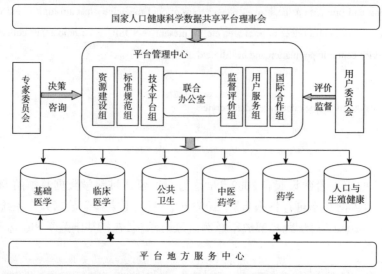

图1 人口健康平台组织保障体系架构

四、数据资源建设

该平台包括基础医学、临床医学、公共卫生、中医、药学、人口与生殖健康和地方医学七大类数据资源。目前已整合数据资源总量超过12.7TB,包括423个共享数据集(库)。数据内容分别来自人口出生登记、生理参数调查、死因监测、传染病上报、医院诊疗、社区健康档案、慢性病控制、妇幼保健、精神病管理和老年保健等业务数据。上述数据通过数据清洗、数据加工制作成共享数据集。科技计划课题分布如图2所示。

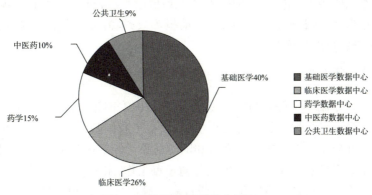

图2 科技计划课题分布情况

2012年科学技术部出台了科技资源汇交管理办法,要求国家科技计划课题在结题前将科研课题产生的科技资源汇交到指定的科学数据中心。"十一五"期间人口健康领域支持科技计划课题共2269项,包括基础医学、临床医学、药学、中医、公共卫生五大类科技资源,如图2所示。科技计划课题分布和临床医学科研课题如图3所示。

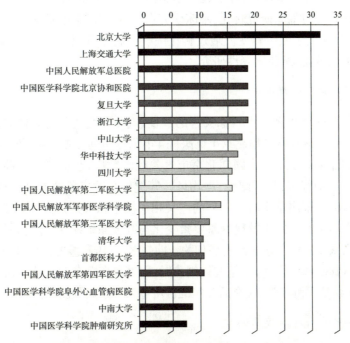

图3 十一五科技计划临床医学项目分布情况

五、数据共享专题服务

根据国家社会发展和"新医改"重大需求和重点服务人群的特殊需求,整合人口健康领域基础医学、临床医学、公共卫生、中医、药学及其他领域的数据资源,通过数据加工和数据产品制作,建立了14个数据专题服务。目前已经上线的专题服务如下。

1）传染病防治专题服务

根据国家预防传染病的重大需求,利用人口健康平台公共卫生数据资源,提供热点传染病防治专题服务,包括同比、环比、日报、简报等数据,为用户提供全国热点传染病流行趋势,进行传染病跟踪和预警研究。

2）脑卒中筛查与防治专题服务

2011年创建了脑卒中筛查与防治专题服务。2012年完成了六省市40岁以上86万人的筛查数据汇交、存储、加工和统计分析任务,获得了我国脑卒中、TIA患病率和8个主要危险因素的人群分布结果。2013年筛查和随访对象已经超过250万人。心脑血管病防治已经被列入国家慢性病控制公共卫生服务的重点工作,未来几年全国将产生数亿人的慢性病筛查和防治海量数据。如何利用好慢性病海量数据,为政府决策管理、科学研究和疾病控制提供数据共享服务,是人口健康平台的工作重点。

3）肿瘤转化医学专题服务

在已有肿瘤基因组学和蛋白组学、肿瘤临床、肿瘤病理、肿瘤流行病学调查、中医肿瘤和肿瘤药物数据资源建设基础上,针对肿瘤转化医学研究的需求,提供肿瘤转化医学数据共享专题服务。目前已经编译整合了近十年国内外公开发布的85个肿瘤数据库。目的是促进肿瘤基础研究向临床研究转化、临床研究向临床应用转化、临床应用向临床指南转化、临床指南向公共卫生服务转变。通过转化医学专题服务,加快医学成果转化,提高肿瘤早期诊断和防治效果,避免重复性研究。

4）气象环境医学专题服务

随着全球气候变化以及重大气象灾害的频发,气象环境变化对人体健康的影响越来越受到人们的重视。该专题采集北京4家医院4年急诊系列数据158万例,通过数据清洗和加工成急诊科学数据集;收集同期北京市气象观测数据,包括平均气温、最高气温、最低气温、日温差、平均气压、相对湿度、平均风速等健康相关气象要素,以及相关环境数据(SO_2, NO_2, $PM10$)。采用基于时间序列的广义相加模型和聚类分析等方法研究气象环境变化与人体健康的影响。结果发现气象要素变化与呼吸系统疾病、循环系统疾病、消化系统疾病以及泌尿系统疾病急诊人次密切相关。即气温、气压和湿度三种气象要素对每类疾病存在一个最适宜的阈值区间,当超过该阈值时,因某种疾病急诊人次呈现上升趋势。开始建立气象变化疾病预测模型,在今后几年准备用于人群疾病预测和预防。

5）农村三级医疗卫生专题服务

针对农村医疗卫生事业发展的特殊需求,整合农村"新农合"、农民健康档案、农村基本医疗和公共卫生服务业务数据。通过数据清洗、数据加工和数据挖掘获得农村农民疾病谱、疾病负担、医疗卫生资源配置、医疗机构发展、专业技术人员培训等相关数据和信息。为国家制定农村医疗卫生政策、加大农村医疗卫生投入和专业人员培养提供依据。本专题服务为农村三级医疗卫生服务机构提供数据共享、远程培训、远程会诊和远程咨询等服务。目的是提升县医院专科能力、乡镇卫生院全科能力以及村卫生室基本医疗服务能力,使广大农民能够享受到高水平的健康指导和医疗卫生服务。

六、展望

2009年中共中央和国务院发布的《关于深化医药卫生体制改革的意见》中要求建立实用共享的医药卫生信息系统,大力推进医药卫生信息化建设。全民电子健康档案、电子病历、基层医疗卫生信息化系统已经在全国范围内推进。展望未来,国家人口健康平台将在国家医药卫生信息化建设中发挥如下的更大作用。

承担起国家人口健康领域海量科学数据的汇交和存储任务。包括来自全国人口普查、正常人生理参数调查、营养健康状况调查、死因监测等全国性大型调查和监测科学数据。从健康档案、传染病直报、妇幼保健、慢性病管理、残疾人和精神病人管理业务数据中抽取科学数据。预计在未来五年,人口健康平台的数据总量将增加十倍以上。

为人口健康领域提供大数据研究技术支撑,适应大数据时代科学研究的需求。人口健康平台在脑卒中筛查与防治协同工作平台基础上,开始筹建国家慢性病防治和肿瘤转化医学协同研究技术平台,提供面向转化医学和个体化医疗的大数据分析和挖掘服务。培养一批基于大数据研究的专业人才队伍,为人口健康大数据研究提供技术支撑。

面向全国提供人口健康科学数据共享服务。为政府卫生决策、重大医疗卫生工程、重大科研项目提供数据共享服务;为各级医疗卫生机构提供基本医疗、公共卫生和应对突发公共卫生事件技术支持和人才培养;为百姓健康提供健康教育和咨询服务;为企业创新和健康产业提供数据共享和信息服务。

作者简介

刘德培,中国工程院院士,曾任中国医学科学院院长、北京协和医学院(原中国协和医科大学)校长、中国工程院副院长。2008年当选为美国医学科学院与第三世界科学院院士。任第十一届、第十二届全国人大常务委员会委员,国务院学位委员会委员,中国残联第六届主席团副主席。

牵头组织了"国家中长期科技发展规划中的专题8——《人口与健康科技问题》、《我国重大传染病预防与控制战略研究》、《新时期我国生物安全战略与法律法规研究》、《2010—2020医药卫生人才发展战略研究》"等咨询项目。作为我国人口健康领域科学数据共享的发起人,建立了"国家人口与健康科学数据共享服务平台",该平台2011年通过了国家科学技术部和财政部的认定,面向社会开放。

中医药科研信息化的应用

崔 蒙[1] 李海燕 李园白 于 彤

（中国中医科学院中医药信息研究所）

摘 要

中医药科研信息化促进了中医药各个领域的发展：大量中医药数据库的构建，转变了传统的数据存储、获取和利用方式；数据挖掘技术促使海量的中医药临床和科研数据产生新的价值；中医临床专病数据库的定制化服务，推动中医药数据资源的深度开发；中医医院信息化建设，提高了医疗管理服务水平；中医药术语信息系统促使数据的有效传播和深度共享；中医药信息国际标准的研制，开辟了中医药学在全球范围内推广和整合的有效途径。

但中医药信息标准化工作相对滞后，资源利用尚难充分，中医药知识发现手段亦缺乏。中医药科研信息化亟待在理论体系完善、技术方法构建、相关标准研制等方面有所突破，在支持临床决策及中药新药开发中发挥更加巨大的作用。

关键词

中医药；科研信息化；问题及解决对策

Abstract

The new methods of e-Science have been used in many research of Traditional Chinese Medicine（TCM）. With a large number of TCM database construction，the methods of storing，accessing and using TCM data have been changed；With the application of data mining in TCM，the new valuation has been gained from the massive clinical data and research data；The special databases for TCM clinical disease have been build to promote the resources utilization；Hospital Information System has been used in TCM hospitals to improve management and service quality. With the study of TCM terminological information system，the communication and sharing of TCM information have been promoted；The international information standards of TCM have been made to promoting international dissemination of TCM.

But the work in standards of TCM information is still lag behind. The use of TCM data resource is difficult with the phenomenon of "data island". TCM knowledge discovery method is still lacking. In aspect of theory，technology and standards e-Science of TCM requires to be promoted. e-Science of TCM can make advantages in clinical decision support and Chinese traditional medicine development.

Keywords

traditional Chinese medicine；e-Science；question and countermeasure

---

1 崔蒙，研究员，博士生导师，享受国务院特殊津贴，曾任中国中医科学院中医药信息研究所所长。

近年来,中医药科研信息化事业取得了长足发展,成为继承和发扬中医药这一传统国粹的重要手段。在中医药领域,信息与通信技术已被广泛用于知识管理、知识发现、决策支持和数据分析等方面,对知识遗产保存、科学研究、临床实践和学术交流提供了有力的支持。

一、当前科研信息化在中医药领域的应用

1. 完成了多领域的中医药数据积累

我国中医药数据库建设起步于20世纪80年代,经过30多年的发展,已经具备了一定的规模。我国中医药院校和研究院所建设了各种不同规模的近百个中医药科学数据库,主要有中国中医药期刊文献数据库、中国方剂数据库、中国中药数据库、中国医药产品数据库、方剂现代应用数据库、中药药性/药效/药理成方数据库等文献型或事实型数据库。古籍数据库方面,主要集中在中医高校、科研院所专业图书馆,用以揭示馆藏、服务教学、科研。其中,以上海中医药大学图书馆"中医古籍善本书目提要"和中国中医科学院中医药信息研究所的"馆藏中医古籍目录数据库"、"海外中医古籍联合目录数据库"最具特色。

此外,各地区的中医药信息单位利用本单位的特色文献资源,也开发了一大批颇具特色的中医药科学数据库,满足了某些中医药学科或特定地域的专业用户的需求。例如上海市中医药科研成果数据库,河南中医研究院检索分中心研发的高血压病专题文献数据库等。

在现有的中医药信息数据库中,以论文文献数据库所占的比例最大,而在论文文献数据库中,又以现代文献数据库居多。目前的多数中医药数据库是书目式或文摘式数据库。经过30年的发展,中医药科学数据库形式从单表型向关联型方向发展,多库融合共享平台、数据库关联检索、数据挖掘等技术已开始逐步应用。

目前国内外中医药与传统医学领域中最大规模的中医药科技数据库群是中国中医科学院中医药信息研究所研制的共建共享平台,该平台数据库主要为结构型中医药文献数据库,涉及期刊文献、中药类、方剂类、药品类、不良反应类、疾病类、机构类、标准类等共40余个数据库,数据量超过100万条数据,总数据量达到230GB。该平台为政府卫生决策、医疗、保健科学研究提供数据共享服务,为用户提供可靠的中医学信息检索服务。

自2005年以来,中医药科研信息化取得了一系列获奖成果:中医药科学数据的共建与共享获得中华中医药学会科技进步奖二等奖;中医药文献资源评价方法研究获得中国中医科学院科技进步奖三等奖;辅助中药新药研发的文献分析系统的建立与应用获得中华中医药学会科技进步奖二等奖;基于本体论体系的中医药一体化语言系统获得中华医学会科技进步奖三等奖;基于信息网格技术的中医药异质、异构、分布式、联邦型多库融合共享平台获得中国中医研究院科技进步奖二等奖;面向Internet的中医药异地、远程、同步数据库共建平台获得中国中医研究院科技进步奖二等奖;面向Internet的中医药异地、远程、同步数据库共建平台获得北京市科学技术进步奖三等奖;基于网格技术的中医药信息数字化虚拟研究院示范研究获得中国中医科学院科技进步奖三等奖;中医药一体化语言系统的研究获得中国中医研究院科技进步奖二等奖;中医古籍抢救、发掘与利用获

得中华中医药学会科技进步奖一等奖。

2. 开展了大量数据利用研究

中医学理论体系复杂,具有系统性、整体性、复杂性、不确定性等特点,适宜与数据挖掘类似的从整体观上入手的研究方法。目前已经开展大量中医药数据的数据挖掘,对中医药海量数据的知识发现和继承发展具有现实意义。

数据挖掘技术(如描述性分析、聚类分析、关联分析等)可应用于大量医案中蕴涵的辨证论治规律及医家特色、用药经验等的整理,帮助我们更好地进行临床诊断。山东中医药大学张启明等采用《中医药学名词》对中医名词术语进行规范,形成"数据库结构密钥",借助自制医案录入程序进行医案数据录入,建立了中医历代医案数据库,并对332个常见临床症状及110个常见临床证型的有关内容进行了统计,著成《中医统计诊断》,开辟了中医诊断的一种新途径。

数据挖掘亦适用于方剂配伍规律研究,一方面,方剂是集中医之理、法、方、药为一体的数据集合,具有以"方-药-证"为核心的多维结构,数据之间环环相扣,交相关联,知识集约程度高,信息量巨大,这在技术上只有数据挖掘才能应付和处理;另一方面,方剂配伍本质上表现为方与方、方与药、药与药、药与剂量,以及方药与证、病、症交叉错综的关联与对应。数据挖掘正是通过对数据特征、关系、聚类、趋向、偏差和特例现象的深层多维分析,来揭示数据间复杂和特殊的关系,发现其隐含的规则模式和规律。张叶辉等利用频数分析、频繁集、关联规则等方法,对宋康教授治疗咳嗽的523首方剂进行分析,发现核心药物25种,以及常用4味药组、3味药组和药对;蒋永光等从7500首方剂中筛选出119首包含有十八反药物配伍的方剂,在对相关数据进行整理和规范的基础上进行分析,较深入地揭示了反药方的组方配伍规律及临床应用特点。

另外,在新药研究开发过程中,需要应用数据挖掘及知识发现去寻找先导化合物,指导中药的研究和开发,缩短中药研究开发的周期。目前,数据挖掘在中药治疗流感验方研究、治疗病毒性心肌炎、糖尿病、冠心病、心律失常、肾病、老年痴呆等疾病的遣药组方规律研究方面都有进展,发现了某些药对、药组是过去医学专著未曾收集的,通过药理和药性分析,可以作为新药研制或新处方开发的依据。

数据挖掘在中药安全性研究领域的应用也已经开始,用于建立完善的基于中药不良反应数据库的不良反应信号自动检测及预警系统。利用数据挖掘技术中的关联规则、聚类分析、决策树等方法,对中药毒副作用、临床不良反应相关信息进行系统整合与深入挖掘,以发现中药不良反应的潜在诱因及其之间存在的联系,以扩大探索领域,深化中药不良反应因果关系研究,探索中药不良反应的规律和机制。数据挖掘技术在中药研究的许多方面均得到一定运用,并初步显示出其优越性。但是仍处于起步、探索阶段。这还需要多领域、多学科专家的协调与合作,以解决研究中存在的问题,更好地促进数据挖掘技术在中药研究中的应用。

3. 推进了国家中医药临床研究基地的数据应用研究

近年来,中医药领域在国家中医药管理局的部署下,在全国各地以中医药三级甲等医院为依托建立了中医药研究临床基地。同时在中医药临床研究基地的临床研究过程中产生了大量的临床数据,如何充分利用这些数据,为中医临床和科研服务是中医药信息化进程中需要解决的主要问题。

目前,以中国中医科学院牵头开展的中医临床科研信息一体化平台,是以信息技术为核心,借助计算机、数据库、数据统计挖掘等方法和技术,满足中医临床与科研需求的医疗业务平台、数据管理平台与临床研究平台。该平台的建设搭建了科研与临床的桥梁,充分利用临床和科研产生的数据,进行深入的挖掘,应用到临床实践中。临床科研一体化平台是中医药数字化过程的产品,根据中医药的学科特点,利用数字信息技术,形成符合中医药理论体系的技术体系的与数字信息资源相关的标准、规范、应用程序软件、数据库资源、数据仓库资源、模型、算法、数据统计分析、数据挖掘、人工智能等软件平台,充分利用各中医药临床研究基地所产生的大量的临床数据,进行合理的应用和挖掘,产生更多的正面临床效应。

目前,由于国家中医临床研究基地的基地建设需要,各临床基地围绕国家确定的重点病种,进行专题文献数据库建设。该类数据库能够较好地满足重点病种临床科研文献数据导入、全文检索、权限管理等基本功能需求以及动静态数值和信息查询的需求。该类数据库可以整体提高基地重点病种文献研究水平和效率,及时评估分析国内外相关领域研究进展和状况,明确临床需求和问题,为基地重点病种研究提供服务和支撑。

4. 三级甲等中医医院已经初步完成了医院信息化建设

信息技术的迅速发展和广泛应用极大地推动了医疗服务水平的提高,医疗行业信息化建设、医院信息化建设水平成为衡量现代化医院综合管理的重要指标之一。医院信息化是指利用网络及数字技术有机整合医院业务信息和管理信息,实现医院所有信息最大限度的采集、传输、存储、利用、共享,并且实现医院内部资源最有效的利用和业务流程最大限度的优化,高度完善的医院信息体系。

我国医院信息化建设始于20世纪70年代末,主要经历了四个阶段,即单机应用、部门级局域网、完整的医院信息系统、远程医疗。卫生部信息化办公室在"非典"后提到"新的管理模式正在挑战传统管理模式,非典让我们看到了信息化的必要性和迫切性",我国医院信息化建设加速发展。2009年的"新医改"中明确提出,要大力推进医药卫生信息化建设,以医院管理和电子病历为重点,推进医院信息化建设。"新医改"中的五项重点实施方案,每一项都需要信息技术的支持。

医院信息化建设主要是通过建立信息化平台、优化医院资源配置以方便患者就诊,减轻医务人员工作量,提升医院服务能力,带动医院管理的现代化,提升医院的对外形象和实力。目前,医院信息化建设的进程在各大三级甲等医院率先实施,三级甲等中医医院也在临床研究基地建设的推动下,逐步建立起以电子病历为中心的医院信息化体系。

5. 推进了中医药术语信息系统研究与开发

中医药信息标准在中医药标准体系中处于基础性地位,在中医信息化中发挥着关键性的作用。中医药信息标准规定了信息采集、传输、交换和利用时所采用的统一的规则、概念、名词、术语、代码和技术。中医药信息领域的标准化,以中医医疗领域信息标准及其与西医信息标准的关系为研究重点,同时对中医药管理信息、中药信息、中医文献信息以及中医科学研究有关的信息系统可采用标准进行研究。目的是使中医药信息和数据达到兼容和一致,减少信息和数据的重复和冗余,促进各个独立信息系统间的"互操作"。目前,中医药信息标准化工作的重点是术语标准和数据资源标准的研制,在中医药学主题词表、中医临床标准术语集、中医药学语言系统等领域取得了一系列突破性成果。

目前,中医药信息标准化工作的重点之一是术语标准的研制。中医药术语标准是中医药信息化建设的基础,只有在统一概念和术语的基础上,才能实现信息的规范化表达和有效传播,进而实现信息的深度共享和综合利用。

受控词表(controlled vocabulary)是一种对知识进行有效组织,以便快速检索的技术手段,被广泛用于主题索引方案(subject indexing scheme)、主题词表(subject headings)、叙词表(thesauri)、分类法(taxonomies)以及其他知识组织系统之中。受控词表的设计人员会根据领域现实和需求选择一组术语,并给出术语的明确定义;受控词表的使用者要使用词表内的权威术语进行表达,而非像在日常交流中那样毫无限制的随意表达。我国通用的受控词表包括《汉语主题词表》和《中国分类主题词表》等。《中国中医药学主题词表》是国内外首部被医学界广泛采用的中医药学专业主题词表。中国中医科学院中医药信息研究所从20世纪70年代开始研制《中国中医药学主题词表》,该词表于1987年正式出版,1996年出第二版,2008年出第三版,目前正在进行第四版(网络版)的修订,将最终形成中医药学主题词表的网络版发布系统。目前,《中国中医药学主题词表》共收录主题词13905条,其中正式主题词8307条,入口词5598条。该词表具有编制技术先进、词表体系结构科学、词语标准规范、收词完备、一表多用、实用性强、与国际权威医学词表Mesh兼容等特点。

中医临床标准术语系统由中国中医科学院中医药信息研究所研制开发,是中医医院信息化建设的基础,可以促进中医临床电子病历系统的共享和数据应用。该系统收录11万多条概念词,27万多个术语,内容覆盖中医物质、临床所见、病证、操作、治则治法和中药等方面,在规模和覆盖范围上都处于行业领先地位。

中医药学语言系统,亦称中医药一体化语言系统(Unified Traditional Chinese Medicine Language System,UTCMLS)由中国中医科学院中医药信息研究所研制开发,是我国首个以中医药学科体系为核心的大型计算机化语言系统,共收录约10万条概念词、30万个术语和130万条语义关系。UTCMLS是我国政府资助的,由全国十余家单位共同研制开发的术语系统,也是中医药学及与其学科相关的中国医药学检索语言集成与机读信息资源标准,主要处理术语集成、语言翻译、自然语言处理以及语言规范化,是实现跨数据库检索词汇转换的标准。UTCMLS含有丰富的中医药知识资源,在规模和覆盖范围上都处于行业领先地位,在国际上尚未出现内容和功能相当的产品,因此具有广阔的国际推广前景,有望成为中医药知识产品和服务走向世界的一张名片。

为了提升中医药在国际市场上的竞争力,促进中医药知识资源在国际间的传播和共享,需要进一步加强中医药国际标准的研制工作。鉴于此,《中医药创新发展规划纲要(2006—2020)》中强调:"建立符合中医药特点的标准规范并争取成为传统医药的国际标准"。近年来,我国中医界积极参与国际标准化组织(International Organization for Standardization, ISO)和世界卫生组织(World Health Organization, WHO)的工作,并取得了一系列突破性成果[1]。

6. 在中医药信息国际标准研制方面取得重要突破

国际标准化组织(ISO)是世界上最大的国际标准研制机构,现有164个成员国和3335个技术机构。ISO中央秘书处设在瑞士日内瓦,有150多位全职员工。ISO已发布19000多部国际标准,覆盖各个技术和制造领域,大大促进了经济和技术的发展。

ISO/TC 249是ISO面向中医药领域的技术委员会。2009年3月,中国向ISO提交了建立中医药技术委员会(Technical Committee, TC)的提案并获批准。中医药技术委员会正式成立,暂定名为Traditional Chinese Medicine,缩写为ISO/TC 249 TCM,秘书处设在中国。ISO/TC 249的工作范围是研究制定与贸易相关的中医药技术、信息、术语、服务、专用产品设备等相关标准。在ISO/TC 249的平台上,我国2个中医药国际标准项目通过了国际立项,并获得了3个国际工作组召集人席位,这是具有划时代意义的重大成就。ISO/TC 249还成立了工作组WG5,开展中医药信息学(Informatics of TCM)领域的标准研发工作。

ISO/TC 215是ISO在1998年设立的健康信息学技术委员会,以实现健康信息领域以及健康信息与通信技术领域的标准。我国于2008年成为ISO/TC 215的正式成员,并向其提交了一系列标准项目提案。ISO/TC 215于2009年4月正式设立了传统医学任务组(Traditional Medicine Task Force, TMTF),其主要工作任务是:①确定TM的标准需求;②提出新的TM工作提案;③审阅新的工作提案以判断哪部分内容可以融入TM的需求[2]。ISO/TC 215和ISO/TC 249于2012年建立了中医药信息联合工作组,在中医药信息标准研究方面开展合作。我国在ISO/TC 215已完成了两项信息标准草案,均已通过委员会投票并将由ISO出版,分别为"中医药语言系统的语义网络框架"、"中医文献元数据标准"。为了进一步发挥中医药信息的国际影响力,中国中医科学院信息所李海燕等提出了中医药信息学标准开发的描述框架和分类方法[3],旨在提出一套中医药信息标准体系的描述框架,以协调标准化组织间的工作,推动中医药信息标准化,并将实现:①将复杂的中医药信息学领域分解为可以理解的组成部分,从而简化中医药信息标准化问题;②提供统一的中医药信息学标准文件的描述方式,对其类别、特征和属性进行规范描述;③在ISO/TC 215、ISO/TC 249、WHO等标准化组织之间协调中医药信息学领域的标准化工作;④有助于中医药信息标准的计划、开发和推广工作,优化中医药信息标准研制过程。该标准并不对信息标准及其开发工作提出任何限制或强求一致,只是为中医药信息学标准以及相关的健康信息标准的规范性描述提供一种有用的工具;它将能够满足中医药信息学领域的各项需求,并提供相关的健康信息标准作为参考[4]。

近年来,世界卫生组织(WHO)对世界各地的传统医学非常重视,并通过一系列决议,以促进传统医学的发展。在WHO发展传统医药决议的引导下,中国、韩国、日本及欧美各国和地区纷纷开展包括中医药在内的传统医药标准的研制工作。WHO于2010年宣布启动"传统医学国际分类(International Classification of Traditional Medicine, ICTM)"这一项目,旨在实现传统医学术语和分类体系的规范化,为诊断和治疗等活动提供一个用语规范的传统医学知识库。中、日、韩等国专家参与了ICTM项目。ICTM将首先考虑中医药领域的标准化问题,这有利于中医药学在全球范围内的推广和整合。

当前,中医药领域尚未形成科学、完整的信息标准体系,信息标准化工作还有很长的路要走。这就要求我们加强中医药信息标准化领域的理论研究,逐步解决中医药信息标准建设中面临的问题;加强中医药术语、数据和信息系统等方面的标准研制工作,逐步完善中医药信息标准体系;提高我国在国际标准制定中的竞争力,逐步实现中医药信息标准的国际化。

二、中医药科研信息化依然存在许多问题

近年来,人们见证了"信息化"带给医学领域的巨大影响。在现代医学领域,已建立了一批全面、准确的数据库,这些数据资源以Web等方式在全球共享,直接支持循证医学的发展。中医团体也将数据库和网络等信息技术引入中医药领域,积极开展中医药科研领域的信息化建设。近三十年来,国家对中医药信息化建设高度重视、持续投入,建立了为数众多、内容丰富、规模巨大的中医药科学数据库群,为中医药知识遗产整理与传承提供有力支持。然而这些宝贵的知识资源普遍存在独立封闭、分布零散、重复建设等问题,尤其缺乏统一的知识交换标准、一体化的知识共享机制以及有效的知识利用手段,严重阻碍了中医药知识的共享、传播和应用。下面对中医药科研信息化中面临的关键问题进行具体阐述。

1. 中医药信息标准化工作相对滞后

中医药信息标准化工作仍滞后于中医药信息化建设的步伐。中医药行业尚缺乏统一的术语系统、标准化的信息模型以及公认的信息交换标准,这严重阻碍了中医药信息和知识的共享和传播。中医药名词术语尚不够规范,一词多义,一义多词,近义概念边界不清的现象十分普遍。现有的中医药术语标准尚不能完全处理中医药领域的复杂性,难以满足中医药信息化的实际需求。现存中医药数据库很少是按照术语标准和信息模型标准来编制的,造成数据表达不够规范,增加了数据集成和数据清洗的难度,限制了数据挖掘和知识发现等各种应用的发展。因此,推进中医药信息标准的编制与实施已经刻不容缓。

2. 中医药"数据孤岛"现象严重

目前,中医团体主要采用基于Web的数据加工平台来搜集数据,所获取的数据一般存储于关系型数据库中。这套技术相对成熟,能有效支持中医药数据积累,但不利于数据资源的有效整合与共享。关系型数据库技术在数据整合方面存在着根本性的弱点,异质、异构数据库集成仍是一个公认的技术难题。异质、异构数据库集成需要标准化的全局模式(global schema)、规范化的领域术语以及一致的数据质量评估标准和维护策略。在中医药领域,这些前提都不具备,导致数据集成无法达到预期效果。在数据集成中仍存在着语义丢失、语义失配以及脏数据等问题。中医药领域的数据整合工作长期停滞不前,形成了所谓的"数据孤岛"现象,使得中医药数据库资源无法在组织和实践者之间充分共享。

3. 中医药数据资源尚未得到充分利用

目前,中医药领域的数据资源仍不能完全满足中医药科研信息化的实际需要。该领域已建成了相对完整的数据库体系,但大多数数据库彼此孤立,只有少数通过网络实现了数据互联与共享,资源利用率很低。一个孤立的数据库只能围绕某一特定主题提供简单的信息检索服务。高度集成的数据库群则能够支持高层次的知识发现服务,因此是中医药科研信息化所需的核心资源。"数据孤岛"现象导致许多最新的数据处理技术无法应用于中医药领域,许多高层次应用也无法开展,这是中医药数据资源闲置的主因。中医药数据资源建设的成果与中医临床和科研需求仍有较大差距[5]。

4. 缺乏有效的中医药知识发现手段

中医药行业还缺乏一系列高效的知识发现手段,从日益增长的海量中医药数据中寻找、抽取、分析与挖掘出关联模式与知识,以指导新药发现与临床辅助决策。中医药数据多为定性表达,缺少量化表达,中医药数据内容体现人文科学与自然科学的结合,不利于逻辑推理与一般数据分析工具的应用,这直接导致了中医药信息具有更大的模糊性、复杂性和多样性,从而增加了数据挖掘与分析的难度[6]。

综上所述,中医药领域信息标准的缺位造成数据孤岛现象,并最终导致中医药领域知识资源的过分闲置。整合现有数据库资源并提高资源利用率是提高中医药领域信息化水平的必要措施。中医药知识体系具有模糊性、复杂性和多样性等特点,这增加了该领域信息化建设的难度。鉴于此,有必要建立中医药信息学这样一门独立学科,来专门研究中医药的领域特征和信息化方法,解决中医药信息化建设中面临的问题。

三、中医药科研信息化亟需取得突破的领域

近年来,在信息技术革命的驱动下,现代医学领域的信息化建设得到了迅猛发展,取得了许多激动人心的技术创新和成功案例,并已建立了"医学信息学"这一独立的新兴学科。相比之下,中医药科研信息化工作则起步较晚,且进展缓慢。

1. 探索虚拟数据世界对真实世界的影响,以促进中医学科发展

由电信网、广播电视网、互联网三网融合构成的虚拟数字世界对中医学科发展产生了巨大的影响,对中医药文化传承与发展具有促进作用。在中医药领域,已经积累了文字、语音和图像等多形式的数据,这些数据增进了人们对中医药的理解,扩大了中医药的社会影响力,并使中医药三维虚拟社区的构建成为可能[7]。三维虚拟世界是一种在线社区,它通过计算机模拟的三维环境来支持网络用户的在线互动[8]。近年来,随着互联网、三维动画、人工智能等技术的迅猛发展,三维虚拟世界技术日趋成熟。三维虚拟世界具有真实感强、互动性强、内容丰富等特点,因此吸引了众多网络用户的参与,其应用范围也在不断拓展[9]。三维虚拟世界能支持医生与患者之间的互动,开创医学知识服务的新途径[10,11]。

三维虚拟世界为中医药知识的传承与创新提供了新颖的手段。中医药是世界上最为重要的传统医学体系之一,积累了丰富的知识和文化遗产。这些遗产不仅蕴含在医药学

古籍之中,也体现为当代传承者的实践经验和隐性知识。三维虚拟世界可以实现中医药知识的具体化和社会化,吸引当代传承者的广泛参与,在交流与互动中不断激活和外化他们的隐性知识,并将其与中医药典籍知识关联起来,为医学文化史以及相关的史学研究提供重要资源。三维虚拟世界给网络用户带来了全新的感受和体验,使得用户在生动的交互过程中获得中医药知识服务。三维虚拟世界建设的一个重要趋势,是其不断提升的智能水平。虚拟世界用几何对象替代了真实世界中的物理对象,通过几何对象的语义描述来实现智能化。智能代理通过分析和分享对象的语义描述,在虚拟世界中提供多样、便捷、有效的智能服务。这些智能服务实现了中医药知识的有效获取和多样化展示(诸如中医辨证及中药处方模拟等),有助于中医药知识体系的系统化,促进中医药科研、教育和普及工作,推动中医药科研信息化的发展,有利于中医药文化遗产的保护与传承。

2. 建立基于本体的中医药概念体系,促进中医药理论体系的完善

中医药知识具有鲜明的中国文化和语言特征,通常难以精确描述和定量刻画。中医药文献资源产生于不同的时代,其中包含着大量的古汉语成分,难以与现代数据相互融合并统一处理。中医药领域的长期演化,又造成了中医药领域术语的极度多样性和复杂性。上述原因增加了构建中医药概念体系和理论体系的难度。

基于本体的中医药学语言系统,能够统一中医药学领域术语,建立基于逻辑关系的中医药学概念体系,为中医药信息化建设奠定基础。基于语言系统,虽然不能解决非线性关系的问题,但能对中医药领域知识进行精确描述和定量刻画,从而建立起用于计算机推理的中医药知识体系,对于构建中医理论体系框架具有一定意义。事实表明,西医的信息建模方法并不完全适合于中医药领域。中医药领域迫切需要一套符合中医药特征的信息描述方法和知识表达框架,以支持中医药领域本体以及统一信息标准的建设。

构建中医药领域本体的前提,是理解中医药领域核心的思想方法以及知识体系的本质。中医药与现代科学的显著区别在于,中医药领域中并没有一个基于形式逻辑的知识体系。中医的核心思想是所谓的"取象比类",即基于一些具体现象(如昼夜交替、四时变换、农业生产等),通过类比的方法研究和揣测诸如人体内部结构以及病因病机等不易观察、较为抽象的事物。也就是说,中医药领域中存在着一个庞大的、基于经验和自然哲学的常识性知识体系,本质上并非基于科学上常用的演绎法或逻辑推理。当前知识表示领域中流行的谓词逻辑和描述逻辑等演绎色彩强、语义严谨的逻辑体系,不能直接应用于中医药领域。近年来出现的模糊逻辑、描述逻辑等新兴的知识建模方法以及OWL 2等技术,则与中医药领域知识的模糊性、复杂性等特点较为吻合。因此,可以在这些新方法和新技术的基础上,建立新颖的中医药知识建模方法学,对中医药领域的概念、理论和知识体系进行建模,构建规范化的Web本体[12],从而支持机器推理和文本挖掘等计算机辅助的知识处理方法,为知识管理和知识发现奠定基础。

中医药科研工作需要全面、准确的中医药知识,以及与之相应的智能服务。这就需要构建一个跨越时空的中医药知识网络,对各种中医领域实体进行语义描述,并实现各种中医药知识资源的相互关联。该模型并非仅仅表达一家之言,而是跨越时空将各家学说相互关联、融为一体。它还要实现中医药学、传统文化和历史地理学的知识关联与融合,并

刻画中医药文化的历史演进。为实现这样一个知识网络,需要对中医药学知识和典籍进行分析,考证中国历史上的医学事件,解析医学事件之间的因果关系,再基于领域本体将这些知识表达为计算机可以理解的知识模型,存储于知识库中。这一基于本体的知识网络将不仅能支持有效的知识浏览与检索,还能支持智能问答、决策支持、知识发现等高级智能应用的实现。

3. 建立符合中医药数据特点的信息采集技术体系和处理方法,促进中医药数据利用水平的提高

中医药科学数据库的建设是中医药科研信息化中的一项核心工作。中医药行业的数据库建设起源于20世纪80年代,目前已经有数十个中医药院校及研究院所建设了近百个不同规模的中医药数据库,初步实现了中医药知识遗产的数字化。其中的一个典型案例是由中国中医科学院中医药信息研究所组织开发的中医药科学数据库群,包括中国中医药期刊文献数据库、中国中药数据库、疾病诊疗数据、中国方剂数据库、方剂现代应用数据库、中国中药化学成分数据库等数据库。这些数据库蕴含着丰富的中医药知识遗产和相关的科学知识,已经成为中医药知识遗产获取与保存的核心手段之一[13]。

近年来,随着数据处理技术的发展,人类已经进入了"大数据"的时代。海量数据及其处理技术已成为许多领域的核心资源,也是解决各领域信息化问题的关键。然而,中医团体近十年来仍在沿用传统的数据处理技术,数据处理水平没有明显提高。现有的数据获取手段相对落后,数据存储的模式及技术仍存在问题,解决中医药领域实际应用问题的能力不强,仍不能很好地实现数据资源在医院内部、医院间、地区间以及国际间的交换和共享。中医药数据处理技术如果不能得到有效改进,那么数据资源的开发和利用将严重滞后于临床、科研发展的需要,阻碍中医药事业的发展。

为找到一套适合中医药领域的数据处理方法,我们需要从本质上理解中医药数据的结构和内容。中医药数据的性质和其他学科不尽相同。中医典籍数量很多,但与物理、天文、地理、生物等以"大数据"为特征的学科相比,中医药领域产生的数据量仍然很小。中医药数据在这些领域的科学家眼里很难构成"海量数据"。因此,相关学者提出的数据科学,并不完全适合中医药领域的实际情况。中医药数据的主要特点是其数据量不是很大,但数据本身所包含的知识量很大,即所谓的"知识密集型"的数据资源。

中医药领域的"知识密集型数据",与物理、天文和地理等领域中由观测产生的"大数据"相比具有本质的不同。这些数据不是单纯的观测数据,而是观测与体验相互融合的数据。中医药数据的生成模式与获取手段,决定其无法成为传统意义上的"大数据",而必然是"知识密集型数据"。它们具有以下特点:①数据多为定性,缺少量化表达,使得现有计算机程序处理困难;②非结构化数据较多,结构化难度较大,给数据分析造成困难;③数据内容体现人文科学与自然科学的结合,不利于逻辑推理与一般数据分析工具的应用;④数据所具有的高维小样本及个性化特征需要特殊处理等。

为处理中医药领域的知识密集型数据,需要建立适合中医药领域自身特点的方法学体系。在生物医学领域中,目前的数据处理方法是在"组学"研究的背景下产生的,基本朝向单纯依赖观测所获得的"大数据"。在中医药信息学中,需要提出适合知识密集型数据

的处理方法,才能对中医药科研做出突出贡献。我们认为所谓中医药领域数据的"知识量很大",主要体现在其中蕴含着丰富的语义关系。若将这些语义关系抽取并融合起来,则构成了一个复杂的语义网络,其节点数量相对而言不是很大,但具有相对复杂的结构。语义网络结构的复杂度,反映了数据中的知识含量。只有通过基于本体的方法来处理中医药数据,深度挖掘其中蕴含的语义关系,基于语义网络实现知识密集型数据资源的合理组织,中医药数据的利用才有可能取得突破。

因此,有必要在中医药领域本体的基础上,建立一套基于语义Web的中医药知识密集型数据处理方法学。其中包括:①建立中医药本体体系,为基于语义Web处理知识密集型数据奠定基础;②基于本体建立的中医药学语言系统,为知识密集型数据处理提供必要的工具;③建立基于人机结合的中医临床信息采集技术及相关信息获取方法体系;④基于语义Web技术来发现数据间存在的显象与隐象的关联关系。通过这套方法学,将能够汇集中医药及多学科相关数据资源,挖掘多学科数据间的潜在规律及知识点,发挥多学科研究成果对中医药发展的支撑作用。

4. 建立相关标准,以支撑中医药科研信息化的发展

中医药信息交换标准的建立是保障中医药科研信息化的基础。中医药信息标准的建立有两个明显的特征,一是需要与西医兼容,二是需要与国际接轨。目前我国是中西医并用,因此建立中医信息标准必须与西医相关标准兼容,才能达到实用的目的;而要实现中医药国际化的推进,中医药信息标准必须与国际标准兼容,才能实现中医药信息的国际交流。例如,在主题词表方面,中国中医科学院中医药信息研究所研制的中医药学主题词表TCMeSH表需要与美国国立医学图书馆研制的医学主题词表MeSH表相兼容,中医学语言系统TCMLS需要与一体化医学语言系统(UMLS)相兼容,中医临床术语系统SNOTCM需要与临床术语系统SNOMED-CT相兼容。ICTM融入ICD(国际疾病分类)家族,并作为ICD11的一部分进行发布。此外,在数据标准方面,HL7CDA标准、临床数据交换标准(CDISC)均需要适合中医的需求做出相应修改。

5. 建立临床决策支持数据服务模式,以提高中医临床疗效

汇集优质数据和专家知识,实现临床术语、语义关联关系对电子病例系统的前支持和后支持,研究基于信息处理技术的临床决策支持系统,研究中医个案的相似性判断,解决中医个体化诊疗的问题,实现推荐临床医生决策需要的最相似优秀病例。

该类研究主要通过知识工程对中医药信息知识化,依赖语义万维网和信息网络技术实现中医药知识的管理和共享,以支持临床决策专家系统的建立。研究主要包含两部分内容:中医药知识表达框架的研究和基于知识库网格建立中医药分布式知识库系统的研究。

中医药知识表达框架的研究,主要涉及:基于描述逻辑的中医药本体论知识表达;基于Horn逻辑的中医药规则知识表达,提供对支持配伍规律的表达;基于Case的中医药案例知识表达,提供支持基于案例推理的临床决策系统。

基于知识库网格建立中医药分布式知识库系统,主要涉及:建立一个分布式的中医

药本体论知识库系统,依赖知识库网格的本体论知识服务[14],并提供中医药本体论浏览服务、语义查询服务、中医药同义词查询服务、支持缩放式的数据库查询的中医药概念层次查询服务、基于中医药概念的关联查询服务等典型的知识服务和语义服务;建立支持基于语义的数据库资源和知识库资源的注册和发现的语义注册表服务;建立配伍规律规则库,研究和开发基于规则的网上在线中医药专家系统;结合已有的中医和中药数据库以及中医药本体论建立和开发分布式的中医药案例库,以支持临床诊疗决策。

6. 建立计算机辅助中药新药研发的新模式,以促进中药新药开发

探索基于数据辅助的饮片配伍、组分配伍的中药处方优化方法,推进基于数据的中药研发。其中,围绕中药新药开发建立了多个系统及辅助平台。

中药组分组合模式挖掘分析系统的建立是基于中医药期刊文献,利用现有的中医临床疾病数据库、中药药理实验数据库以及中药化学成分数据库等信息,基于中医理论进行中药组分组合模式研究,嵌入计算机数据挖掘技术,筛选出治疗疾病中药化学成分,并分析这些化学成分组合规律以及化学成分之间的相关性,探索发现治疗疾病可能的有效组分,为临床用药提供思路。

中国中医科学院中医药信息研究所应用该系统进行中药有效成分单体的筛选,以治疗病毒性心肌炎的中医药临床文献为基础,结合现代药理实验资料,研究筛选中药有效成分单体的新方法,并且得到了一些有意义的结果。本研究设计了基于中医临床文献筛选中药有效成分单体的方法,并通过此筛选方法得到了 104 个在治疗病毒性心肌炎方面具有开发潜力的中药有效成分单体。虽然中药有效成分单体在临床上的应用具有很大的局限性,但是中药有效成分单体可以为中药化学成分的组配研究提供坚实的物质基础。因此,筛选中药有效成分单体方法的研究具有广阔的应用前景。

参 考 文 献

[1] 李海燕,崔蒙.中医药标准国际化竞争形势分析.国际中医中药杂志,2010,32(1):44-45.

[2] 李海燕,崔蒙,任冠华,等.ISO/TC215传统医学信息标准化工作进展.国际中医中药杂志,2011,33(3):193-195.

[3] 李海燕,崔蒙.中医临床信息标准体系框架与体系表的构建方法及研究路径.中国数字医学,2012,7(6):5-7.

[4] 李海燕,朱晓博,崔蒙,等.ISO/TC215健康信息标准分类.中国数字医学,2012,07(1):41-43,47.

[5] 崔蒙,尹爱宁,李海燕,等.论建立中医药信息学.中医杂志,2008,49(3):267-269,278.

[6] 崔蒙,谢琪,李海燕,等.中医药信息学的内涵及原理研究.浙江中医药大学学报,2009,33(5):638-641.

[7] Boulos M N, Hetherington L, Wheeler S. Second Life:an overview of the potential of 3-D virtual worlds in medical and health education. Health Info Libr J, 2007, 24(4):233-45.

[8] Bishop J. Enhancing the understanding of genres of web-based communities:The role of the ecological cognition framework. International Journal of Web-Based Communities,2009,5(1):4-17.

[9] Cook A D. A case study of the manifestations and significance of social presence in a multi-user virtual environment. Saskatoon:University of Saskatchewan,2009.

[10] Bruns A. Blogs, Wikipedia, Second Life, and Ueyond:From Production to Produsage. New York:Peter Lang

Pub Incorporated，2008.

[11] Kluve R. Globalization，informatization and intercultural communication. American Communication Journal，2000，3（3）：94-103.

[12] 于彤. 知识服务：语义Web在中医药领域的应用研究. 杭州：浙江大学，2012.

[13] 崔蒙.中医药行业数据库建设现状分析.中国中医药信息杂志，2004，11（3）：189-191.

[14] 吴朝晖，陈华钧.语义网格：模型、方法与应用.杭州：浙江大学出版社，2008.

作者简介

崔蒙，研究员，博士生导师，享受国务院特殊津贴。2005年至2013年6月任中国中医科学院中医药信息研究所所长、图书馆馆长，中国中医科学院科技咨询委员会委员、学位委员会委员、中医药创新体系建设合作委员会委员、图书情报工作委员会副主任委员。多年来致力于中医药信息学内涵与原理研究及中医药信息学学科建立；中医药信息数据库的建设及数据挖掘研究；中医药软科学课题及情报研究，尤其是战略研究。近5年主持参加课题13项，获奖10项，公开发表论文57篇，其中SCI 5篇、EI 2篇。

高通量自动化蛋白质筛选平台
——助力生命奥秘探索 开辟整体问题研究

王 娅[1]　王 翔　刘志杰　李雪梅　朱美玉　向桂林

（中国科学院生物物理研究所）

摘 要

蛋白质科学研究是生命科学领域中的核心问题，众多生命奥秘和重大科学问题的揭示有赖于在整体水平上动态地认识蛋白质的结构功能以及相互作用。蛋白质科学研究中的瓶颈问题是大规模地、高通量地筛选蛋白质以及制备蛋白质样品。为满足我国及中国科学院正在和将要实施的众多国家级与蛋白质复合体及膜蛋白相关的重大项目的需求，我所建设了高通量自动化蛋白质筛选平台。高通量自动化蛋白质筛选平台由三个子系统构成：①以Thermo F3 Track Robot 6为核心的自动化操作子系统；②数据收集与整理子系统；③数据共享与开放子系统。该平台建成并稳定运行，其应用成效体现在：①解决了学科交叉中的科学问题；②是仪器集成创新的典型案例；③极大地提升了科研效率，样品制备能力从每天几个提升到每天几十个。

关键词

蛋白质；筛选；高通量；自动化

Abstract

Protein Science is the core problem in the field of life sciences, many mysteries of life and revealing for the major scientific issues depend on the overall understanding level for protein structure-function and interactions. The bottleneck of Protein Science Research is large-scale, high-throughput screening of proteins and protein sample preparation. In order to meet the needs of major projects which related to protein complexes and membrane proteins, we have built a high-throughput and automation screening platform for protein. High-throughput and automation screening platform consists of three subsystems: ①Thermo F3 Track Robot 6 core automation subsystem; ②data collection and collation subsystem; ③data sharing and open subsystem. The platform is built and stable operation, and its effectiveness is reflected in the application: ①to solve interdisciplinary scientific problems; ②is a typical case of integrated innovation instrument; ③greatly enhance the efficiency of scientific research, sample preparation ability is upgraded from several a day to day dozens.

Keywords

Protein；Screening；High-throughput；Automation

1　王娅，硕士，现任中国科学院生物物理研究所科学研究平台工程师。

一、背景综述

蛋白质科学研究是生命科学领域中的核心问题。蛋白质科学与技术是生命科学研究的共同基础和重要途径，众多生命奥秘和重大科学问题的揭示有赖于在整体水平上动态地认识蛋白质的结构功能以及相互作用。蛋白质是大多数生物技术研发的直接对象，90%以上的药物作用靶点是蛋白质，蛋白质本身就是重要的而且是有限的战略资源。据估算，人类基因编码的蛋白质为4万~5万，阐明这些蛋白质的结构与功能是深入了解生命本质、认识疾病发病机理、研制相关药物的必要基础。因此，蛋白质科学研究及其相关的医药工业与人类疾病和健康密切相关，蕴藏着巨大的社会效益和经济效益，成为各国和各利益集团竞相争夺的战略资源。后基因组时代的蛋白质科学研究呈现出规模化的特点，当今的蛋白质科学与技术研究是涉及众多基础研究、应用研究和产业化发展的大科学。对蛋白质的研究需要整合多角度、多层次的研究信息并相互印证、互为补充。

蛋白质科学研究中的瓶颈问题是大规模、高通量筛选蛋白质。高活性、高纯度的蛋白质样品制备是蛋白质结构与功能研究的首要前提。目前具有重要生物学意义的节点蛋白、蛋白质复合体和膜蛋白是蛋白质研究的热点和难点。这类蛋白质样品的制备技术相对落后，是制约蛋白质科学研究的主要瓶颈之一。另外，在蛋白质技术应用上更是需要大规模、高产量的蛋白质样品制备。蛋白质药物、工业酶制剂、诊断性和治疗性抗体、饲料添加剂蛋白等应用都依赖于高活性、高纯度、高产量和低成本的蛋白质制备技术。因此，高效、低耗的蛋白质表达纯化已经成为制约蛋白质科学研究的瓶颈。国际上许多结构基因组学研究机构已经深切认识到，仅仅依靠手工操作很难突破这两个结构生物学的主要瓶颈，开始建立具有一定自动化程度的结构基因组学工作站。国际结构基因组学计划的一个重要目标就是大规模表达纯化全部人体蛋白质和若干模式生物的全部蛋白质。美国、欧洲、日本的大型蛋白质研究计划均把蛋白质表达纯化的规模化和自动化作为重要的研究内容。

二、建设情况

为满足我国和中国科学院正在和将要实施的众多国家级与蛋白质复合体及膜蛋白相关的重大项目的需求，中国科学院生物物理研究所建设了高通量自动化蛋白质筛选平台。该平台广泛搜集和分析了当前国际上最先进和最成功的基因克隆、蛋白质表达和纯化的新技术、新方法基础上，结合了我国蛋白质研究的具体需求，整合了国际上最先进的技术和方法，通过采用自动化和多途径并行的设计理念和技术集成手段，构建了由目标基因的选择和人工合成、基因克隆、蛋白质纯化等功能模块构成的自动化、高通量、大规模高纯度蛋白质样品制备系统。

高通量自动化蛋白质筛选系统整体框图如图1所示。其核心是自主集成创新的高通量蛋白质筛选平台，利用该平台在完成实验过程中，产生海量数据。这些数据包括蛋白数据、基因数据、多肽数据、配体研究数据等多种异构格式数据。该系统收集并整理这些数据，形成生物信息学数据库。筛选平台一方面要借助国内外已经建成的GenBank、PDB等专业数据库来筛选已知的蛋白质；另一方面把自己产生的海量数据通过建成为多个Web

数据库的形式,向国内外同行开放,促进生命科学研究向前发展。目前有南开大学、清华大学、北京大学、俄罗斯科学院、美国加利福尼亚大学等多家国内外研究机构在共享筛选平台产生的数据。

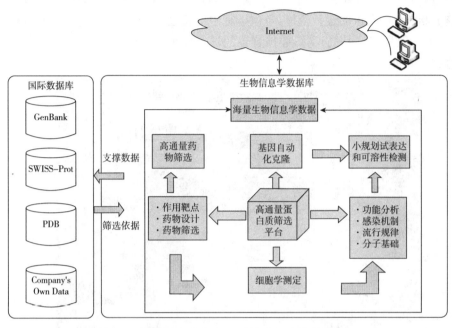

图1　高通量自动化蛋白质筛选系统整体框图

1. 以Thermo F3 Track Robot 6为核心的自动化操作子系统

该子系统是一个根据实验步骤、工作量和通量定制的自动化系统,可以代替传统人工进行自动加样、稀释、转移、混合、检测等操作,使实验遵守程序化,减少人工误差,实验结果更准确可靠,最终实现获取目标蛋白的目的。该平台可根据需要选择自动化平台中的外周仪器,并可依据新技术、新方法的应用更改配置。其核心设备是Thermo F3 Track Robot 6关节机械手臂,通过集成整合液体处理系统,96通道自动化洗板机,自动化细胞培养箱,多功能全波长读数仪、旋转式微孔板栈架、双头96道PCR仪、自动封膜机、转板台、条码扫描仪等外周仪器而成。高通量自动化筛选平台安装效果图如图2所示。高通量自动化蛋白质筛选平台由主控系统和模块化的外周仪器组成,由中心控制软件POLARA进行控制,实现主控系统和外周仪器之间的通信,从而将实验过程中的各个步骤自动化。主控系统是一个3m长的有轨机械臂,机械臂有6个关节,可在滑轨周围横向和纵向灵活抓取放下微孔板,机械手钳可以在立体空间上360°灵活运动。自动化机械臂代替了手动操作,如将装有样品的微孔板从一个外周仪器移动到另一个外周仪器,将微孔板进行堆叠和排序,条码扫描等。模块化的外周仪器与实验流程的各个环节相匹配,均具有相应的机械臂接口,能够接受POLARA软件发出的控制命令。实验流程中,POLARA按照时序控制命令控制各个外周仪器设备的开始与停止状态,远程启动各个外周仪器设备实验程序;同时系统中各个外周仪器设备能够将自身状态反馈给核心软件,能够进行相互沟通和协调,最终生成追踪记录报告用以查询和处理。POLARA软件是实验室自动化和整合的开放式系统,具有管理仪器,将实验流程翻译成高通量Scheduler的特殊功能,用于确定最有效、最快的实验程序,并以图表的方式直观地呈现出来,如图3所示。实验进程中可以增加新的批次,支持多个实验同时进行,提高通量并且能够产生最优化的程序,加快实验进程,同时可设定10000个微孔板的运行程序(单次运行中可超过300000个样本)。实验过程中可成批处理,并监测所有样品的运行,生成详细的日志和审计文档。此外,它还具备远程操作和远程报警功能。

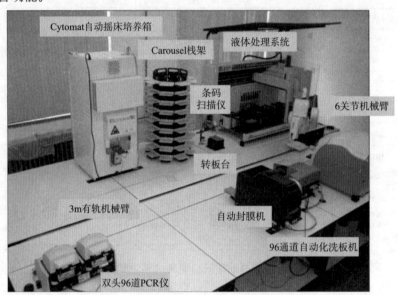

图2　高通量自动化蛋白质筛选平台

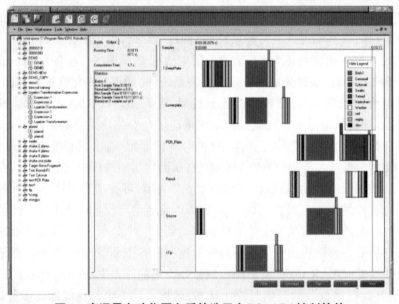

图3　高通量自动化蛋白质筛选平台POLARA控制软件

2. 数据收集与整理子系统

高通量自动化蛋白质筛选平台与样品生物信息学数据库系统和样品资源库管理信息系统的建设紧密相关。在高通量自动化蛋白质筛选平台进行自动化、高通量、大规模蛋白质的研究过程中,随着对蛋白质认识地不断深入,必将产生海量的生物信息学数据和样品资源库存储信息数据。为了对数据有效地管理,并建立合理的资源共享服务系统,资源库的信息化管理至关重要,所以必须建立一个相关信息的数据库,可以对数据进行方便快捷地查询、录入和修改。相应的信息数据库包含如下信息:蛋白基因信息(包括核酸序列及基因组定位等),蛋白的一级序列,蛋白的空间结构,蛋白在几个国际公共数据库(NCBI、Swiss-Prot、PDB等)的数据库收录号(accession number),蛋白的功能(和疾病的关系),蛋白的制备单位和保存地点,联系人信息等。通过规范不同种类样本的收集程序和建立相应的标准体系,最终整合数据资源,建立包括基因、蛋白质、多肽、抗体以及相应配体等相关的数据库系统、生物信息学数据库系统、样品资源库管理信息系统,并使这些系统和平台兼容、互操作并且可相互访问。该数据库为相关研究单位和使用者提供详尽的样本数据的存储、管理、访问、查询、分析、统计等功能。

3. 数据共享与开放子系统

该数据库也为科研人员提供一个全面整合的数据管理和信息学交流平台,建立合理的资源共享服务系统,以非营利组织形式进行资源管理、分配和使用,以为国内蛋白质相关研究计划的实施提供无偿、有效的使用为宗旨,推动其在我国蛋白质研究领域的应用。另外,通过国际生物信息学信息资源共享可以寻找新技术、新方法。通过使用最新信息化技术,如云计算、虚拟化、超级计算、Web 2.0和海量数据存储管理等技术,实现海量生物信息学数据的存储、查询、挖掘和分析。以互联网为平台,为多中心、多单位、多学科协作提供大规模计算、数据查询和数据存储,为科研人员提供数据挖掘、数据仓库、人工智能的协同服务。汇聚研究人员的群体智慧,提供知识交流和知识分享的平台,最终实现生物信息学研究的信息化。同时建立开放共享的、逐渐丰富的公共实物资源库,作为国家重大战略需求和蛋白质科学研究的必要资源储备和基本保障,这也是生命科学快速发展的必然趋势和迫切需要。

三、应用成效

该平台能够解决学科交叉中的科学问题。当代科学技术发展呈现着渗透、交叉与融合的态势。如何占有、配置、开发和利用科技基础条件资源已日益成为决定国家科技创新能力强弱的关键因素。随着蛋白质科学的快速发展,建设并强化多学科交叉的技术集群已成为学科发展的必然要求。该系统的建成能够解决交叉科学问题,该系统既可以高效率制备非标记蛋白质样品,另外,伴随着蛋白质科学分析方法和工具的多样性,也可以制备各种主要化学标记的蛋白质样品,如 ^{13}C、^{15}N、氘代甲硫氨酸、硒代甲硫胺酸等。

该平台是仪器集成创新的典型案例。该系统是高度整合的一套系统,不仅体现在仪器设备的整合,更重要的是技术和方法上的整合创新。该系统包括基于大肠杆菌、杆状病毒、酵母、哺乳动物细胞和无细胞表达系统的多条高效蛋白质样品制备模块,能够解决当前制约蛋白质研究的瓶颈问题,能够提高基因克隆和蛋白质表达的效率和成功率,为规模化蛋白质结构和功能研究奠定了良好基础,与高效蛋白质结构解析流水线对接,从而实现基因到结构的高效运行。我国蓬勃发展的生物技术产业对其源头的基础研究提出了更高的要求,例如,蛋白质多肽药物发展的瓶颈在于蛋白质与多肽的大规模表达纯化和对蛋白质结构与功能的解析,原始性创新药物的研发有赖于蛋白质药靶的发现。高通量自动化蛋白质筛选平台将为这些瓶颈的突破提供强有力的源头性支持,为提高生物产业核心竞争力奠定基础。

该平台提高了科研效率和科研数据采集精度。该系统的建成将把蛋白质科学平台的样品制备能力从每天几个提升到每天几十个甚至上百个,极大地提升了科研效率。下面是一个典型的应用:总量为17000个基因的基因文库构建工作。该工作包括两部分:第一部分是将DNA形式的基因文库转化到大肠杆菌中,用于质粒扩增;第二部分是利用自动化平台从重组大肠杆菌中提取质粒,进行蛋白质表达。从时间上计算,17000个基因的构建工作,如果依靠传统手工操作实验,需要1个人连续工作1700天,且不能有差错;利用高通量自动化蛋白质筛选平台可以做到连续24小时不间断工作,并且彻底杜绝了人工误差,可重复性高,所用时间仅30天,同时建立了基因文库数据信息库和样品资源库。基因文库如图4所示。依托该平台,完成了与俄罗斯科学院生物物理研究所的合作项目"绿色荧光蛋白及其不同颜色突变体在生物学研究中的应用";完成了与美国加利福尼亚大学洛杉矶分校微生物、免疫及分子遗传系(MIMG)"病原体感染及致病机理的结构免疫学研究";成功申请了863项目"重要生理功能和重大疾病相关蛋白质研究公共资源库建设"。相关研究成果发表在*Cancer Research*(影响因子7.6)、*PLoS ONE*(影响因子4.3)等刊物上。

图4　基因文库

四、亮点

高通量自动化蛋白质筛选平台有三个亮点：①解决了蛋白质科学研究中的瓶颈问题，使得生命科学中整体问题研究得以开展，能够针对某种疾病、某种生理功能开展整体性、一揽子研究，加速了生命科学的发展。②在创新的试验方案、试验流程设计下，能够把已经存在的多种设备按照试验要求组合起来，完成单台设备不能完成的功能，实现了系统集成创新。③该平台具有推广价值，一方面表现在构成该平台的仪器是容易得到的、配置是灵活的；另一方面表现在该平台可以解决学科交叉中的科学问题，其应用不仅仅局限于生命科学领域。

作 者 简 介

王娅，女，2006年毕业于天津大学精仪学院，硕士。现任中国科学院生物物理研究所科学研究平台工程师。2006—2007年，完成大功率LED光源代替荧光显微镜汞灯的仪器设备改造工作；2011—2015年，作为技术骨干参与973计划"重要生理功能和重大疾病相关蛋白质多肽库及数据管理系统的建设"；2012—2013年，作为课题负责人承担中国科学院仪器设备功能开发技术创新项目"膜蛋白结晶条件筛选环境可控与分析系统"。

面向蛋白质科学的高性能计算应用

张佩珩[1] 孙凝晖[1] 吴家睿[2] 曾 嵘[2] 孙 飞[3] 迟学斌[4] 贺思敏[1]

张 法[1] 张云泉[1] 陆忠华[4] 单桂华[4] 郎显宇[4] 李 斌[5] 吴宗友[5]

（1. 中国科学院计算技术研究所；2. 中国科学院上海生命科学研究院；

3. 中国科学院生物物理研究所；4. 中国科学院计算机网络信息中心；

5. 曙光信息产业股份有限公司）

摘 要

蛋白质研究是当今生命科学的前沿，它不仅事关生命科学基础研究，而且在关系到生物技术产业、重大疾病防治等方面，具有重要的战略地位。由于生命科学研究数据量以及研究内容的复杂度的爆炸式增长，其知识的发现过程正在发生革命性的改变，利用高性能计算工具开展研究已经成为生命科学发展的必由之路。

本文介绍的大规模蛋白质修饰鉴定与定量计算和冷冻电镜法蛋白质结构的三维重构是当前蛋白质组学研究中两个重要的问题。其中，前者主要用于解决采用质谱方法对蛋白质二维结构的测定问题；后者主要解决采用电子显微镜方法观测蛋白质的三维结构的问题。为提高面向蛋白质科学应用效能而研制的专用高性能计算机系统采用了基于多核CPU和高性能GPU加速器的混合架构，实现了高效的异构协同计算技术，在该系统上的EMAN的GPU加速版本相对于多核CPU版本获得了超过10倍的加速效果。

关键词

生命科学；蛋白质科学；蛋白质组学；高性能计算；质谱；蛋白质修饰鉴定；蛋白质定量计算；冷冻电镜；蛋白质结构；三维重构

Abstract

Nowadays, protein research is the frontier of life sciences. it not only forms the basis of life science research, but also influences the development of biotechnology industry and the treatment of major diseases, etc., thus it has an important strategic position. As an interdisciplinary research which integrates life sciences, physics, chemistry, mathematics and information science and other disciplines, its development and breakthroughs in key areas will undoubtedly spur the progress of the relevant disciplines.With the explosive growth of life science data and complexity, the discovery of knowledge is changing revolutionized, utilizing high-performance computing to aid the research of life sciences has become the only way.

In this paper we introduce two important proteomics problems： ①large-scale identification and quantitative analysis of protein modifications；②3D reconstruction of protein structures by Cryo-EM. The 1st one mainly solve the determination problem of protein sequence by using mass spectrometric method；the 2nd one mainly solves the observation problem of protein 3D structure by using Cryo-EM method. A special protein science oriented high-

---

1　张佩珩，高级工程师，高性能计算机研究中心主任。

performance computer system has also been developed, based on multi-core CPU and high-performance GPU heterogeneous architecture, it achieves an efficient collaborative computing technology. On the system, the GPU accelerated EMAN version gains more than 10 times speedup compared to the multicore CPU version.

Keywords

　Life science；Protein science；Proteomics；High-performance computing；Mass spectrometry；Identification of protein modifications；Quantitative analysis of proteins；Cryo-EM；Protein structure；3D reconstruction

一、蛋白质科学研究的重要性及其对高性能计算的需求

　　20世纪中期,随着蛋白质空间结构的X射线解析和DNA双螺旋的发现,开启了一个分子生物学时代,对遗传信息载体核酸和生命功能的执行者——蛋白质的研究成了生命科学研究的主要内容。现代生物实验科学经过了50多年的自我发展,研究越来越深入,问题越来越复杂,现有的生物学理论和方法暴露出了越来越多的局限,现在又到了一个需要多学科交叉的新阶段。

　　蛋白质科学是当今生命科学的前沿。人类及多种模式生物的基因组计划的完成宣告了生命科学与生物技术的发展从此进入了后基因组时代,生命科学的研究对象的重心转向了蛋白质。蛋白质是一切生命活动的功能执行体,蛋白质由于其众多的精密化学修饰和广泛的相互作用,演绎出生命活动的复杂性与生物界的多样性。

　　蛋白质科学研究不仅事关生命科学基础研究,而且在关系到重大疾病防治、生物技术产业、国家农业、能源和环境、公共卫生突发性事件的应急处理等方面,具有重要的战略地位。例如,新药设计开发和各种疾病的个性化治疗的关键是找到相关的靶蛋白;基于精细结构与功能关系研究的蛋白质工程或相关生化途径的理性化设计和改造在农业和环境保护等方面都具有非常广阔的应用前景。蛋白质科学是目前发达国家激烈争夺的生命科学制高点,蛋白质科学及其密切相关的生物分子结构功能研究等领域的发展是国家的重大战略需求。

　　在后基因组时代,研究者的视野已经从关心一两个基因或蛋白质的行为扩展到了观察成千上万个基因或蛋白质的整体性表现。此外,要发现的生命活动已不再停留于一条代谢途径或信号转导通路,而是提升到了细胞活动的网络和生物大分子之间复杂的相互作用关系。因此,由于生命科学研究数据的数量以及研究内容的复杂度的爆炸式增长,生命科学知识的发现过程正在发生革命性的改变。20世纪的分子生物学等生命科学研究的问题基本上是定性的和简单的,获取的实验数据基本上根据个人的理解能力就能够分析并得到知识。但是,在21世纪,随着研究问题的复杂度和信息量的迅猛增加,没有计算机和信息科学的帮助,数据就难以分析,知识就难以提取,生命科学的信息化已经成为本世纪生命科学发展的必由之路。

　　值得强调的是,蛋白质科学的信息化是当前生命科学信息化进程中最具挑战性的任务。相对于仅仅由4种碱基作为基本"砖块"组成的结构单一的核酸所具有的信息量而言,由性质各异的20种氨基酸作为基本"砖块"组成的结构复杂的蛋白质包含的信息量要远远大得多。例如,一个细胞的蛋白质组里通常含有数万种蛋白质,蛋白质可能的

化学修饰的种类达200种以上。即使只是鉴定细胞内蛋白质组的一种修饰信息，其计算量也将高达万万亿次；使用万亿次的计算机进行分析需要30多个小时。此外，蛋白质和肽段的定量分析，即定量蛋白质组学也成为蛋白质组学的核心研究内容，而定量蛋白质组学的关键技术便是基于质谱原始数据的分析及其展示。由于质谱数据的多样性和特异性，开发适合实验室的基于多模块、适合多仪器的快速的定量蛋白质组软件已成为必要。因此，发展具有强大的信息处理能力的高性能计算技术将成为蛋白质科学发展的重要基础；而高性能计算技术在生命科学中的开发与应用也将同时推动信息技术自身的发展。

在生命科学的信息化进程中，已经形成了若干生命科学与信息科学、计算机科学交叉的新兴学科，如生物信息学和计算生物学。生物信息学是一门以信息技术、计算技术和数学方法为主要手段，以计算机及其网络为主要工具，通过对基因组序列、蛋白质组等各种生物分子的海量数据进行收集、存储、加工和分析而获取生物学新知识的交叉学科；而计算生物学则是一门以计算技术和数学建模和计算机仿真技术为主要手段，以计算机及网络为主要工具，在生物信息数据库基础上对进化、蛋白质结构预测等各种生物学问题进行研究的交叉学科。目前，生命科学的信息化进程还在加速，其影响范围还在扩展。

二、面向蛋白质科学的高性能计算研究目标

鉴于蛋白质科学研究的重要性，中国科学院开展了一系列面向蛋白质科学的高性能计算研究工作，参与单位包括中国科学院上海生命科学研究院、中国科学院生物物理研究所、中国科学院计算技术研究所、中国科学院计算机网络信息中心、中国科学院软件研究所等。

现代生命科学是以蛋白质等生物大分子的运动、相互作用、生物大分子体系的信息传递以及分子体系整体行为作为研究对象。按照"结构决定功能"的原理，这些研究必将以生物大分子的三维精细结构为基础和出发点，只有清楚了生物大分子的三维精细结构，我们才有可能最终从基本原理出发来解释生物大分子的运动和相互作用，因此，现代蛋白质组研究中最为关心的就是结构生物学问题。

该项研究工作重点选择了两个与蛋白质组学研究最为密切相关的问题，即大规模蛋白质修饰鉴定与定量计算，以及冷冻电镜法蛋白质结构的三维重构。其中，大规模蛋白质修饰鉴定与定量计算主要用于解决采用质谱方法对蛋白质二维结构的测定问题；冷冻电镜法蛋白质结构的三维重构主要采用电子显微镜方法观测蛋白质的三维结构的问题。这两个研究问题紧密围绕蛋白质组的核心研究内容，是国家蛋白质工程的重要组成部分，是未来国家蛋白质工程中明确需要解决的核心问题。

三、成果展示

1. 蛋白质修饰与定量分析基准测试数据集

标准的蛋白质修饰与定量数据集的建立是基础性的工作，它既可以用于算法优化和评

价、辅助软件设计和测试,也可以基于标准数据集与国际上其他相关软件进行比较和整合。

构建了蛋白质修饰标准肽库:合成无磷酸化标准肽72条,单磷酸化修饰73条,多磷酸化修饰53条,乙酰化30条,甲基化38条。将磷酸化肽段分成6组,进行LTQ-Orbitrap的CID/HCD实验,将非磷酸化肽段分成5组,进行LTQ-Orbitrap的CID实验,获得目前为止国际上公开的最大的标准修饰肽段数据集。同时,选取其中与酵母无同源信息的肽段与酵母蛋白质混合构建复杂体系下标准肽段数据集,分成磷酸化与非磷酸化两组进行LTQ-Orbitrap的CID/HCD实验,以评估复杂体系下标准肽段的检出率和准确性。提供了四套测试数据集,一套来自小鼠Histone样品的36547质谱谱图;一套来自标准蛋白质混合物的11527张质谱谱图,纯合成肽段混合物数据两套;一套来自60个非磷酸化肽段,66个对应的磷酸化肽段的10个RAW文件,近20万张谱图;还有一套来自257条标准肽的11个RAW文件,含92641张谱图。

构建了定量蛋白质组标准数据集:在标记定量蛋白质组标准数据集方面,提供了1:2、2:1、1:4、4:1、1:10、10:1三种比例正反标记人类蛋白质组SILAC数据集一套(2.11GB),以及1:1、1:2、1:4、2:1、4:1正反标记,两次技术重复人类蛋白质组SILAC数据集一套(3.38GB)。在非标记定量蛋白质组标准数据集方面,提供了比例为1:1:2:5:10的4梯度5样品小鼠蛋白质组数据一套(1.24GB左右),上样量为50fmol:100fmd:200fmd:500fmd:1pfmd:3pmd:3pmd的6梯度7样品酵母蛋白质组数据一套(600MB),重同位素标记肽段与正常酵母混合物1DLC和2DLC分析数据各一套(共1.6GB),比值包含1:2:4:8以及1:1000。

2. 蛋白质冷冻电镜三维重构的基准测试数据集

利用中国科学院生物物理所生物成像中心的300kV电子显微镜Titan Krios,完成了对称性不同的三类蛋白质分子颗粒高对称性(病毒RHDV)、低对称性(分子伴侣)和无对称性(核糖体)的负染样品和冷冻样品的二维图像的数据收集,其中,负染样品照片896张,颗粒数为125066个;冷冻样品照片818张,颗粒数450361个。对这些原始数据集进行处理和三维重构,所解得结构的分辨率达到了预期目标,如图1所示。其中,非对称性的核糖体分辨率在15Å左右,高对称性的RHDV病毒样品分辨率为6.5Å,低对称性的分子伴侣的最高分辨率可以达到4.9Å,此分辨率位居国际上相同研究领域的领先地位。RHDV的部分结果已经发表在*Protein and Cell*期刊上;分子伴侣的部分结果发表在*Structure*期刊上。

(a)核糖体　　　(b)RHDV病毒　　　(c)分子伴侣　　　(d)Par3

图1　蛋白质冷冻电镜基准数据集三维重构结果

3. 大规模蛋白质翻译后修饰鉴定

围绕蛋白质翻译后修饰鉴定任务,先后完成规模化蛋白质鉴定搜索引擎pFind单机版pFind2.0~2.6及pFind并行版,支持国内外注册下载pFind软件147套。以pFind为核心,我们还开发了一系列相关软件包,包括pLabel、pBuild、pScan、pXtracd等。其主要特色工作如下。

(1) 功能方面:对于已知修饰类型,扩展了pFind核心鉴定算法KSDP,可以鉴定带有中性丢失的修饰类型;对于未知修饰类型,利用修饰肽段与非修饰肽段往往同时存在的事实以及相应母离子质量差异和保留时间差异稳定的特点,设计了高丰度未知修饰类型发现算法DeltAMT,并实现软件pCluster;利用已鉴定谱图进一步发现未鉴定谱图中的低丰度未知修饰,设计算法和软件pMatch。

(2) 速度方面:设计了发车模式以支持修饰鉴定流程,设计了肽段和质谱图索引以加速鉴定流程,设计了最大公共前缀索引新算法以减小空间消耗,使得pFind单机版软件在常规修饰鉴定上的速度已经显著超越目前国内广泛使用的两大国际主流商业软件。此外,设计并实现了集群并行软件,在千核规模超级计算机上加速效率超过80%。

(3) 系统方面:搜索引擎pFind持续开发升级到2.6版,支持多修饰鉴定并实现并行化;谱图标注软件pLabel持续开发升级到2.4版,支持修饰谱图标注;评价过滤软件pBuild持续开发升级到2.0版,支持大数据量处理;新开发了未知修饰发现软件pCluster和pMatch,可以自动发现样品中的高低丰度意外修饰。2010年12月,应用最新的pFind 2.6版软件和pBuild后处理软件,研究组参加了美国ABRF(The Association of Biomolecular Resource Facilities)组织的2011年蛋白质ETD质谱数据鉴定分析问题的评测任务。pFind 2.6提交的最好鉴定结果(编号为86010)在44组提交结果中,明显优于Mascot的鉴定结果,同时在假阳率控制方面取得了很好的性能,得到国际同行的肯定。pFind系列软件如图2所示。

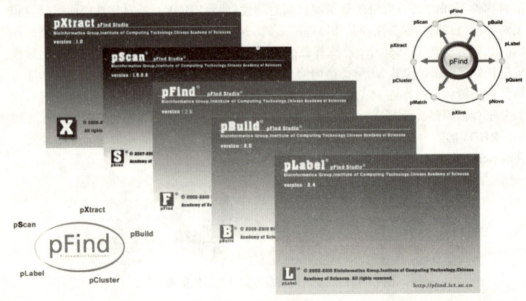

图2 pFind系列软件

（4）使用方面：自2010年4月pFind软件开通网络下载至2012年1月，注册下载达147套（其中国内111，国外36），国内主要质谱和蛋白质组学实验室几乎都有注册登记。pFind系统自2008年开始多次参加美国ABRF组织的国际蛋白质鉴定数据分析评测，表现出强大的竞争力。图3是ABRF iPRG 2011年的蛋白质鉴定评测结果。北京蛋白质组研究中心利用pFind系统鉴定核心岩藻糖修饰，鉴定水平优于两大国际主流商业软件，合作文章发表在国际期刊*Molecular & Cellular Proteomics*。中国科学院动物研究所李晓明高级工程师同时采用pFind和SEQUEST软件为全国提供质谱鉴定服务。中国医科院肿瘤研究所目前将pFind作为唯一的蛋白质鉴定软件在日常研究工作中使用。此外，pFind系统连续三年在韩国举办的2008年第七届、日本举办的2009年第八届、中国举办的2010年第九届中日韩生物信息学培训班上，用于"蛋白质组学的质谱数据分析"授课。

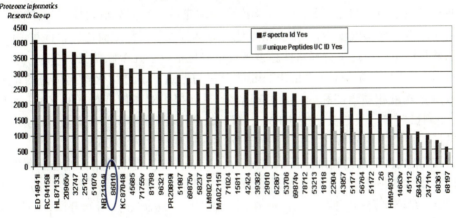

图3　ABRF iPRG 2011蛋白质鉴定评测结果

4. 蛋白质翻译后修饰非限定性搜索

在蛋白质翻译后修饰非限定性搜索方面，在国际开源鉴定软件InSpecT的基础上，利用当今高性能计算最新软硬件成果，对开源串行软件研发其加速版本。在限定3个以内修饰位点的条件下，已经实现了InSpecT的三款并行版本：①在多CPU核系统上运行InSpecT-MPI v2.0；②在单GPU系统运行InSpecT-GPU v1.0；③在多GPU超级计算系统运行InSpecT-mGPU v1.0。使用者根据其质谱数据量大小、翻译后修饰数量的设置、计算时长的要求以及机器资源的空闲状态，合理选择这三款加速并行软件，可以大大节省使用人员的计算成本。在技术上，采用了最新的GPU硬件加速，实现了该软件单GPU计算30倍以上较高加速比，及多GPU集群上MPI+CUDA并行。原来预估需要6年完成的计算，在利用已有计算资源的情况下，通过多GPU集群加速，计算时间缩短为2个小时，大大提高了计算速度。图4是InSpecT软件在单GPV与36核CPU集群上的性能比较。

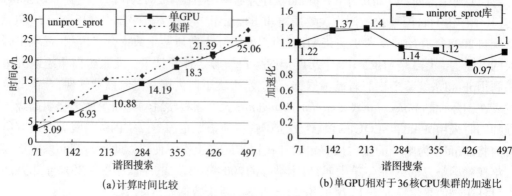

(a)计算时间比较   (b)单GPU相对于36核CPU集群的加速比

图4 InsPecT软件在单GPU与36核CPU集群的比较

5. 高性能蛋白质定量计算软件平台

我们开发了具有自主知识产权的国产蛋白质定量高性能分析软件平台,能够应用于国内的实验方法和实验仪器,其定量精度达到或部分优于国际主流定量软件包,并进一步开发了并行版蛋白质定量计算软件。该平台主要包括以下几个软件包。

(1)蛋白质标记定量软件ASAPRatio的分析与改进。通过优化得到更好的精度和速度。改进重构液相质谱图和同位素处理部分,从而提供对高精度数据的支持;提高定量结果,经测试定量结果缺失值减少83%。优化SG平滑部分和读取质谱数据的缓存部分,经测试运行速度改进前为162min,改进后为8.5min,加速比为19.06。

(2)质谱数据可视化辅助分析软件MZ-Analyzer。支持标准数据格式与上海生命科学研究院专用的数据格式;支持色谱图的2D与3D显示;具有简单的手动定量功能;Java语言开发,具有跨平台性。MZ-Analyzer在国际著名的SourceForge网站开源,累计下载860余次。

(3)高性能蛋白质非标记定量软件包QuantWiz。其主界面如图5所示。经上海生命科学研究院标准测试数据集测试,其非标记定量精度达到或部分优于国际主流定量软件包Census,标记定量精度优于国际主流标记定量软件ASAPRatio的水平,定量的线性范围已达到103以上,定量的灵敏度已达到低fmol。

(4)多核版并行高性能蛋白质定量软件包M-QuantWiz。在8路4核的服务器(共32核)上,加速比达到25.1,并行效率达到78.48%。

(5)MPI版并行高性能蛋白质定量软件包P-QuantWiz。32核并行效率达到85.7%,512核并行效率达到63.8%。

(6)基于CUDA的GPU版并行高性能蛋白质定量软件包G-QuantWiz和PG-QuantWiz。单节点版软件包G-QuantWiz可获得平均10倍左右的加速比。在此基础上,还开发了基于MPI和GPU的高性能蛋白质定量软件PG-QuantWiz,可用于跨节点GPU加速。

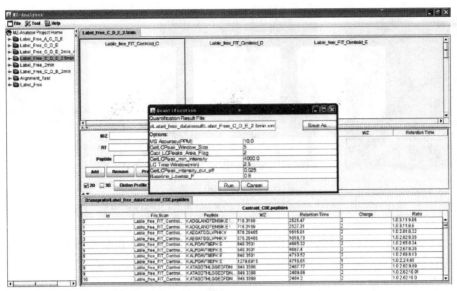

图5 QuantWiz（Java版）主界面

6. 冷冻电镜二维图像处理方法与三维重构研究

围绕冷冻电镜三维重构,包括单颗粒三维重构和电子断层三维重构,先后完成了单颗粒分子识别软件Picker,在中国科学院生物物理研究所提供的真实生物数据上获得了97.5%的识别率;单颗粒并行三维重构软件ParaEMAN,在千核规模集群上获得60%的并行效率;基于球谐函数的单颗粒三维重构软件ICTISAF,针对中国科学院生物物理研究所提供的兔出血热病毒(RHDV)数据,获得了3.6Å的原子分辨率结构信息;针对电子断层三维重构,提出了自适应联合代数迭代重构算法(ASART),开发完成了冷冻电镜电子断层三维重构软件ATOM,在信噪比极低和投影数据缺失的情况下,能够获得比WBP和SART精度更高的重构结果。其主要工作如下。

(1) 单颗粒冷冻电镜分子颗粒挑选软件Picker是一种二维的图像处理方法,它实现了基于旋转和平移不变性、基于几何矩特征和基于互相关匹配的多种颗粒识别算法。在Benchmark测试集上识别性能优于当前主流颗粒识别算法;针对中国科学院生物物理研究所提供的真实电镜生物数据,得到了97.5%的高识别率,且执行效率较高,平均执行时间约为4s。

(2) 单颗粒冷冻电镜并行三维重构软件ParaEMAN,针对EMAN的处理流程的主要模块(投影、分类、平均、重构、优化),分别提出了不同的并行策略,并且提出了一种自适应动态调度策略,分别在同构和异构多处理机系统上获得了较好的负载平衡,实现了EMAN的并行化版本;在其原有算法的基础上提出了一种PRF策略,得到了更加精确的颗粒图像分类结果,进而显著提高了三维重构结果的精度。在千核规模集群上获得60%的并行效率。

(3) 二十面体分子重构软件ICTISAF,采用基于球谐函数的重构算法,能够获得接近实验数据极限的分子结构信息。针对生物物理研究所提供的兔出血热病毒(RHDV)实验数据,获得了3.6Å的原子分辨率结构信息。ICTISAF重构结果如图6所示。

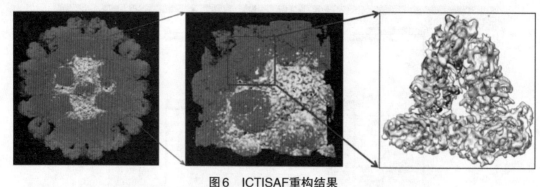

图6 ICTISAF重构结果

（RHDV数据：26117幅，图像大小为640×640像素；RHDV重构精度：3.6 Å）

（4）自适应联合代数迭代重构算法ASART，在信噪比极低和投影数据缺失的情况下，能够获得比WBP和SART精度更高的重构结果。在专用高性能计算机系统上，ASART迭代并行重构相对于单核CPU能够获得几百倍的加速比，与其他算法的对比如图7所示。

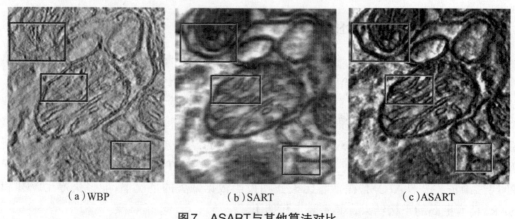

（a）WBP   （b）SART   （c）ASART

图7 ASART与其他算法对比

（数据集：112张大小为1024×1024像素的小鼠肝细胞线粒体的投影图片）

7. 蛋白质三维结构可视化

在蛋白质三维结构可视化研究方面，完成了一套高效精确的蛋白质冷冻电镜三维结构模型分割、匹配可视化分析软件——冷冻电镜结构模型及密度图可视化与分析软件VAT4M。该软件主要有如下特点。

（1）直观形象的可视化结果，新颖的可视化模式。对晶体结构实现了分子模型可视化，对PDB数据研究实现了球形、棍形、Cartoon、Ribbon等多种形式及组合形式的可视化；对冷冻电镜密度数据实现了Marching Cube等值面算法和GPU加速的光线投射体绘制两种可视化模式。其中体绘制功能突破了传统的密度数据可视化模式，为科学家带来了全新的体验，用户在使用后表示这种可视化技术为他们发现数据中隐藏的信息提供了更方便的方式，如图8所示。

(a)图中所有物质的漫反射系数是0.8，用户很难看清分子的内部对称结构

(b)图中外表面的反射系数是0.8，内部大分子蛋白反射系数是1.8，五次对称结构得以清晰的展现

图8 内外物质对比度增强的分子病毒可视化结果

（2）高效的自动分割算法。已有的冷冻电镜可视化软件只支持对等值面的纯手动分割，这样手工分割即烦琐又非常耗时。利用数据特征，将传统上应用于图像数据分割的分水岭算法拓展到三维空间，实现了对三维数据体的较大尺度的自动分割。同时，还提出了新的自动分割算法——多目标快速行进法，利用生物学家专业知识和计算机的自动功能对于复杂的病毒分子进行分割，取得了较好分割效果。自动分割方法与传统软件的纯手工方法相比，精度较高、使用方便、省时省力，而且是对三维数据体而不是等值面的分割，不会因为值域设置问题而影响后期的匹配，如图9所示。

(a)分子伴侣的等值面图　　(b)用户设置的初始种子点　　(c)自动分割结果，不同颜色表示不同分割块

图9 分子伴侣的分割结果

（3）智能的自动匹配。匹配是晶体结构放入密度图中，如果晶体结构与这部分密度图相匹配，则可以推测出这个密度图的结构。由于交互式操作中，二维鼠标很难定位三维空间，所以手工匹配相当耗费精力。为此，设计了极值点吸收法与梯度下降法实现了自动匹配，如图10所示。

图10 极值点吸收法与梯度下降法实现了自动分子匹配

8. 面向蛋白质科学的专用高性能计算机系统

面向蛋白质科学的专用高性能计算机系统采用了基于多核CPU和高性能GPU加速器的混合架构,实现了高效的异构协同计算技术,在系统架构上采用了全冗余设计的刀片技术,具有高可靠和高密度的特点,如图11所示。X86加速部分包括80个刀片节点,共有160颗Intel Xeon X5650 CPU和80块NVIDIA Fermi C2050 GPU,该部分X86 CPU的峰值运算能力为10.2TFlops,GPU的加速计算能力为单精度82.4TFlops。每个刀片节点配置了24GB DDR3内存,内存总容量为1920GB。采用胖树结构的QDR InfiniBand网络作为数据网络,单向链路带宽为40Gbit/s。采用双千兆网络作为管理网络和存储网络,单向链路带宽为1Gbit/s。系统中的存储节点配置了24块2TB磁盘,总的存储容量达到了48TB。

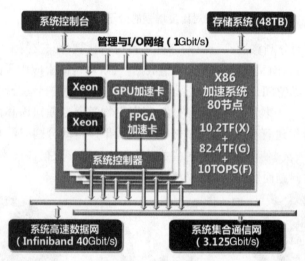

图11 面向蛋白质科学的专用高性能计算机系统结构

四、典型应用案例分析

冷冻电镜已经发展为研究蛋白质结构最重要的手段之一,而从电镜图像进行单粒子三维重构是确定三维结构的主要方法。相对于测定蛋白质结构的其他两种主要方法X射线晶体学和核磁共振,冷冻电镜成像有很多优势。X射线晶体学方法不适用于大分子和复合物的成像,疏水分子很难结晶,无法测量,何况将蛋白质结晶本身就不利于对其生物活性和分子间相互作用的观察;核磁共振法瓶颈在于样品制备和数据采集时间长;冷冻电镜法则没有以上这些限制,适用于从蛋白质到病毒和核糖体等形态不规则的大型粒子,并且对于分子量在数百到数千道尔顿的大分子和团簇都有较好的效果,因而获得了广泛的应用。

冷冻电镜重构的基本思路是通过分析粒子在多个方向上的二维投影,经过一系列旋转、平移、傅里叶变换等手段,构造出粒子的三维模型。三维重构算法具有计算密集型的特征,对计算能力的挑战来自两方面因素:①为了避免损坏样品,电镜的辐射剂量常常选择较低值,得到的照片信噪比和对比度大都很不理想。因此,为了得到具有足够精度的三维模型,需要大量的电镜照片。例如,为了得到分辨率10Å的三维模型,常常需要数以千计的原始电镜照片。②基本的重构算法需要将原始粒子图像与对比图像进行对齐。重构过程可看作通过不断迭代,对模型逐步精修的过程;然而照片中的生物大分子的角度具有均匀的随机分布,很难分辨他们各自的精确取向。目前的解决方案是增加迭代次数以获得更精确的结构,于是对计算能力有更高的要求。

单粒子分析作为一种实验/计算技术在冷冻电镜三维重构中得到广泛运用。目前常见的单粒子分析软件包括EMAN、SPIDER和IMIRS。这类软件均可方便地提供三维重构功能,但由于计算量巨大,在通用CPU上运行起来极为耗时。一次典型的重构需要数百乃至上千的处理器小时。为了应对不断增长的计算量,大部分同类软件都开发了重构算法以便利用传统的并行计算系统。不过以往的工作只开发粗粒度、任务级并行,比如,对电镜照片中不同粒子的三维重构过程可同时进行。图12展示了EMAN的三维重构算法的主要流程。

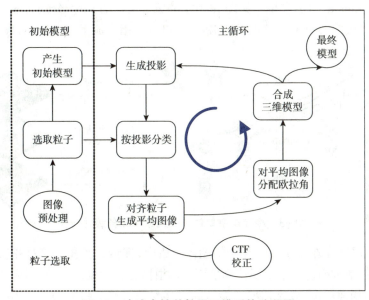

图12 冷冻电镜单粒子三维重构流程图

依据从电镜或CCD采集的图片中选出的大量粒子图像,生成一个初始的三维模型。以初始三维模型为起点,进入精修迭代。每一轮迭代的输入均为上一轮生成的较为粗糙的模型,并在其基础上结合原始数据,产生较为精细的新一代三维模型。当连续多轮迭代产生的模型趋于稳定时,即可确认迭代已收敛到最终结果。图12中的右半部分是整个精修过程的流程图。精修的第一步产生上一轮的模型在各个方向上均匀分布的M个投影。随后,每个投影对应一类角度,将N个原始粒子图像划分到M个投影类(particle classification)中,并通过旋转、平移等图像处理,尽可能与该投影"对齐",并依据对齐的粒子图像产生一个该类的"平均图像"(class average)。最后,对每个平均图像分配一个欧拉角,不同角度的平均图像便可合成新一代的三维模型,用于下一轮迭代的输入。总的来说,分类操作可以精确地将每个粒子划分到正确的投影类,但偶尔遇到信噪比过低的图像时仍然会出错。不过在生成平均图像的过程中,从算法上可以将这种错误的影响消除掉。

从单粒子三维重构算法的特点上我们发现,EMAN应用基本可以分为三个层次的并行：即粒子组层次、投影层次和图像对准层次。

粗粒度的并行在粒子组的层次实现。N个粒子被分成若干组，然后各组粒子被并行划分到M个投影类。理论上这一层的最大并行度为N。注意到每个粒子的聚类需要访问所有M个投影数据，在分布式内存系统中，访问投影数据将产生额外开销。每个处理器保存所有投影数据的一份备份，或者M个投影分布在多个处理器上通过通信共享，这样限制了程序的可扩展性。

在一个粒子组内的投影操作仍然具有并行性。一个粒子通过自身与M个投影比较进行聚类。由于任意两个聚类操作之间具有独立性，投影层次的最大并行度为M。相比原始粒子图像的巨大数目，投影的数量较小，通常M的数值为几百，所以能够为大规模多节点计算机系统提供有限的并行度。

根据EMAN的算法特点，我们实现了一种利用GPU进行加速的单粒子三维重构软件EmanCUDA。EmanCUDA实现了如图13所示的三个层次的并行，分别对应于计算节点的任务级并行、多核CPU的线程级并行和GPU SIMT（单指令流多数据流）的数据级并行。

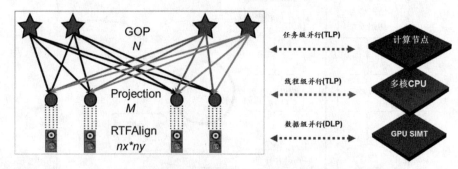

图13　冷冻电镜单粒子三维重构任务级并行

图像对准层次即在粒子分类和平均图像生成中，旋转对齐和平移对齐操作的并行潜力，这也是单粒子重构运算中主要计算量所在。根据已有的投影图像，需要计算每个粒子与每个投影的相似程度，以及需要的旋转和平移参数。算法将每个大小为$nx \times ny$的粒子图像储存在一个二维数组里，并在其上进行一系列的计算。二维数组上的对齐操作提供了丰富的并行性，即算法对粒子的每位像素执行相同的计算。在核心算法函数RTFAlign中，有20多个kernel函数具有这样的性质。

其中，图像对准层次由GPU大量的计算核心来实施并行，不由CPU参与。而粒子组层次和投影层次属于粒度较粗的并行层次，我们将其映射到异构系统这一硬件层次上来实施，即下面要介绍的多结点间并行和结点内处理器间的并行。

利用专用高性能计算机系统的GPU加速机群节点，结点之间通过高速网络连接，每个结点上包括2个Intel Xeon E5650六核CPU和1个GPU。在EmanCUDA实现中，显卡采用NVIDIA Fermi C2050，共使用了64个节点。

其中，Fermi C2050显卡拥有14个流处理单元，每个单元由32个1.35GHz的流处理器组成，其单精度浮点峰值可达1030 GFlops。片外的全局显存容量为2.8 GB，每个流处理单元拥有的片上共享存储器为64KB。每个kernel最多可在同一个流处理单元上启动

1024个线程。和以前的G80和GT200架构相比，Fermi架构增加了内存ECC保护以及L1、L2 Cache等重要功能。

数据方面，EmanCUDA使用一组冷冻电镜拍下的真实蛋白质分子图像作为三维重构输入。图像分辨率为512×512，共7224幅，数据总大小为7.4GB。

首先评测各个kernel优化的效果，图14显示了除CUFFT函数外，几个耗时最多的libEM函数的优化情况，测试在一个典型的命令行下执行，在不影响普遍性的情况下，出于测试的效率考虑，我们采样了用于颗粒分类的核心函数classesbymra主循环过程中的一个片段，利用NVIDIA CUDA Tookit中提供的cudaprof工具对GPU kernel进行了时间统计。从图14中可以看出，divede、unwrap、CCFX、RAT这四个GPU kernel相对于Intel CPU单核分别取得了30~90倍不等的加速比，这是由于它们的计算相对密集，访存相对规则，容易发挥GPU的优势。而toCorner、lsqfit、findmax三个kernel只取得了不到10倍的加速比，这是由于它们的算法特性难以充分发挥GPU的特长，例如toCorner中计算访存比非常低，lsqfit和findmax函数均为GPU利用率相对较低的reduce操作，并且存在较多double类型的数据计算。

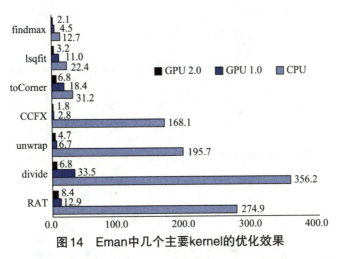

图14 Eman中几个主要kernel的优化效果

单粒子三维重构算法中开销最大的是对每个粒子图像针对投影进行分类的过程，即Eman软件包中的classesbymra程序，我们在kernel优化之后，测试了在不同的粒子规模下，classesbymra的一个GPU进程和一个CPU进程的性能对比。图15和图16分别给出了EmanCUDA在1、4、8、16、32、64节点下异构系统和纯CPU系统的运行时间和加速效果，图17中展示了迭代10轮后的三维模型。测试中，纯CPU系统只包含2个Intel X5650 CPU，而异构系统则在此基础上增加一个Tesla C2050 GPU。在节点数较少的时候，开销最大的classesbymra程序主要决定了异构系统的加速比，虽然其GPU并行的加速效果较好，但是由于2个X5650 CPU共有12个CPU核，其计算能力也非常可观，故此时加速比仍较有限。当节点数增多时，由于classesbymra程序的开销逐渐被线性削减，在CPU上难以并行的make3d程序逐渐成为瓶颈，此时GPU的数据级并行显得更加有效，加速比增加。在节点数达到64时，CPU-GPU异构系统相对于纯CPU系统取得了5.9倍加速，在冷冻电镜三维重构的整体算法过程中，1个Tesla GPU的计算能力相当于1个Intel六核CPU的9.8倍。

197

从该系统的计算能力来看,异构平台上的1个Intel X5650 CPU峰值为128Gflops,1个NVIDIA Fermi C2050 GPU的峰值为1030GFlops,即在二者均达到100%利用效率的情况下,Fermi GPU的计算能力是Intel CPU的8倍左右。在节点数较少时,整体性能基本由classesbymra决定,此时CPU对classesbymra在不同的核上执行任务级并行,利用率极高,一个GPU的计算能力大概相当于一个CPU的2.5~3倍。而节点数达到64时,用于重构3D图像的核心函数make3d成为其主要瓶颈,这一过程由于对三维结构进行插值更新等处理,不适合在CPU上实施任务级并行,否则将因为通信量过大的原因导致计算并行的优势被抵消。而Eman软件包中也未对make3d在CPU上实施数据集的并行优化。而在GPU上,make3d尽管也因三维插值时造成的原子操作大大影响了效率,但由于其重核结构在数据级并行上的优势,仍比CPU获得了更高的效率,从而使整体效率反而超过CPU。多节点环境下,纯CPU系统与异构系统的运行时间和加速比如图15和图16所示。

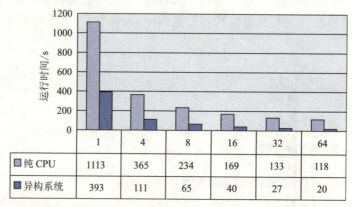

	1	4	8	16	32	64
纯 CPU	1113	365	234	169	133	118
异构系统	393	111	65	40	27	20

图15　多节点环境下纯CPU系统和异构系统的运行时间

图16　多节点环境下异构系统相对纯CPU系统的加速比

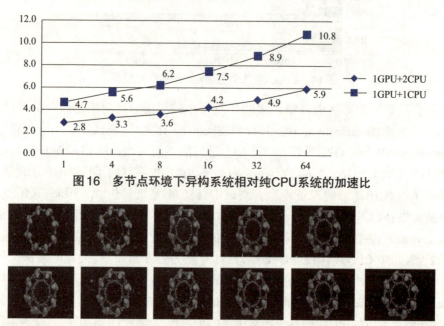

图17　迭代10轮的三维模型

以多核CPU和GPU组成的计算机系统为代表的异构系统在当前的高性能计算领域扮演着重要角色。我们实现了基于这种异构系统的一个并行应用实施——冷冻电镜三维重构，发掘了算法中多层次的并行潜力，给出了将这些并行层次映射到计算资源的方式，并使用一种自适应的动态划分方法在不同的节点和硬件之间均衡负载。

在该系统上的EMAN软件的GPU加速版本相对当前的多核CPU获得了超过10倍的加速效果。在异构系统上，多层次的并行是一种加速应用程序的有效模式。多核CPU以其强大的通用处理能力，往往适合承担任务级并行实施以及流程控制方面的任务，而GPU这样的SIMT众核加速器件则更容易在细粒度的并行层次上取得出色的加速效果。合理地将任务分解映射到不同硬件上，使其充分发挥各自优势，是异构系统编程的关键。

五、总结

长期以来，我国的高性能计算机发展一直以计算速度作为主要的追求目标。但片面追求速度也带来功耗高、应用效率低、系统可靠性差等一系列问题。针对这种情况，研究组提出了面向应用的高性能计算技术路线，并以蛋白质科学为切入点，对这一技术道路进行了研究探索。在这一技术路线的指导下，研究组采取了从科学问题出发到基础算法、再到重要软件、再到高性能计算系统这样一个研究思路。

在基础数据方面，分别建立了蛋白质修饰与定量分析的基准测试数据集和蛋白质冷冻电镜三维重构的基准测试数据集。标准的蛋白质修饰与定量数据集和相应的基于各类质谱仪器的标准谱图，有效地用于计算算法、软件、硬件设计的评估和比较，并有望成为国际标准数据之一。构建的电镜三维重构的基准测试集，为新算法的研究和新软件的开发提供了参考评价的标准，也可用于国际上其他相关软件的评测。

在算法和软件研究开发方面，深入地研究了蛋白质修饰规模化鉴定引擎的打分算法、索引加速算法、集群并行加速算法、意外修饰发现算法、球坐标系下多面体重构算法、高性能异构并行算法等生物和计算机领域的计算方法，开发了一组大规模蛋白质翻译后修饰鉴定和定量分析工具集(包括PFind、并行InsPecT、MZ-Analyzer、QuantWiz等)，以及电镜法三维重构的软件包(Picker、ParaEman、Eman-GPU、VAT4M等)。这些核心引擎和配套工具一起构成完整的修饰鉴定软件系统，可以支持蛋白质修饰鉴定与定量计算的全流程。

在本项研究工作的起始阶段，虽然在全球高性能计算机排行榜TOP500上大部分的系统仍然是传统的Cluster结构，但却面临系统的功耗和规模方面的压力。针对这种情况，本研究中提出了采用新兴GPGPU技术和可重构计算技术来加速运行生物信息学问题，利用加速计算技术对突破传统的HPC增长方式进行了有益的探索，对于特定应用达到了经济和高效的目的。

例如，在利用GPU加速计算方面，实现了对冷冻电镜三维重构软件EMAN的良好加速效果，其核心函数最高加速比达到90多倍。在64节点系统规模时，GPU系统的应用综合加速比最高可达到10.8倍。在本项研究开始之后的一段时间中，先后有多台国产高性能计算机也采用了相同的加速路线，这其中就包括采用X86+NVIDIAC2050的曙光星云等系统。

目前,这一套面向蛋白质科学的高性能计算软硬件系统已经部署到中国科学院上海高等研究院的计算中心,成为国家的蛋白质设施的一个重要部分,并将为未来的蛋白质科学研究提供强大的科学计算支撑。

作者简介

张佩珩,中国科学院计算技术研究所正研级高级工程师,高性能计算机研究中心主任。现主要从事高性能计算机系统的研究工作,研究方向包括大规模并行计算机系统结构、可重构计算技术等,是曙光系列高性能计算机系统的主要研究人员之一。

科研信息化在微生物学研究领域的应用

马俊才[1] 刘　斌[2] 吴林寰[1] 杜晓萌[1] 孙清岚[1] 王　楠[1]

（1.中国科学院微生物研究所；2.中国科学院科技促进发展局）

摘　要

信息化技术对现代微生物学的发展起到了极大的推动作用。认识到科研信息化的重要性及其服务微生物学的巨大潜在能力，中国科学院微生物研究所开展了一系列科研信息化的有益尝试，承担了世界微生物数据中心（WDCM）的建设工作，开发了微生物菌种信息挖掘与服务平台，并开展了包括工业生物技术知识环境建设、应用微生物研究网络信息中心建设等在内的一系列科研信息化项目，力求将微生物学研究与学科应用紧密结合起来，以学术研究服务产业应用。本文将通过具体案例的实践探索，针对如何利用科研信息化手段推动微生物学研究和应用，提出若干意见。

关键词

科研信息化；世界微生物数据中心；微生物菌种信息挖掘与服务平台；工业生物技术知识环境建设；应用微生物研究网络

Abstract

Informatization has greatly promoted the development of microbiology. Being aware of the significance of e-Science and its potential in microbiological study, Institute of Microbiology, Chinese Academy of Sciences (IMCAS) implements a series of e-Science programs, including World Data Centre for Microorganisms (WDCM), Service Platform for Information Mining of Microbial Strains, Knowledge Environment of Industrial Biotechnology, and Research Network for Applied Microbiology (RNAM). The institute strives to integrate microbiological research and its application. This paper will discuss how to promote microbiological research and application by virtue of e-Science.

Keywords

e-Science；WDCM；Service platform for information mining of microbial strains；Knowledge environment of industrial biotechnology；RNAM

一、引言

现代网络信息技术使当今社会发生了革命性的改变，对科学研究活动也产生了巨大的影响。鉴于海量科研数据的产生、科研管理手段的更新、全球科技合作的诉求、地理国界樊篱的突破，科学家们意识到，必须借助信息技术才能更有效地开展科学研究。微生物

1　马俊才，博士，正高级工程师，现任中国科学院微生物研究所信息网络中心主任。

学研究亦不例外。伴随着科技革命的日益深入,科研人员把微生物学研究与信息化手段紧密结合起来,将研究活动拓展到了一个新的维度。

二、微生物资源信息化现状与挑战

微生物学是现代分子生物学发展的三大支柱之一,它在整个生物学发展中起到了不可估量的作用。而微生物数据资源是微生物资源共享和开发的关键环节,数据资源的丰富性、准确性和共享水平决定着整个微生物学领域研究和应用的综合能力。与实物资源相比,微生物信息资源是最有可能实现共享的一种资源。通过信息技术,建立统一的数据标准,为微生物资源研究的各个环节提供包括数据管理及共享、数据分析、计算模型等在内的支撑,促进信息资源的共享,从而带动对微生物资源的开发和利用,对微生物资源研究和生物技术发展具有重要的意义。

世界各国科研人员对信息资源的共享需求,促进了生物学数据库的大发展。目前,世界上最著名的核酸一级数据库有3个,即由美国国立生物技术信息中心(NCBI)建立和维护的GenBank、由欧洲生物信息学研究所(EBI)维护的EMBL核酸序列数据库和日本的DDBJ数据库[1]。伴随着人类基因组计划(HGP)的实施,产生了为此计划保存和处理基因组图谱数据的基因组数据库(GDB)。蛋白质数据库主要包括PIR国际蛋白质序列数据库(PSD)、蛋白质序列注释数据库(Swiss-Prot)、蛋白质位点和序列模式数据库(PROSITE)、蛋白质空间结构数据库(PDB)、蛋白质结构分类数据库(SLOP)和蛋白质直系同源簇数据库(COG)等。相关功能数据库主要包含京都基因和基因组百科全书(KEGG)、相互作用的蛋白质数据库(DIP)、可变剪接数据库(ASDB)、转录调控区数据库(TRRD)、转录因子及其结合位点数据库(TRANSFAC)[2]。自2010年起,核酸序列数据开始爆发式的增长,每年数据产出达到数百PB级,耗资数百亿美元以上,推动了众多重要的科学发现。到2011年,全球已经有超过1300个在线生物信息学数据库。截至2011年3月,已经完成测序的细菌基因组达到876个,还有648个基因组已经完成了测序草图[3]。

微生物数据资源的开发和共享极大地推动了科学的进步,但其在发展过程中也不可避免地面临诸多问题和挑战。由于资源和环境分布的局限性,微生物学研究也不可避免地受到区域限制,全球性的合作势在必行。然而,全球还没有一个比较统一的项目或者领导性的机构来协调各方资源,促进交流合作和资源的共享。21世纪初,经济合作与发展组织(OECD)曾经推动过全球微生物资源中心网络(GBRCN),欧盟也推动过欧洲微生物资源及信息共享项目(CABRI),但是这些计划由于缺乏共享机制和技术力量支持等原因,都没能建立一个运行稳定的成熟的国际性数据平台;此外,各国对微生物资源开发和信息化应用的进程不一,也是阻碍世界微生物学整体发展的一个重要因素。

具体到我国的微生物数据资源领域,我们与发达国家的差距主要体现在两个方面:一方面,在我国的微生物学领域中,缺乏统一的、覆盖全国的信息平台和知识环境,用来整合调动全国各主要微生物学科研机构,服务我国国内的微生物学研究与应用;另一方面,世界知名数据库均为欧美发达国家所开发,这就使我国的微生物资源信息化在国际学术界处于从属地位。因此,我国需开发具有国际影响力的微生物学数据库和信息平台,提升我国科研信息化的实力。在此基础上,我们还应更进一步,主导建立全球性权威微生物学数据库,提升我国在国际微生物学界的地位。

三、微生物学的科研信息化实践

认识到科研信息化的重要性及其服务在微生物学的巨大潜在能力,中国科学院微生物研究所结合自身的研究方向,开展了一系列科研信息化的有益尝试。微生物研究所承担了世界微生物数据中心(WDCM)的建设工作,在WDCM的框架下,开发了微生物菌种信息挖掘与服务平台,并在中国科学院生命科学与生物技术局、信息化工作领导小组办公室的领导和支持下,与上海生命科学研究院、天津工业生物技术研究所、青岛生物能源与过程研究所、成都文献情报中心、对地观测与数字地球科学中心等院内兄弟单位合作,实施开展了包括工业生物技术知识环境建设、应用微生物研究网络信息中心建设等在内的一系列科研信息化项目,力求将微生物学研究与学科应用紧密结合起来,以学术研究服务产业应用。本文将选取若干案例加以介绍,为业界同仁以及对科研信息化应用感兴趣的读者提供借鉴。

1. 世界微生物数据中心(WDCM)的建设

随着计算机技术的飞跃发展和互联网的渗透普及,国内外已经形成了一系列微生物分类数据库。用户可以根据菌种的部分特征搜索目标微生物,并能通过网络获得相关微生物的生化指标等在线资料,这些都为微生物研究者提供了巨大的信息资源,信息的快速收集极大程度扩展了微生物研究人员的研究范围和研究能力。同时,高度发达的网际互联为微生物学的信息交流、资源共享和国际合作带来了前所未有的机遇。

世界微生物数据中心(WDCM)隶属于世界菌种保藏联合会(WFCC)和联合国教科文组织(UNESCO)的微生物资源中心网络(UNESCO Microbial Resources Centers Network,MIRCEN),是微生物数据资源领域规模最大、成员最多、最具国际影响力的科学组织之一,也是科研信息化的践行者和推动者。目前WDCM收集了全世界68个国家584个保藏中心的微生物资源信息。WDCM在国际生物多样性公约的框架下促进微生物资源的共享利用;同时借鉴国际先进的微生物资源管理经验,竭力提升全球微生物资源的保藏工作的信息化管理水平和数据质量,以期使发展中国家微生物资源的研究和开发利用研究工作更好地融入国际研究计划,建立良好的沟通平台,形成与世界对话的能力。

建设WDCM是中国科学院微生物研究所促进全球科研信息化的成功案例。就我国而言,它丰富了中国微生物信息资源,为我国微生物技术创新和新品种创造提供物质基础,增强了我国微生物产品的研发能力,并建立了良好的沟通平台,进一步推动中国微生物资源的研究工作更好地融入国际研究计划,提升中国微生物学领域的国际影响力;就全球范围来看,世界微生物数据中心提供了一个有效整合全球微生物资源数据的机制和平台。这一平台帮助实现了对全球微生物及其遗传资源的盘点,在国际生物多样性公约旨在保护资源输出国利益的前提下,促进微生物资源的共享利用。

2. 微生物菌种信息挖掘与服务平台建设

微生物资源是人类赖以生存和发展的重要物质基础,是生物技术创新的重要源泉,是目前生命科学领域研究和产生数据最丰富、对数据分析最深入、方法研究最成熟的学科。为了很好地应对微生物研究过程中对数据的需求,我们对微生物菌种信息挖掘与服务平台进行了构建。该平台包括全球微生物资源目录(Global Catalogue of Microorganisms, GCM)和生物资源引用分析系统(Analyzer of Bio-resource Citations, ABC),如图1和图2所示。

GCM是为全球保藏中心和微生物学家服务的整合型全球微生物数据资源平台。平台将开拓与菌种资源相关的基因组、蛋白质、结构、功能、应用等多方面异构大数据,形成自主开发、只针对微生物菌种资源的综合结构化数据库。该平台同时嵌套多种数据分析工具,为菌种资源提供信息查询、数据分析、功能预测、开发利用等多方面的支持与服务。目前,已经有来自全球19个国家的36家保藏中心的超过23万余株微生物资源数据加入了该平台。预计未来,该计划将覆盖全球超过100个保藏中心的数据资源,这对提升我国在全球微生物资源数据共享及利用的引领地位具有重要意义。

ABC是一个利用搜索引擎、文本挖掘等信息技术,对生物资源类文献进行信息采集、数据整理和引用关系挖掘的Web平台。在此过程中建立起关于生物领域资源类文献的元数据信息库以及全文库。并在此基础上,挖掘出生物领域资源类文献对生物资源的引用信息。ABC系统集成了微生物在科学文献、专利、基因组、核酸序列等方面的数据挖掘信息,提供给微生物保藏机构、科研人员、保藏微生物使用者全面的微生物资源引用信息。

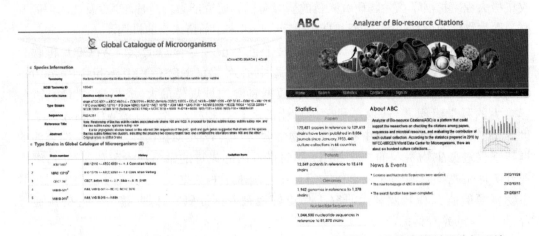

图1　全球微生物资源目录　　　　　　图2　生物资源引用分析系统

全球微生物菌种保藏目录和生物资源引用分析系统的建设和成功实施,建立统一的全球微生物菌种目录体系,对主要的保藏中心的目录进行标准化整理,提供了统一的检索出口;深度挖掘了微生物资源引用情况和生物信息学数据分析,同时规范化了全球各注册微生物菌种保藏中的记录提交字段;更加方便了微生物菌种资源的交流与利用;提升了我国在国际微生物保藏领域的领导作用;为世界微生物资源保藏组织、微生物资源领域专家学者以及微生物资源的研究使用者提供一个知识全面、追踪更新、方便易用的查询分析平台。

3. 工业生物技术知识环境建设

我国十分重视工业生物技术的发展,在国家中长期科学与技术规划中将其列为重点研究领域。中国科学院也从国家战略规划的高度考量,特别在其"1+10"基地建设规划中,设置了"先进工业生物技术基地"。

为了促进基地项目之间的资源共享和合作研究,构建紧密融入用户科研过程的个性化知识环境,中国科学院微生物研究所启动了"工业生物技术知识环境"建设工作,网络平台如图3所示。项目从调查研究、战略分析、知识库和知识环境建设以及基地的信息化管理等方面入手,结合工业生物技术基地中的项目管理、人才队伍建设和院地、院企合作等工作,整合和集成工业生物技术研究必需的生物实物资源信息、专利信息、文献情报、产品、企业、政策等信息,建立工业生物技术基地综合知识仓库、智能检索引擎和信息化协同工作环境;紧密跟踪国际工业生物技术发展趋势,针对若干重大应用需求,定期开展最新发展态势和核心关键技术信息的定制信息服务,形成中国科学院工业生物技术发展战略报告;结合基地的人力资源管理,建立骨干科研人员个人门户,管理组织的显性知识,并且积累、挖掘组织的隐性知识,以"中国工业生物技术信息网"为门户,加强与院地合作局的合作,促进中国科学院生物技术成果的信息共享、成果转化和院地、院企合作;建立我国生物能源科学技术评价体系,为国家或相关部门特别是中国科学院先进工业生物技术创新基地提供生物能源科学技术发展和产业化的对策与建议。"工业生物技术的知识环境"项目是中国科学院首次尝试为基地建设配置专门的信息化支撑项目,既是基地管理模式的创新,也是利用信息化手段服务科研活动的有益探索。

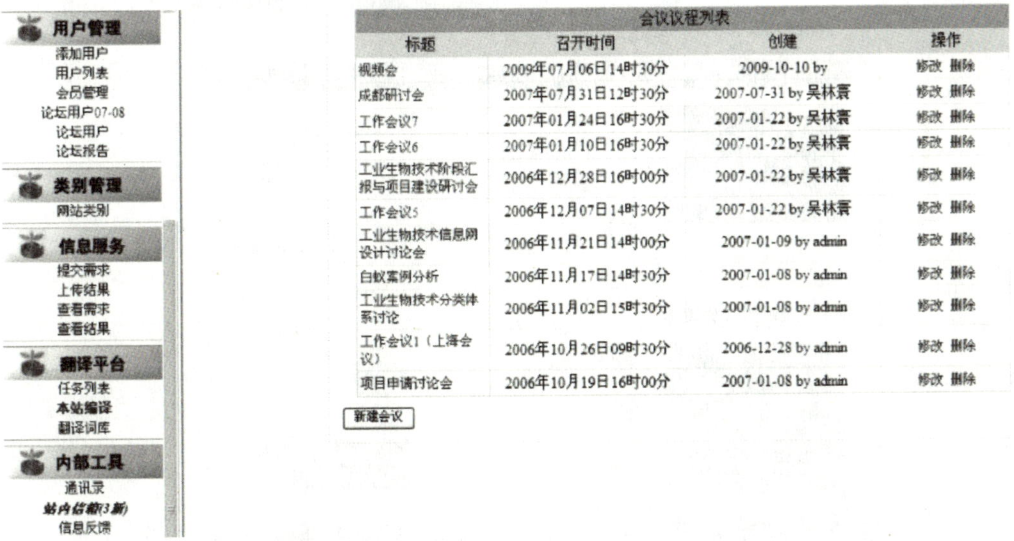

图3 "工业生物技术知识环境"网络工作平台

通过知识环境建设,我们在工业生物技术基地各个研究单元之间初步形成了一张知识网。在知识网的基础上,我们还结合应用微生物研究网络建设以及所际联合的网格式研究中心建设,形成面向基地的资源、研究和知识三网合一的网络管理构架。网络管理构架模式的提出和实践,增强了基地对科研布局和科研组织的调控能力,有效弥补了原有的院所垂直管理关系的局限性,增加了网络之间节点的联系,促进了资源的逐步整合共享、优化配置;从而有利于凝聚全院力量,在联合争取和承担重大项目、开展多科学合作方面迅速反应,系统应对;打破原有机制体制和管理组织形式的瓶颈问题,对基地管理工作和科研活动本身都产生了积极的推动作用。将资源网络、研究网络、知识网络结合,实现三网合一多层网络架构的管理模式是基地实现高效科研管理的有益尝试。

通过在"10+1"基地中率先开始进行知识环境建设的实践,并通过院科研信息化示范项目的后续支持,基地实现了信息化工作与科研、管理方式创新的有机结合,为基地管理机制的创新提供了一个范例。

4. 应用微生物研究网络信息中心建设

微生物资源是地球上最大的、尚未充分开发利用的生物资源,是生物技术创新和生物产业发展的源头和基础。我国微生物资源丰富,已有相当规模的菌种储备,微生物应用研究也有一定基础,但在微生物资源的规范管理、开放共享和功能评价等方面尚存在诸多问题,因而制约了微生物资源的开发利用。为推动我国微生物资源的收集、整合、研究和开发,中国科学院于2010年8月正式启动了中国科学院应用微生物研究网络。网络旨在整合全院应用微生物研究的核心力量,促进微生物资源、信息和技术的规范管理和开放共享,协调并加强在工业、农业、海洋、环境微生物领域的研究与开发,更好地发挥微生物资源和技术在支撑生物产业发展和满足国家重大需求方面的作用,推动国民经济和社会的可持续发展,网络平台如图4所示。

图4 应用微生物研究网络

应用微生物研究网络总体研究框架由总中心、分中心和网络实验室组成。在总中心设有网络信息中心,专门进行信息化建设相关工作。信息中心通过为应用微生物网络建立科研信息化的工作环境,集成了超级计算、知识仓库、文献情报等信息化基础设施,以先进的信息化手段提升微生物资源数据保藏和微生物资源开发能力,促进跨地区、跨领域的协同工作和资源共享；以世界先进的微生物菌种资源管理和数据标准为基础,建立全国性应用微生物研究的数据网络体系,建立全面的数据管理系统和数据汇交平台；并且与我国从事微生物学研究的一线科学家紧密结合,深入挖掘数据应用需求,为我国应用微生物领域研究提供完善的数据管理系统和先进的数据挖掘工具,从而切实推动微生物资源的开发利用。

应用微生物研究网络是中国科学院在微生物资源研究领域的重要布局,也是一种新的组织和管理方式的探索和尝试,利用信息化手段来全面促进科研管理和科研活动高效进行。

在网络的整体层面,通过建立虚拟的网络实验室,加强整体层面的联系和对项目宏观进度的把握,有效地促进了资源的整合和系统应对；在研究中心层面,以资源优势进行布局,充分发挥研究中心在资源的系统收集与整理、共享标准与机制、信息化建设、交流与合作等方面的关键作用。通过科研信息化的手段,对现有的各个领域的信息资源进行了充分的整合和数据挖掘,提供了面向工业、农业、环境和海洋等各个应用方向的数据应用和服务的典型案例。

在网络实验室和具体的研究层面,中心为配合以需求为导向、深入挖掘资源应用潜力的设计初衷,建设了生物信息学、微生物元基因组、蛋白质组学分析、合成生物学模块设计等各种数据分析和应用的平台,充分利用计算资源为科学研究提供支撑。

应用微生物研究网络的建立,整合了中国科学院应用微生物研究力量,发挥了相关研究所在不同研究领域的优势和特长,完善了从资源保藏到资源开发和利用的产业链,前瞻性地抢占了海洋微生物和环境微生物研究的制高点,对加强应用微生物领域的知识积累、技术创新和转化,整体提升中国科学院在该领域的创新能力,更好地发挥微生物在支撑生物产业发展和解决国家需求方面的作用起到了重要作用。而与之相适应的科研信息化环境的建设,是应用微生物研究网络得以高效、有序运行的一个不可或缺的保障。

四、结论和建议

信息化技术在科研中的应用其实并不拘泥于某一种模式。我们可以调动各种信息化手段,根据实际需要,量体裁衣,设计出最为适合的技术方案,辅佐微生物学的研究,进而促进科研成果的应用。我们建议可以从以下几方面着手：

(1)加强针对微生物资源数据的保存、利用共享的机制及平台的研究。在构建数据库和平台的过程中,要建立规范化、国际化微生物资源数据模型,通过促进数据资源的共享,加强微生物实物资源的交流,促进我国乃至世界微生物学整体学科研究的发展。

(2)建立系统的知识环境,开发协同工作平台。对各种数据、计算等资源进行整合,将数据转变为知识,并将传统科学数据库、ARP系统和超算设备等信息化手段与文献情报服务相结合,深化战略情报研究,服务科研应用,推进产学研一体化。借助知识环境,为科学家提供个性化的知识服务,提高工作效率,促进科研活动模式的转变。

(3)在从事研究的过程中,还应注重创新科研管理模式,利用信息化技术,辅以有力的行政管理手段,双管齐下,优化管理模式,实现数据的定期汇交和整合,确保数据库建设和项目实行的质量。

(4)积极推动国际行动计划,逐步构建我国在国际微生物学界的主导地位。我们应积极倡导重要领域性国际合作行动计划,通过参与、主导制定全球微生物资源数据的整合机制和信息平台标准,吸引全球各国的微生物资源保藏机构加入,并建立国家和区域性节点,进一步确立我国在国际微生物资源信息共享领域的主导地位,并以此为契机逐步建立获取、利用全球微生物资源的渠道,在微生物资源的利用方面开展与其他国家的实质性合作,推动我国及全球生物产业的快速发展。

参 考 文 献

[1] Baxevanis A D. The Internet and the Biologist . Methods of Biochemical Analysis, 1998, 39: 1-15.

[2] Borsani G, Ballbio A, Banfi S. A practical guide to orient yourself in the labyrinth of Genome Databases . Human Molecular Genetics, 1998, 7: 1641-1648.

[3] Genome Online Database. http://www.genomesonline.org/cgi-bin/GOLD/index.cgi.

作 者 简 介

马俊才,现任中国科学院微生物研究所网络信息中心主任、世界微生物数据中心(WDCM)主任、中国生物工程学会生物技术与生物产业信息中心主任、世界微生物菌种保藏联合会执委、亚洲研究资源网络数据管理工作组主席、国际科学数据委员会CODATA微生物数据工作组共同主席、国际生命条形码项目数据镜像工作组共同主席。目前主要从事生物信息学、大数据、生物网格、并行检索技术、超大规模全文检索技术、全球微生物资源网络建设等方面的研究。

超声分子显像与治疗关键技术及设备研究

王志刚[1] 冉海涛 郑元义 李 攀 宫玉萍

（重庆医科大学超声影像学研究所，重庆医科大学附属第二医院超声科）

摘 要

近年来，随着医学影像技术的发展，超声分子成像成为当前医学影像学研究的热点之一，其中超声分子探针的设计是分子成像研究的重点和先决条件。靶向超声微泡（球）造影剂在超声分子显像及治疗中的研究、应用越来越受到人们的关注，而多学科的融合使其具有更大的发展空间。实现高效超声分子成像与治疗，也对研发一套完善的超声分子成像与治疗系统仪器装置提出了迫切需求。将超声分子成像设备、超声微泡（球）触发装置、超声分子成像监控与超声分子探针有机结合的"低功率超声分子显像与治疗系统"，有望实现超声分子显像及精细、适形、高效的药物体内定位递送、定量控释和疗效评价一体化，为疾病的超声分子显像诊断与治疗提供创新的、适合多学科使用的新技术和科研平台。

关键词

超声；分子成像；造影剂

Abstract

In recent years, with the rapid development of medical imaging, ultrasound molecular imaging become one of the hot spots in molecular imaging research field. The design of molecular probes is the key point and prerequisites for ultrasound molecular imaging. People increasingly pay more attention to the targeted ultrasound contrast agents which are the ultrasound molecular probes. And the intersection of multiple disciplines will promote the development of ultrasound molecular imaging. It is also urgent to develop a set of special equipment for efficient ultrasound molecular imaging. The ultrasound molecular imaging instrument, microbubble/microsphere triggered device, imaging monitoring and ultrasound molecular probes can be integrated into the low intensity ultrasound molecular imaging and therapy system, which will hopefully bring about the integration of ultrasound molecular imaging, in vivo drug delivery and controlled release and evaluation of treatment efficacy. It provides an innovative research platform for ultrasound molecular imaging and therapy.

Keywords

Ultrasound；Molecular imaging；Contrast agent

一、引言

分子影像学（Molecular Imaging, MI）是运用影像学手段显示组织水平、细胞和亚细胞

---

1 王志刚，教授，主任医师，博士生导师，中国超声医学工程学会副会长。

水平的特定分子,反映活体状态下分子水平的变化,对其生物学行为在影像方面进行定性和定量研究的科学。王志刚团队于2004年首次提出"超声分子影像学的概念"[1]。超声分子成像技术,是将超声分子探针(靶向超声微泡造影剂),从静脉注入体内,通过血液循环特异性地积聚于靶组织,观察靶组织在分子或细胞水平的特异性显像,反映其病变组织在分子基础上的变化。其优点包括:①无创、无毒、无放射污染。②超声对解剖结构观察有明显优势,图像分辨率好,纵侧向探测深度较大。随着高频超声技术的发展,超声显微镜已能对细胞结构进行活组织观察,分辨率达到了与病理显微镜相媲美的水平。③能实时、动态、多次重复地对靶组织进行观察[2]。④可设计单靶点、多靶点和多模式的超声分子探针。⑤最近研究发现的敏感粒子声学定量(SPAQ)技术[3],能实现对肿瘤表达受体水平的在体、动态、实时定量。目前为止,尚未见到其他影像工具可实现这一功能的报道。⑥超声分子探针不仅可用于诊断,还可载基因或药物进行治疗,十分有利于多学科的交叉、合作、发展。⑦敏感度高。随着超声探测技术的发展,已经可以探测到单个超声微泡的信号[4],微泡直径为 $1\sim3\ \mu m$,明显小于大多数细胞的直径,这表明,超声可以探测到单个细胞甚至比单个细胞更微小的结构的信号。⑧可用于直接测量微血管或大血管内的血流速度。

分子探针,是指能与靶组织特异性结合的物质(如配体或抗体等),与能产生影像学信号的物质(如同位素、荧光素或顺磁性原子)以特定方法相结合而构成的一种复合物。借助分子探针,通过靶向结合或酶学激活的原理,及适当地扩增策略放大信号后,高分辨力的成像系统即可检测到这些信号的改变,从而间接反映分子或基因的信息[5]。目前所使用的超声分子探针是连接有特异性配体或抗体的、小于红细胞的超声微泡(球)造影剂或者纳米级微球造影剂。

二、超声分子探针的种类

1. 按探针构成成分种类分类

(1)磷脂微泡(球)造影剂:脂类造影剂具有靶向性、稳定性好,使用安全等优势,如以磷脂为成膜材料的造影剂SonoVue。研究发现,含有这种类脂类的造影剂在低机械指数条件下能显著增加造影效果,但存在有效增强显影时间较短的问题。

(2)高分子超声(聚合物)微泡(球)造影剂(如图1所示):其外壳为可生物降解的高分子聚合物及其共聚体。能根据需要设计不同的声学特性,改变其降解速度和持续时间。目前,高分子造影剂处于实验研究阶段,如德国Schering公司研制的SHU563A,Acusphere公司的AI-700。由于此种造影剂对压力的耐受性好,均可使心腔显像,但正因如此,需要较高的声学输出才能引起微泡的非线性共振,可能会致组织损伤。

(3)液态氟碳纳米粒(如图2所示):该类造影剂具有独特的优势:①其成像原理为聚集显像;②特有的小尺寸具有更强的组织穿透力;③固有的稳定性使其在体内具有更长的半衰期,便于延迟显像或重复检查;④还可作为基因或药物的载体。液态氟碳乳剂由Lanza等[6]最早研制,杨扬等[7,8]在此基础上,优化制备配方,采用高压均质技术成功制备出液态氟碳纳米脂质微球(PFOB微球),超声显像证实,该脂质微球具有聚集显影的特点,大鼠肝脏于造影后10s即开始出现增强,增强持续约1h。而作为超声对比剂的PFOB微球也能有效地增强大鼠肝、脾及脉管系统的CT显像。李奥等[9]采用薄膜–超声法制备出液态氟碳纳米粒,并在兔VX2肝癌模型上探讨其作为CT对比剂显像肝癌的能力,发现液态氟碳纳米粒能使肝实质持续强化,而瘤灶无明显增强,两者影像密度比显著增加,对肿瘤检出率高,能检出平扫未发现的瘤灶。结合冰冻切片及免疫组化检测,推测肝实质因Kupffer细胞吞噬液态氟碳纳米粒而出现强化,瘤灶内因缺乏Kupffer细胞不出现强化。Wickline等[10,11]制备包裹顺磁性物质Gd-DTPA的液态氟碳纳米乳剂,进行常规1H-MRI和^{19}F-MRI研究,每个纳米粒所含^{19}F浓度近100mol/L,足以获得较好的^{19}F-MRI信号。同时,通过^{19}F光谱分析可对靶区的液态氟碳纳米乳剂进行定量,从而可对靶点进行量化。Pisani等[12]也证实了外壳为高分子聚合物乳酸／羟基乙酸共聚物(PLGA)的液态氟碳纳米粒,可以用作^{19}F-MRI对比剂;Neubauer等[13]将液态氟碳纳米粒用于^{19}F磁共振微血管造影,发现该对比剂能产生令人惊奇的高信号而没有周围组织信号干扰,为临床检测冠状动脉不稳定斑块提供了新的方法。Winter等[14,15]制备了靶向整合素$\alpha_v\beta_3$的顺磁性液态氟碳纳米粒,特异性显像肿瘤以及早期动脉粥样硬化斑块的新生血管,能显著增强MRI信号。Lanza等[16]制备了载药靶向顺磁性液态氟碳纳米粒,进行了血管成形术后再狭窄的抗增殖治疗研究,显示包含阿霉素的纳米粒能显著抑制血管平滑肌细胞增殖,并可破坏残存细胞α-平滑肌肌动蛋白骨架,为临床预防血管成形术后再狭窄提供了新的方法。在前期研究的基础上,我们制备出了包裹全氟戊烷(PFP)或全氟己烷(PFH)的液态氟碳相变纳米粒,并通过超声(ADV)、光声(ODV)、磁致相变(MDV)等手段激发纳米粒发生相变以增强超声显像。

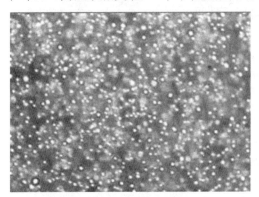

图1　高分子超声微泡造影剂

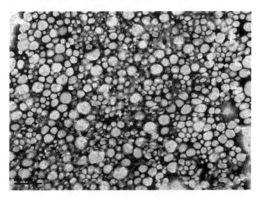

图2　自制液态氟碳纳米粒

2. 按探针粒径大小分类

微米级超声造影剂为常规超声造影剂,平均直径为2~4μm,小于红细胞,可以自由通过肺循环,但不能穿过血管,是一种血池显像剂。

纳米级超声造影剂(如图3所示)是指粒径在纳米尺度范围内的造影剂,通常是粒径小于1000nm的造影剂。较常规造影剂有极强的穿透力,能穿越血管内皮进入组织间隙,使血管外靶组织显像成为可能,推动超声分子显像与靶向治疗向血管外领域的拓展。

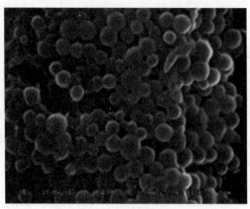

图3 超声"纳泡"

3. 按探针功能分类

(1)单功能：只用于超声分子显像。

(2)多模态：不仅可用于超声分子显像，还可同时增强其他影像方式显像，如同时增强荧光分子成像、CT分子成像等；敖梦等[17]成功制备了既可增强超声显像又可增强MRI显像的多模态造影剂，并发现静脉注射该造影剂5min后，肝实质的回声信号达到峰值强度，MRI信号较之前明显增强。Yang等[18,19]制备出包裹超顺磁性物质Fe_3O_4的微泡（Fe_3O_4/ PLA/ N_2），通过体内外实验，证实其不仅可以增强磁共振显像，同时具有增强超声显像的能力。Chow和他的团队[20-22]对包裹氧化铁纳米粒的超声微泡作为磁共振造影剂做了系列研究，证实在磁场强度为7T的磁域中此种微泡具有增加T2加权成像的能力，使MRI引导微泡或纳米粒载药治疗成为可能。Zhou等[23]用磷脂作为壳膜制备的叶酸受体靶向液态氟碳纳米粒具有特异靶向裸鼠卵巢癌增强超声和荧光显像的功能。载Fe_3O_4高分子微泡（球）[24,25]在增强超声显像的同时也增强了MRI显像，是一种阴性对比剂。此外液态氟碳纳米粒也是一种多模态超声造影剂。

(3)多功能：不仅用于成像，还可用于载药、载基因治疗。Zhou等[26]制备的载穿膜肽的多功能超声造影剂并体内实验证明基因的转染效率明显增强。载10-羟基喜树碱的脂质微泡[27]在增强裸鼠皮下移植瘤显影的同时具有明显的抑瘤效果。Niu等[24]制备的载阿霉素高分子微泡不仅增强了淋巴结超声、MRI显像，并且介导了肿瘤治疗。

三、超声分子影像学在疾病诊断方面的应用

1. 炎症

炎症的病理生理过程为炎症反应启动后产生一连串分子信号，导致白细胞聚集血管壁，自血管内皮间隙游出血管壁，并向炎症部位趋化聚集。以上过程，均发生在超声微泡（球）造影剂所在的微循环中，故可用靶向超声微泡（球）造影剂评价炎症过程。

Jing等[28]将自制超声微泡造影剂"表活显"（Surfactant Fluorocarbon-filled Microbubbles，SFCMB)与磷脂酰丝氨酸(Phosphatidylserine, PS)结合，制备成对白细胞具有靶向性的超

声造影剂(SFCMB-PS)，将该靶向造影剂用于兔肾缺血再灌注模型。结果发现，该部位的造影剂回声较其余正常肾脏部位的造影剂回声明显增强。这是由于"表活显"经PS修饰后，能大量黏附在激活的白细胞表面，并被完整吞噬。两者的结合，可被Mac-1 mAb和补体灭活血清明显抑制。说明SFCMB2PS是通过β_2整合素中的Mac-1和补体介导途径与激活的白细胞结合，并进入细胞内。有学者采用生物素–亲和素–生物素(BSB)桥连技术，构建携带抗P-选择素单抗靶向超声微泡造影剂(MB-BSBp)，平行板流动腔评价其在生理血流条件下的靶向黏附效能，同时，将MBp结合对比超声用于小鼠骨骼肌缺血–再灌注(Ischemia Reperfusion, IR)损伤研究。结果显示，MBp的声强度值明显高于对照组，证实可用于评价微血管炎症或相关的血管内皮反应[29]，与Klibanov等学者研究结果一致[30]。

动脉粥样硬化，是一系列的炎症反应过程。炎症反应时产生大量分子，如内皮细胞除表达P-选择素外，还可表达E-选择素，白细胞可表达L-选择素，还包括细胞间黏附分子-1(ICAM-1)、血管内皮细胞间黏附分子1(VCAM-1)等。Kaufmann等[31]在不同切应力条件下，评估VCAM-1靶向微泡的黏附能力，并建立不通程度动脉粥样硬化动物模型。将携带有单克隆抗体细胞间黏附分子-1(VCAM-1)的微泡造影剂注射到血管中，发现有大量微泡黏附在血管内膜表面；声像图显示，粥样斑块的显影增强。李馨等[32]建立了动脉粥样硬化的兔模型，推注靶向超声造影剂行腹主动脉超声造影。结果显示，使用普通及靶向造影剂两组间的血管内膜、斑块峰值视频密度差异有显著统计学意义($P < 0.01$)。而且，腹主动脉壁上携CD54单抗的微泡免疫组化染色呈强阳性，普通微泡为弱阳性。微泡与动脉粥样硬化的结合力，取决于血管内皮的炎症病变程度及血管功能的异常。Weller等[33]发现，随着炎症程度的加重，黏附在病变部位的微泡数量也会增多。这给早期诊断带来一定的难度，因此将单克隆抗体或其他配体共价结合于微泡表面，通过识别巨噬细胞表达的特异性抗原，在两者黏附力方面加大研究，不仅可以提高疾病诊断的准确性和敏感性，还可监测粥样硬化斑块的病变进程。

2. 血栓

含有RGD序列的六氨基多肽可以作为微泡结合血栓的靶向配体。急性血栓血小板上含有大量GPIIb/IIIa受体，该受体可选择性地与肽或含有RGD序列的仿肽类物质结合。为靶向超声造影剂在靶标吸附、聚集，增强其显像提供了客观条件。有学者建立犬双侧股静脉急性血栓模型，注射靶向微泡后，血栓回声明显增强，与管腔无回声背景分界清晰，图像质量明显改善。而且，在连接有肽类配体的脂质体氟烷微泡体外实验中发现，微泡不仅被血栓周边或表面摄取，而且渗入到团块的深面[34]。有学者在连接有经荧光标记的肽类配体的白蛋白血栓靶向超声造影剂体外寻靶实验中，亦有相似的发现。并采用三氯化铁($FeCl_3$)溶液，诱发兔腹主动脉非梗阻性新鲜血栓形成。经兔耳缘静脉注射白蛋白靶向造影剂后，血栓显影增强效果持续在10min以上，视频分析血栓灰阶值显著升高。荧光显微镜检测，血栓内可见散在分布的微泡。再次表明该靶向超声微泡造影剂已渗入到血栓团块的深面[35]。另一种是通过亲和素–生物素做桥梁，使氟碳脂质微泡(含有生物素磷脂)在亲和素的作用下，附着于血栓。

3. 肿瘤和新生血管

肿瘤的生长,有赖于丰富的氧和其他营养物质。为此,肿瘤通过新生血管来增加血液供应,以满足肿瘤迅速生长的需要。新生血管内皮表达大量的生长因子受体,如VEGF、$\alpha_v\beta_3$等。Howard 等[36]将抗$\alpha_v\beta_3$整合素的单克隆抗体,通过生物素桥结合到脂质体微泡表面,制备出能与$\alpha_v\beta_3$整合素特异性结合的微泡,在肿瘤血管模型中实现了靶向显影。Zhuo等[37]建立人前列腺癌裸鼠动物模型,推注携带VEGF抗体的靶向造影剂,行能量多普勒显像,可见前列腺癌组织能量多普勒信号显著增强。其免疫组化结果显示,荷人前列腺癌裸鼠肿瘤新生血管内皮细胞中VEGF表达呈强阳性。Jürgen等[38]将抗VEGFR-2(Endothelial Growth Factor Receptor Type 2)连接到超声微泡表面,建立裸鼠血管肉瘤SVR细胞模型,推注靶向微泡后发现,超声造影显像明显增强,免疫组化分析结果显示VEGFR-2高表达于肿瘤血管内皮细胞。因此,Palmowski等使用靶向超声微泡造影剂行肿瘤特异性显像,结合定量容积超声扫描技术,评价治疗肿瘤的疗效[39]。Weller[40]利用能与肿瘤新生血管内皮细胞高度结合的三肽精氨酸-精氨酸-亮氨酸(Arginine-Arginine-Leucine,RRL),作为配体与微泡连接,显像小鼠PC3肿瘤。

有学者认为,位点靶向超声微泡的敏感性和特异性较血池造影剂高,因此,近年来直接针对肿瘤细胞的靶向超声成像研究成为热点。Wheatley等通过共价连接将GRGDS配体与多聚体造影剂结合,结果显示,其可以靶向结合MDA-MB-231人乳腺癌细胞,而对于正常乳腺细胞(MCF-10A),靶向微泡并不结合[41]。

研究发现,肿瘤细胞表达的众多受体中,叶酸受体在肿瘤表面表达程度最高,肿瘤细胞摄取叶酸的能力非常强,而正常组织中叶酸受体的表达高度保守或几乎不能被探及。叶酸受体的配体叶酸与肿瘤靶向研究中,与常用的其他类配体比较,有显著的内在属性优点,因而可以成为一种研究肿瘤超声分子成像的理想靶标[42]。Wu等[43]成功制备出偶连叶酸的靶向超声微泡造影剂,该造影剂在体外对高表达叶酸受体的卵巢癌SKOV3细胞具有较强的特异性亲和力,使载紫杉醇微泡靶向治疗卵巢癌成为可能[44]。

随着纳米技术与分子生物学的发展,另一类纳米级靶向超声造影剂正日渐崛起。其分子小、穿透力强的突出特性,将有力地推动超声分子成像与靶向治疗向血管外领域拓展。朱叶锋等[45]用生物素-亲和素系统,使超声造影剂与抗体牢固结合,制备出靶向纳米脂质超声造影剂,在体外寻靶实验中,该造影剂可与乳腺癌细胞特异性结合。有学者制备一种可生物降解聚合物的纳米造影剂PLA(Polylactic Acid),其表面连接抗HER2抗体,该抗体能特异结合到过度表达HER2受体的乳腺癌细胞。流式细胞仪与共聚焦显像证实,该纳米造影剂与细胞结合,超声显像增强,这使通过靶向癌生物标记物进行位点特异性超声显像成为可能[46]。

然而纳米级超声造影剂显像效果较差,针对这种缺点,我们进行了液气相变的相关研究,我们以磷脂或高分子作为膜材,将液态氟碳(PFP或PFH)装载于微球(泡)内,通过超声或激光来触发使液态氟碳由液体转变为气体发生相变增强超声显像,Rapoport等[47]证实在低频超声的作用下容易发生相变且相变后明显增强组织的超声信号。载金棒的液态氟碳纳米粒[48]在激光的触发下发生相变并且增强组织超声显像。

四、超声分子影像学在疾病治疗方面的应用

靶向超声微泡(球)造影剂不仅可用于分子成像诊断,还可载药物或基因用于治疗。研究证明,超声造影剂在高超声压力波的作用下发生爆破并产生一系列的生物学效应,如溶血、微血管渗漏、毛细血管破裂、点状皮下出血等,然而这些生物学作用的产生为疾病治疗提供了新的思路。有学者发现,超声造影剂无论是否携带纤维溶解剂,在超声波的作用下都会促进血栓溶解,这种现象可解释为超声造影剂降低了空化阈值[49]。Skyba等[50]通过体内观察超声爆破微泡现象发现在微泡部位的红细胞溢出血管外。超声波作用于超声微泡产生的"声孔效应"可增强细胞膜的通透性从而有助于药物或基因的扩散。Zhang等[51]通过超声靶向破坏微泡介导骨骼肌血管新生研究,证实超声靶向破坏微泡技术为基因治疗提供了一种新的有效的无创技术。王志刚等[52-54]于2004年在国内率先报道了应用超声微泡造影剂增强骨骼肌VEGF基因转染,从而促进新生血管生成的研究成果。这些研究结果表明,该技术可介导VEGF基因与HGF基因在缺血心肌内的高效转染并促进血管新生,为心肌梗死的基因治疗提供新途径打下理论基础。Ren等[55]研究发现,Tat蛋白转导域/质粒DNA/Liposome（TDL）复合物,可作为有效的非病毒基因载体,超声靶向破坏微泡可以促进TDL复合物介导的基因转染,并对细胞活性无明显影响,为缺血性心脏病的基因治疗提供了实验依据。

有学者将靶向GPIIb/IIIa微泡联合诊断超声,用于促进急性冠状动脉血栓的血管重塑及微血管愈合[56]。在溶栓方面,通过血栓靶向微泡的应用证实其不仅能溶栓,亦能用于评价溶栓治疗的效果[57]。

五、超声分子显像相关设备研究

目前用于超声分子显像与治疗的设备主要是市售的超声诊断仪,超声诊断仪虽可实时监控微泡在病变部位的灌注情况,实现对微泡的靶向定位,却不能实现微泡破裂靶向释放,因为:①超声诊断仪所发射的是高频超声,高频超声可以提高组织的灰阶显像,但其破坏微泡产生的空化效应的能力却明显不足,因为空化效应的产生与所用超声频率大小成反比,超声频率越高,产生空化效应的阈值就越大;②诊断超声仪所发出的波为连续波,连续波的发射不利于靶组织内微泡的再灌注;③由于微泡成膜材料的不同,爆破微泡所需的超声能量亦有所不同,而诊断超声无法根据微泡材料特性调节超声辐照强度;④超声诊断仪发出的超声波为平面波,不能靶向定位,超声波束辐照范围内的微泡均可能被击碎,现有超声微泡控释体系无法实现对靶区微泡的量化,在超声波束下进行的药物基本处于"胡乱释放"的状态,不能实现精细、适形、定位、定量控释药物或基因达到靶向治疗的目的。

因此,要实现高效超声分子显像与治疗,亟需一套专门应用于超声分子显像及治疗和监控的系统装置。针对以上问题,重庆医科大学超声影像学研究所科研团队研发了国内第一台用于药物/基因微泡控释的UGT型低频低强度超声基因转染仪(如图4所示),并获得国家发明专利授权。该团队还创制了集超声诊断、治疗与监控为一体的低功率聚焦超声(LIFU)分子显像与治疗系统(如图5所示),该系统填补了国内外此领域的空白,有望

为多学科的疾病诊断与治疗提供新的科研平台。重庆医科大学超声影像学研究所还设计制备了"高频交变磁感应加热纳米粒"设备,能够将纳米粒的温度从22.1℃提高到62.8℃。在此基础上,提出了磁致相变理论(MDV理论),有望实现患者像在核磁共振机器上做检查那样进行肿瘤显像与治疗,从而建立一种新型的、高效的肿瘤超声分子显像诊断与物理治疗模式。

图4　UGT型低频低强度超声

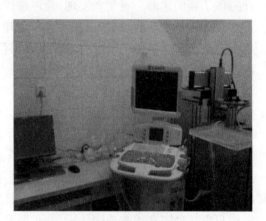

图5　低功率聚焦超声分子显像与
治疗系统(LIFU)

六、小结

靶向超声微泡(球)造影剂的研发,促进了超声分子影像学的发展,虽取得了一定的研究成果,但仍然存在一些问题有待深入研究:①目前,以单克隆抗体修饰的靶向超声造影剂存在其局限性,如单克隆抗体存在免疫原性,单克隆抗体–微粒复合物分子量大,组织穿透力弱,静注后实际到达靶区的浓度较低,显像效果不理想,限制了靶向显像的临床应用。因此,有必要寻找一种更高效、穿透力强的新型超声分子探针,如使用人源性抗体的小分子活性片段及其他小分子物质。②尽量选择稳定的成膜材料,尤其是高分子材料超声造影剂的研发。③配体与微泡外壳间最好有如PEG的多聚物连接子,可增大配体与靶组织受体的接触机会,并延长接触时间,以使微泡高浓度地聚集于靶点。④在图像后处理融合方面应实现多学科融合[58]。

随着分子生物学、超声医学的进一步结合、发展,有必要在这一领域做更加深入、严谨的研究,使超声分子探针具有"一探针多模态"的功能。即在相同的时间点采取多模态图像进行融合,将各种分子影像学的优点相结合,使超声分子影像学得到更好的发展。

参 考 文 献

[1] Zheng Y Y, Wang Z G, Ran H T, et al. Preliminary experimental study of a new self-made high molecular ultrasound contrast agent. Chinese Journal of Ultrasound In Medicine, 2004, 20(12): 887-890.

[2] Hauff P, Reinhardt M, Foster S. Ultrasound contrast agents for molecular imaging. Handb Exp Pharmacol, 2008, (185 Pt 1): 223-245.

[3] Reinhardt M, Hauff P, Briel A, et al. Sensitive particle acoustic quantification (SPAQ): a new ultrasound-

based approach for the quantification of ultrasound contrast media in high concentrations. Invest Radiol，2005，40（1）：2-7.

[4] Klibanov A L，Rasche P T，Hughes M S，et al. Detection of individual microbubbles of ultrasound contrast agents：Imaging of free-floating and targeted bubbles. Investigative Radiology，2004，39（3）：187-195.

[5] Zhang L J，Qi J. Progress of molecular imaging probe. Foreign Medical Sciences Clinical Radiological Fascicle，2006，29（5）：289-293.

[6] Lanza G M，Wallace K D，Scott M J，el al. A novel site-targeted ultrasonic contrast agent with broad biomedical application. Circulation，1996，94（12）：3334 -3340.

[7] 杨扬，王志刚，郑元义，等. 液态氟碳纳米脂质微球超声造影剂用于增强正常大鼠CT显像实验研究. 中国医学影像技术，2008，24（9）：1341-1344.

[8] 杨扬，王志刚，郑元义，等. 新型液态氟碳纳米脂质微球超声造影剂的制备及显像实验研究. 中华超声影像学杂志，2009，18（2）：171-174.

[9] 李奥，王志刚，余进洪，等. 液态氟碳纳米粒增强CT成像在兔VX2肝癌模型中的应用. 中国医学影像技术，2010，26（5）：809-811.

[10] Caruthers S D，Neubauer A M，Hockett F D，et al. In vitro demonstration using F-19 magnetic resonance to augment molecular imaging with paramagnetic perfluorocarbon nanoparticles at 1.5 Tesla. Invest Radiol，2006，41：305-312.

[11] Morawski A M，Winter P M，Yu X，et al. Quantitative "magnetic resonance immunohistochemistry" with ligand-targeted（19）F nanoparticles. Magn Reson Med，2004，52：1255-1262.

[12] Pisani E，Tsapis N，Galaz B，et al. Perfluorooctyl bromide polymeric capsules as dual contrast agents for ultrasonography and magnetic resonance imaging. Adv Funct Mater，2008，18：2963-2971.

[13] Neubauer A M，Caruthers S D，Hockett F D，et al. Fluorine cardiovascular magnetic resonance angiography in vivo at 1.5T with perfluorocarbon nanoparticle contrast agents. J Cardiovasc Magn Reson，2007，9（3）：565-573.

[14] Winter P M，Caruthers S D，Kassner A，et al. Molecular imaging of angiogenesis in nascent VX-2 rabbit tumors using a novel $\alpha_v\beta_3$-targeted nanoparticle and 1.5 tesla magnetic resonance imaging. Cancer Res，2003，63（18）：5838-5843.

[15] Winter P M，Morawski A M，Caruther S D，et al. Molecular imaging of angiogenesis in early-stage antherosclerosis with $\alpha_v\beta_3$-integrin-targeted nanoparticles. Circulation，2003，108（18）：2270-2274.

[16] Lanza G M，Yu X，Winter P M，et al. Targeted antiproliferative drug delivery to vascular smooth muscle cells with an MRI nanoparticle contrast agent：Implications for rational therapy of restenosis. Circulation，2002，106（22）：2842-2847.

[17] Ao M，Wang Z G，Ran H T，et al. Gd-DTPA-loaded PLGA microbubbles as both ultrasound contrast agent and MRI contrast agent–a feasibility research. J Biomed Mater Res B Appl Biomater，2010，93（2）：551-556.

[18] Yang F，Li Y，Chen Z，et al. Superparamagnetic iron oxide nanoparticle-embedded encapsulated microbubbles as dual contrast agents of magnetic resonance and ultrasound imaging. Biomaterials，2009，30 （23-24）：3882-3890.

[19] Yang F，Li L，Li Y，et al. Superparamagnetic nanoparticle-inclusion microbubbles for ultrasound contrast

agents. Phys Med Biol, 2008; 53(21): 6129-6141.

[20] Chow A M, Cheung J S, Wu E X, et al. Gas-filled microbubbles—a novel susceptibility contrast agent for brain and liver MRI. Conf Proc IEEE Eng Med Biol Soc. 2009, 4049-4052.

[21] Cheung J S, Chow A M, Guo H, et al. Microbubbles as a novel contrast agent for brain MRI. Neuroimage, 2009, 46 (3): 658-664.

[22] Chow M A, Chan K W Y, Cheung J S, et al. Enhancement of gas-filled microbubble R2* by iron oxide nanoparticles for MRI. Magnetic Resonance in Medicine, 2010, 63: 224-229.

[23] Zhou Y, Wang Z G, Chen Y, et al. Microbubbles from gas-generating perfluorohexane nanoemulsions for targeted temperature-sensitive ultrasonography and synergistic HIFU ablation of tumors. Advanced Materials, 2013, 25: 4123-4130.

[24] Niu C C, Wang Z G, Lu G M, et al. Doxorubicin loaded sup erparamagnetic PLGA-iron oxide multifunctional mic robub bles for du al-mode US/MR imaging and therapy of metastasis in lymph nodes. Biomaterials, 2013, 34: 2307-2317.

[25] Sun Y, Zheng Y Y, Ran H T, et al. Superparamagnetic PLGA-iron oxide microcapsules for dual-modality US/MR imaging and high intensity focused US breast cancer ablation. Biomaterials, 2012, 33: 5854-5864.

[26] Zhou Z Y, Zhang P, Ran J L, et al. Synergistic effects of ultrasound-targeted microbubble destruction and TAT peptide on gene transfection: An experimental study in vitro and in vivo. Journal of Controlled Release, 2013, 170: 437-444.

[27] Li P, Zheng Y Y, Ran H T, et al. Ultrasound triggered drug release from 10-hydroxycamptothecin-loaded phospholipid microbubbles for targeted tumor therapy in mice. Journal of Controlled Release, 2012,162: 349-354.

[28] Jing X X, Wang Z G, Ran H T, et al. Evaluation of renal ischemia–reperfusion injury in rabbits using microbubbles targeted to activated neutrophils. Clinical Imaging, 2008, 32(3): 178-182.

[29] Yang F, Yang L, Bin J P, et al. Ultrasound assessment of ischemia-reperfusion injury in skeletal muscle of mice with microbubbles targeted to P-selectin. Chinese Journal of Ultrasound in Medicine, 2009,25(1): 12-15.

[30] Klibanov A L, Rychak J J, Yang W C, et al. Targeted ultrasound contrast agent for molecular imaging of inflammation in high-shear flow. Contrast Media Mol Imaging, 2006, 1(6): 259-266.

[31] Kaufmann B A, Sanders J M, Davis C, et al. Molecular imaging of inflammation in atherosclerosis with targeted ultrasound detection of vascular cell adhesion molecule-1. Circulation, 2007, 116(3): 276-284.

[32] Li X, Gao Y H, Tan K B, et al. Targeting anti-CD54 microbubbles to atherosclerotic plaques and endoderm of abdominal aorta for ultrasonic enhancement in rabbits. Chinese Journal of Ultrasonography, 2005,7(3): 229-232.

[33] Weller G E, Villanueva F S, Tom E M, et al. Targeted ultrasound contrast agents: In vitro assessment of endothelial dysfunction and multi – targeting to ICAM-1 and sialyl Lewisx. Biotechnol Bioeng, 2005, 92(6): 780 -788.

[34] Schumann P A, Christiansen J P, Quigley R M, et al. Targeted-micro-bubble binding selectively to GPIIbIIIa receptors of platelet thrombi. Invest Radiol, 2002, 37 (11): 587-593.

[35] Mousa S A, Bozarth J M, Edwards S, et al. Novel technetium-99m-Labeled platelet GPIIb/IIIa receptor antagonists as potential imaging agents for venous and arterial thrombosis. CoronArteryDis, 1998, 9：131-141.

[36] Howard L P, Johnthan C, Alexander L, et al . Noninvasive assessment of angiogenesis by ultrasound and microbubbles targeted to alpha (v) beta3-integrins. Circulation, 2003, 107：455-460.

[37] Zhuo L S, Li R, Hua X, et al. Preparation of prostatic carcinoma-targeted ultrasound contrast agent and its experimental study. Chinese Journal of Ultrasonography, 2007, 16(6)：535-537.

[38] Willmann J K, Paulmurugan R, Chen K, et al. US imaging of tumor angiogenesis with microbubbles targeted to vascular endothelial growth factor receptor type 2 in mice. Radiology, 2008, 246(2)：508-518.

[39] Palmowski M, Huppert J, Ladewig G, et al. Molecular profiling of angiogenesis with targeted ultrasound imaging：Early assessment of antiangiogenic therapy effects. Mol Cancer Ther, 2008, 7(1)：101-109.

[40] Weller G E, Wong M K, Modzelewski R A, et al. Ultrasonic imaging of tumor angiogenesis using contrast microbubbles targeted via the tumor-binding peptide arginine-arginine-leucine. Cancer Res, 2005, 65(2)：533-539.

[41] Chapuis J C, Schmaltz R M, Tsosie K S, et al. Carbohydrate dependent targeting of cancer cells by bleomycin-microbubble conjugates. J Am Chem Soc, 2009, 131(7)：2438-2439.

[42] Sega E I, Low P S. Tumor detection using folate receptor-targeted imaging agents. Cancer Metastasis Rev. 2008, 27(4)：655-664.

[43] Wu X, Wang Z G, Li P, et al. Preparation of folate-targeted ultrasound contrast agent and targeting study in vitro. Chinese Journal of Ultrasound in Medicine, 2009, 25(3)：217-219.

[44] Xing W, Gang W Z, Yong Z, et al. Treatment of xenografted ovarian carcinoma using paclitaxel-loaded ultrasound microbubbles. Acad Radiol, 2008, 15：1574-1579.

[45] Zhu Y F, Ran H T, Zhang Q X, et al. Experimental study on preparation and targeting study in vitro of targeted nano-lipid ultrasound-enhanced contrast agent. Chinese Journal of Ultrasound in Medicine, 2009, 25(3)：220-222.

[46] Liu J, Li T J, Rosol X, et al. Biodegradable nanoparticles for targeted ultrasound imaging of breast cancer cells in vitro. Phys Med Biol, 2007, 52(16)：4739-4747.

[47] Rapoport N, Nam K H, Gupta R, et al. Ultrasound-mediated tumor imaging and nanotherapy using drug-loaded, block copolymer stabilized perfluorocarbon nanoemusions. Journal of Controlled Release, 2011, 153 (1)：4-15.

[48] Wilson K, Homan K, Emelianov S, et al. Biomedical photoacoustics beyond thermal expansion using triggered nanodroplet vaporization for contrast-enhanced imaging. 2012, 3：618.

[49] Porter T R, LeVeen R F, Fox R, et al. Thrombolytic enhancement with perfluorocarbon-exposed sonicated dextrose albumin microbubbles, Am. Heart J, 1996, 132：964-968.

[50] Skyba D M, Price R J, Linka A Z, et al. Direct in vivo visualization of intravascular destruction of microbubbes by ultrasound and it local effects on tissue. Circulation, 1998(4)：290-293.

[51] Zhang Q, Wang Z, Ran H, et al. Enhanced gene delivery into skeletal muscles with ultrasound and microbubble techniques. Acad Radiol, 2006, 13(3)：363-367.

[52] Wang Z G, Ling Z Y, Ran H T, et al. Ultrasound-mediated microbubble destruction enhances VEGF gene delivery to the infarcted myocardium in rats. Clin Imaging, 2004, 28(6)：395-398.

[53] Wang Z G, Li X S, Li X L, et al. Therapeutic angiogenesis induced by hepatocyte growth factor directed by

ultrasound-targeted microbubble destruction. Acta Academiae Medicinae Sinicae，2008，30（1）：5-9.

[54] Li X S，Wang Z G. Experimental research on therapeutic angiogenesis induced by Hepatocyte Growth Factor directed by ultrasound-targeted microbubble destruction in rats．J Ultrasound Med，2008，27：439-446.

[55] Ren J L，Wang Z G，Zhang Y，et al. Transfection efficiency of TDL compound in HUVEC enhanced by ultrasound-targeted microbubble destruction. Ultrasound Med Biol，2008，34（11）：1857-1867.

[56] Xie F，Lof J，Matsunaga T，et al. Diagnostic ultrasound combined with glycoprotein IIb/IIIa-targeted microbubbles improves microvascular recovery after acute coronary thrombotic occlusions. Circulation，2009，119（10）：1378-1385.

[57] Wang B，Wang L，Zhou X B，et al. Thrombolysis effect of a novel targeted microbubble with low-frequency ultrasound in vivo. Thromb Haemost，2008，100（2）：356-361.

[58] Zhang C，Wang Y Y. A reconstruction algorithm for thermoacoustic tomography with compensation for acoustic speed heterogeneity. Physics in Medicine and Biology，2008，53：4971-4982.

作者简介

王志刚，教授，主任医师，博士生导师。中国超声医学工程学会副会长，国家重大科学仪器专项课题负责人，重庆医科大学超声影像学研究所所长，重庆医科大学影像系副主任，超声分子影像学重庆市医学重点实验室主任，国家自然科学基金二审专家，科学技术部国际科技合作计划评审专家，重庆市影像医学与核医学学术技术带头人，重庆市优秀专业技术人才，重庆超声医学工程学会会长，重庆市声学会副理事长。《中国超声医学杂志》、《中国医学影像技术》副主编，《临床超声医学杂志》主编。

精准医疗与科研信息化

于 军[1] 金 钟[2]

（1. 中国科学院北京基因组研究所；2. 中国科学院计算机网络信息中心）

摘 要

随着生物学逐渐呈现出数据密集型的特点，以及人们对基本生物学过程机理认知的迅速增加，精准医疗已经成为离每个人健康状况越来越近的一个科学命题，我们已经可以根据多层次、立体化的分子水平数据和生物信息分析来完善疾病分类，进而提高健康保健水平。在医学领域，分类学通常指的是国际疾病分类标准，这套分类体系建立于一百多年前，当时世界卫生组织以此来统计各类疾病的发病率；医生们以此作为建立医疗诊断标准的基础；医疗保健行业(特别是一些医疗诊所、医院和赔偿机构)也以此作为医疗赔偿的决定依据。然而越来越深入的各种组学研究告诉我们，以数据资源为基础，进行"信息共享化"和"知识网络化"，将个人病患的疾病史以及健康状况与基础生物学知识整合研究是必需的。同时，这也是信息化领域的一项极其重大的挑战，一旦获得成功，将不仅仅使目前生物医学领域的研究进入一个崭新的时代，更将给目前的病患医疗水平带来难以估量的提高。

关键词

精准医疗；数据密集型生物学；疾病分类；知识网络平台

Abstract

Along with the emergence of data-intensive biology and rapidly expanding knowledge of the mechanisms of fundamental biological processes, precision medicine becomes more and more important for human health. Taxonomy of human disease based on molecular biology can be improved and a chance for enhancing human health is appearing. Current taxonomy of human disease was created more than a hundred years ago and played a very important role. However, it is shown that "Information Commons" and "Knowledge Network" based on data resources are necessary for study individual disease history, health status and fundamental biological knowledge. On the other hand, this is a challenge in e-science. Its success will tremendously promote medical therapy.

Keywords

Precision Medicine; Data-Intensive Biology; Taxonomy of Human Disease; Knowledge Network

一、引言

随着社会文明的高速发展和生活水平的迅速提高，人类对于自身健康的关注达到了前所未有的程度。作为人类健康重要保障的现代医学已发展到进行精确仪器检查、分子

---

1 于军，博士，中国科学院北京基因组研究所研究员。

水平检测以及基于精确评估患者病情及全身功能状态基础之上的准确安全干预治疗的阶段。但是,目前的临床医学仍处于客观检查评估与经验分析和决策相结合的状态,这是由人体结构与功能的复杂性以及医学治疗手段的疗效的不确定性来决定的。人体和疾病都是既有共性也存在个性的,因而,建立在医学原则基础之上的个体化精准治疗模式将可能最大限度地使患者受益[1-3]。

在当今社会中,每个人的生命安全和保障都与社会医疗制度息息相关,医疗运行模式对社会医疗保障制度也有着重要的影响。美国拥有着世界上最有影响力和较完善的医保体系。但长期以来,大量的经济学家和医保专家均认为该体系存在效率低下的问题。据估算,全美每年约2万亿美元的医疗费用中,不必要的、甚至有害的治疗至少花掉了其中的30%。与其他发达国家相比,美国医院虽然配有尖端的科技设备,但国民的平均寿命和健康状况却落后。而医疗的目的是在兼顾资源的投入与效益的前提下,使患者可以获得最大收益。显然,对于单一患者来说,对他的诊疗具备唯一性,需个体化对待;但就医疗的整个行业来说,具有社会事业化的特征,要兼顾社会效率与公平。医疗服务的对象是人而非物,故而其复杂性、重要性是超乎一般想象的。因此,具有低耗、高效、优质和安全特点的精准医疗就变得很重要和有必要了。

二、信息化促进精准医疗

20世纪50年代以来,人类疾病谱已发生了重大变化,各种慢性疾病、癌症等复杂基因和多因素疾病成为威胁人类健康的主要原因。如20世纪七八十年代,我国糖尿病的发病率为0.32%,而今已上升至9%,医疗领域急需客观有效的治疗手段。但当前诊治过程仍然以医生经验为主导,诊疗过程受医生经验知识限制,对这种复杂基因疾病,患者往往得不到最佳治疗方案和效果,远没有达到循证医学要求的对病人"慎重、准确和明智地应用目前可获取的最佳研究证据"支持的医疗方案。不过,随着分子生物学和测序技术的发展,医疗模式将会发生巨大的变化。通过测序技术,医生可快速地获得病人所有和核酸序列相关的分子表型(如DNA上的突变、RNA的表达量、甲基化程度、肠道微生物的种类和含量)。这种分子表型可以非常客观和全方位地反映病人的疾病状态。同时,依据这些分子表型,结合信息技术,医生可以快速地找到相关的医学研究证据,为每个病人提供个性化用药和诊疗方案,即所谓的精准医疗(Precision Medicine)[4]。它以使患者能够最大程度的获益和社会医疗投入的高效配置为目的,结合了现代分子医学、临床诊断学和治疗学、流行病学和预防医学、医学信息学技术以及卫生经济学和医学社会学等,对传统医疗模式进行整合,为现代人类提供量体裁衣式的疾病预防、筛查、诊断、治疗和康复,力求以最小投入获得最大健康保障,从而提高整体人群的健康水平,精准医疗的逻辑是通过分子表型区分不同患病个体,可以实现个性化用药。精准医疗模式要面对大数据实时快速处理的挑战,因此,移动互联网、超级计算机与测序技术和数据库等与信息化相关的关键技术将是其实现的重要基础。

1. 移动互联网改变了医生工作方式

移动互联网的快速发展和应用为精准医疗模式提供了基础和保障。在现代医疗模式中,医生工作的实质包括获取信息、确定治疗方案、跟踪结果、采取相应的治疗措施等内容。随着现代移动通信技术的进步,智能手机和平板电脑已越来越多地应用到医生的日常工作中。它们具有很多优点:首先,携带方便,可随时随地获取信息;其次,应用较为灵活,符合医生节奏快、移动性强的工作特点;最后,互动好,可追踪行为数据。在美国,已有超过90%的医生下载和使用医学应用。接入互联网的移动终端很好地为医生在病床边的决策提供了信息支持,称为床边决策信息支持(point of care decision support)。它可以很好地提高循证医学的依从性,改善临床质量。

2. 超级计算机和测序技术使精准医疗变得可能

随着测序技术的发展,全基因测序技术及其他相关的DNA测序技术将大规模地应用在各类疾病的临床研究以及健康检测与疾病诊断领域;其市场规模至少会达到医学成像检测(如B超、CT、NMR等)的市场规模,那将是超过千亿美元的数字。为了更好地迎接这个上千亿美元的市场需求,既需要测序仪本身的技术突破,也需要信息技术的支持。2013年,中国科学院启动了"个性化药物"战略性先导科技专项,以期对癌症(如肝癌、肺癌、胃癌)和代谢类疾病(如糖尿病)的个性化用药进行全面研究。以中国科学院上海生命科学研究院为例,他们通过深度测序仪采集和分析癌症和糖尿病的分子表型数据,这将涉及几千个病人样本的基因组和转录组数据采集和分析。假定最终完成2000个病人并只检测外显子区域的数据(大约全基因组的2%区域),则每个病人的数据在15~20G,总数据量达到30~40T。如果是全基因组测序,单病人的数据量即可达240G左右。如果不使用超级计算机,以上数据的运算和分析工作的完成需要数周甚至数月之久。而为病人诊疗做参考,这样漫长的时间显然是无法接受的。因此,只有借助超级计算机超强的并行数据处理和运算能力,才能在较短时间内(几天乃至几小时)完成以上工作任务。

具体来说,对某病例的分子表型采集将从基因组、转录组、表观遗传组、肠道元基因组等几个水平进行。因此,这些数据折算成序列数目或用计算机的语言"字符串",大约有3亿~ 31亿条长度为100bp的字符串。而所有分析流程中,最为核心的问题为需要对每个字符串在一个长约30亿个字符组成的字符串中迅速进行定位。将这个过程分拆成并行的若干"子过程",即可用超级计算机进行大规模并行计算,实现海量短片短序列快速比对,即某种程度上的实时数据分析(real time data analysis)。同时,部署每种数据的专门分析流程,最后进行整合。这样就能真正把序列分子表型数据转变成可以辅助医生临床诊断的信息。

3. 数据库技术对精准医疗有较好支撑

现代医学科技的发展,使得相关诊疗和检测产生的数据甚至达到了TB级的水平。为了有效地存储、使用和管理这些重要数据,使得它们更好地服务于医生的诊疗,数据库技术自然而然地在医疗领域得到了广泛的应用,大量专用的数据库建立起来用于医疗。随着互联网的广泛应用,原来彼此之间相互孤立的数据可以相互交换、对比并且即时更新。而上述的这些数据库间又通过互联网技术的连接实现了共享。由于精准医疗涉及的数据量较大、数据层次很基础、数据范围较广,医生在进行诊疗的过程中需要在不同数据间进行切换,并且需要综合各种相关数据,找出它们之间的联系与相关性,从而进行综合的判断。数据库技术为精准医疗提供了非常完备的支撑。

三、精准医疗的新思路

数据密集型生物学的兴起和信息技术的发展,为通过发展知识网络及与之相关的疾病新分类法而改善疾病的诊断和治疗模式创造了机遇。人类描述和收集数据的能力显著扩大,但组织、分析这些数据的效率以及从中获取基本生物学过程的描述,以及对人类健康和疾病机理的研究却迟迟未跟上。目前,在医学诊疗研究中在基因组学、蛋白质组学、代谢组学中借助现代科研工具进行系统分析已取得实际进展。根据一些有价值的临床观察结果,人们提出了新假说并推动实验室工作的展开。然而,由于没有实现科学研究和医学实践之间的信息整合,导致一些研究中得到的丰富成果还无法应用到医学实践中。

1. 现有疾病分类法的局限

目前使用的疾病分类法中的一些特性限制了信息的容量和可用性。最重要的是,目前的疾病分类主要是基于症状、病变组织和细胞镜检以及其他种类的实验室和影像学技术,并没有考虑到用最适宜的方法来整合和开发快速增长的分子水平数据,以及病患特征和社会环境对疾病的影响。这种僵化的组织结构阻碍了描述疾病以及各种致病因素之间复杂的相互关系。有些疾病有相似的分子机理但却表现出了不同的症状,这类疾病需要人工来进行分离。例如,LMNA基因突变可以明显地引起多种疾病,包括Emery-Dreyfus型肌肉营养障碍、腓骨肌萎缩性轴索神经病的肌肉萎缩症、脂肪代谢障碍和过早衰老疾病等。尽管这些疾病有着明显的遗传、分子和细胞相似性,然而,现行分类法却将它们列为关系很远的疾病。

从另一个角度来说,目前的疾病分类法在很大程度上是基于衡量"症状和体征"的,如乳房肿块或血糖升高、组织或细胞的描述,这些往往不能指明导致疾病的分子途径或提出治疗的目标。我们可以设想,如果诊断本身就能提供具体的致病途径或者临床资料(包括分子特征),并成为一个巨大的"疾病知识网络"的一部分,进而支持精确的诊断和个体化治疗;或者,如果能够充分的实现利用潜在的分子特征(这些特征为看起来不相关的疾病所共有)提出全新的治疗方案,则需要一个新的更科学、更精确的"疾病分类法",该分类法可使每个患者受益于(并贡献于)已有体系。因此,我们在这里探讨创建"一个新的基于分子生物学的人类疾病分类法"的可能性、必要性、范围、影响和效果。该分类法的目的是建立一个用于整合生物学、行为学及实验资料信息的框架,以促进最基本生物规律的发现,并推动建立更科学、更精确的疾病分类,从而更好地服务于精准医疗。

2. 建立新的疾病分类体系适应精准医疗

精准医疗作为创新的诊疗概念和手段,给医学发展带来了一场变革。从上文所述,现有的疾病分类体系已不能满足精准医疗的需求。因此,新的疾病分类法将在改善医疗保健水平、修正旧有疾病分类法缺陷等方面满足精准医疗的要求。

1) 新的分类法改善医疗保健水平

目前,生物医学研究所产生的新信息和新概念已经很难无缝衔接到目前的这套疾病分类法中,其结果必将导致无法更加准确地定义疾病和做出针对性的医疗诊断。例如,由不同的分子机理产生的很多疾病亚型依然被分在同类疾病中,相反地,大量不同的疾病却拥有相同的致病机理。因此,如果不能将众多新的生物理念适当地融合,将导致无法及时采用新的医疗实践指导方法,而且那些仅对特殊亚型有效的治疗方案会导致大量医疗保健支出的浪费。

2) 修正旧有疾病分类法的缺陷

分子生物学的突飞猛进使得对临床样本进行快速、全面、高效的分析成为可能,随之而产生的疾病相关数据的激增为全面修正目前的疾病分类法铺平了道路。在分子水平上定义和引导生理学的发现,与基础性研究相结合以及信息技术和电子病历的同步改进为创立新的疾病分类体系提供了契机。旧有疾病分类法的相对封闭和与现代信息技术不兼容的缺陷,使它已无法适应高效、低成本和高度信息化的精准医疗的需要。新的分类法将能把表型的现象层面描述与区别甚至是解释表型的基因组特性结合起来。例如,不同的肺癌可用基因特性加以明确区分。对特定类型肺癌生物学相关的特定分子途径的认识可以用于指导为病人选择最适当的治疗方法。同时,"新分类法"可以为有着迥异的临床表现但却拥有相同遗传疾病机制的患者提供靶向治疗的依据。

3) 新的疾病分类法应与时俱进

由于现代医学的诊疗方法已大大不同于以往,新的分类法需将多参数的分子水平数据和临床数据、环境数据以及实际的健康状况有机、多元地结合在一起,并不断发展成熟。同时,新的分类法还应满足以下条件:

(1)基于疾病的生物学本质及其传统的病理体征对疾病进行描述和定义。

(2)通过表面病征直接对疾病的作用机制、发病原理以及治疗方法进行深层次阐述。

(3)保持不断更新,能不断地整合新出现的疾病信息。

3. 疾病新分类法与疾病知识网络

医务与科研人员将临床现场的试点研究数据与个体患者相联系,把数据移到"信息共享空间(Information Commons)"中,并付出极大的努力来将这些数据与基础生物医学研究结果整合在一起,建立一个动态的、相互作用的"知识网络(Knowledge Network)"。此网络与"信息共享空间"自身应可充分利用国家最先进的信息技术,提供多种形式的数据,以满足不同用户(如基础研究人员、临床医生、医疗效果评价研究人员)的各种需求。

1) 疾病知识网络与新系统分类的重要特征

疾病知识网络及新系统分类作为一种新型资源,对疾病分类、基础研究、临床和医疗保健具有非常重大的影响。此类资源具有以下几个重要特征:

(1)传统疾病分类法一般借助于生物医学及临床生理特征,而新资源能促进它的升级。

(2)新资源不仅仅是停留在对疾病的描述水平,而将会对疾病的发病机理机制及治疗方式都有更深刻的认识。

(3)新资源其实是一种高度变化的动态网络,可及时整合一些新的疾病类型。

(4)新资源应建立在信息共享的基础之上,这些信息均来源于海量患者及疾病信息。

2) 疾病知识网络的作用

随着时代的发展,疾病的生物学研究进展、信息技术的支持、临床医疗的发展以及公众对个人健康记录和遗传信息的态度在不断变化,它们在促进生物医学研究发展的同时,也提高了人类的健康水平。疾病知识网络和相应的新分类法能够充分利用这些已有知识,激发医学诊疗方式的革命性改变。与此同时,疾病知识网络也促进了生物学分类、信息技术、医药学和社会学的发展。

3) 疾病知识网络对参数的整合

疾病知识网络将整合各种参数,从而使新型疾病分类法根植于疾病内在的生物机制中。外在体征是临床医生及病人最常见的疾病描述方法,但是实际上这些体征并不是描述疾病的最佳方式。它往往不具有特异性而且难以精确鉴定所患疾病、难以量化。另外,很多疾病在发病之初及随后的潜伏期并无明显的临床诊断症状。因此,基于传统方法的临床诊断往往错失早期预防的最佳时机或产生误诊。即便是在病发后提取组织进行病理化验也较麻烦,还需额外的遗传或免疫组织化学检验以确定特异突变或标记蛋白。

相比之下,基于分子生物学的疾病标记因子,如遗传突变、标记蛋白或其他代谢产物等,更适合用来对疾病进行精确描述。因为这些因子往往可以利用标准生化芯片或测序进行精确定量,从而可以对不同的个体疾病信息进行对比分析。特别是当大量类似的生物标记因子与传统临床、病理及实验分析结果结合时,势必会为疾病的精确诊断及分类提供契机。

当前,人们已发现了大量的疾病分子标记,相信在不久的将来还会有更多的发现。其中适用于精准医疗的包括基因组、转录组、蛋白质组、代谢组和表观基因组等几类。而精准医疗已离我们越来越近。个体基因组测序成本的降低和个性化蛋白组、代谢组、脂质组、表观基因组及体内微环境微生物研究技术的突飞猛进,必将为下一步疾病分子标记的大规模挖掘提供机遇。不久的将来,分子诊断将成为精准医疗最基本的组成部分,甚至可以从正常人与患者之间的比较分析中深化对疾病的认知。精准医疗除了提供一种研究疾病的新型资源外,还可以加深对"健康"状态的理解。另外,对正常及病变组织的协同检测有助于了解疾病的动态变化,而这些信息是利用当前传统诊断手段所不可能实现的。

4) 疾病知识网络对信息的整合

疾病知识网络建立在信息共享系统之上,它和新分类法会整合许多难以用当前分子生物学术语进行描述的重要信息,而数据分享是精准医疗的根本。众所周知,健康状态、疾病表型及治疗方案都是由单个或多个分子/环境因素决定的。另外,基因组关联分析已经发现了相当一部分的环境致病公害因素,而且其致病效应从统计学上来讲也是很明显的。这就迫切需要加速对遗传及非遗传因素的相关性分析以发现更多利用传统方法不能挖掘到的致病因子。因此,补充到信息共享系统中的数据不能仅限于现有分子标记,还应综合考虑与病人相关的环境、行为及社会经济学方面的因素,从而可以更好地描述疾病。

例如,哮喘就可以很好的阐述社会、行为、环境及遗传因素对疾病分类的综合影响。据估计,全球有超过3亿人患有不同类型的哮喘。哮喘当前多被用来描述一系列的临床表征,包括可逆的气道变窄(哮鸣)、气道发炎和重塑及气道高敏。这些不同的临床表征很可能反应不同的致病原因。一些哮喘病人有过敏症状,而其他一些就没有。对某些病人来说,突然发生哮喘往往是因为过度锻炼或服用阿司匹林。而另外一些病人,特别是那些有严重哮喘的病人,可能对皮质甾类药物有抵抗性。这些基于表观特征对哮喘的诊断导致很多哮喘亚类的出现,如过敏性哮喘、锻炼诱导性哮喘,及类固醇抗性哮喘,这些亚类的划分可能对临床诊断有用,但对哮喘病因学的了解却用处不大。近年来,连锁分析、候选基因筛选及基因组关联分析等各种方法都被用来研究发生哮喘的内在遗传因素,导致了几个相关基因及亚表型的发现。另外,基于疾病知识网络的新型疾病分类法可以从生物学角度对哮喘进行更准确的划分,还可以对其他一些疾病从不同的致病原因角度进行更详细的分类。更进一步,可以设计和实施针对不同亚类疾病的专一性的预防及治疗方案。

随着基因组学方面的进展,基于知识网络的新型疾病系统还需整合致病及疾病相关的微生物菌群。成千上万的微生物基因组已经测序,为研究其致病性及非致病性打下了基础。与微生物研究突飞猛进协同发展的还有人类基因组测序技术,使得对宿主的应答反应及个体病菌易感性差异的研究进一步深化。当前序列分析结合其他生化及微生物信息都已被用来研究微生物对健康的影响、对微生物的特异性检测、对传染病的检测及新型药物及疫苗靶标的鉴定。而对不同株、不同种及不同临床发现的病菌基因组序列的比较分析也有助于抗药性、发病率和传染性的研究。对这些信息与宿主的分子水平研究势必会深化对患者疾病的理解,从而为下一步的精准医疗打下基础。

5) 疾病知识网络的影响

从生物医学文献和现有的区域数据库(如GenBank)提取信息,将信息共享的数据与这些基本生物学知识集成起来,可以创建疾病知识网络。它具有高度的内部连接性、灵活性、广泛获取等特点,将会是构成新分类法信息资源的关键环节。疾病知识网络不仅仅局限于对疾病的描述,它还尝试提供一个能让基础生物学、临床研究及患者护理共同进化的平台。疾病知识网络的影响应包括疾病分类、疾病机理发现、疾病检测和诊断、疾病治疗、药物发现、健康差异等方面。

一个综合生物医学信息网络的核心是信息共享。信息共享和知识网络中的数据发挥了三个作用:①它们提供了基础资源,生成了一个动态、适应性的系统,为疾病的分类提供了信息;②它们为新的临床方案奠定了基础(诊断、治疗和策略);③它们为基础发现提供了资源。从知识网络中得到确认结果,比如界定新疾病或者临床相关的疾病亚型结果(如那些对患者预后或治疗有意义的结果),可以整合到新分类法中,以改进诊断和治疗。

6) 疾病知识网络所需的信息基础设施

疾病知识网络所需的信息基础设施最初主要是由发达国家研究者和医学研究机构进行分析而设计的。然而,一个综合性全面开发的疾病知识网络必须涵盖多种疾病,包括与局部地区环境影响相关的感染性疾病等,这些疾病在全世界低收入环境中具有地方性。因而,构建知识网络的努力应该延伸并包含对这些环境中数据的分析。

对于发展中国家的医疗保健系统而言,提高界定疾病的精确度特别重要。这些地区的一些疾病误诊导致了不恰当的治疗,也导致对致病感染体广泛的药物抗性。例如,疟疾是一种常被误诊的疾病,患者在疟疾流行地区发烧时,往往就会对其进行抗疟疾治疗。在某种程度上,这种做法源于医疗资源的缺乏——在一些地区,基于显微镜的血液涂片诊断就是最先进的诊断测试。因此,医生无法进行足够的点治疗诊断测试来分辨患者是否得了疟疾,这对进行靶向性的恰当治疗形成了很大阻碍。人们做了大量的工作来尝试开发对疟疾和其他主要致命疾病(比如结核)的分子诊断上。这些诊断需要包含各种测试来区分不同的致病体,也要考虑寄主的遗传或分子标记,它们可能影响寄主对感染或潜在治疗的反应。一个全球性的信息共享和知识网络对这方面研究是非常有用的。比如,可用来区别恶性疟原虫和间日疟原虫所导致疟疾的区别,它们易感于不同抗疟疾药物。知识网络及其相关分类法不应被设计成仅满足具有高级医疗系统的国家的需求。毫无疑问的是,信息共享以人为中心的这一特征,使其包含的个体数据,还包含居住位置和环境这些信息,为建立疾病知识网络提供了前所未有的途径,这将满足全世界医疗保健和疾病预防的需求。

四、新疾病研究的发掘模型

目前,用于分子生物学数据与诊断以及临床效果模型的数据来源于一定数量的从临床到研究环境的病患资料,然后从中总结出与遗传多态性、基因表达水平、代谢模式等分子生物学数据间的相关性。当发现一些决定性的、有用的成果时,会将这些资料还原回临床背景。例如,作为遗传或基因组的诊断试验,该模型在个体发现和个体治疗之间产生很大分歧,常常导致关键利益相关者间无法有效沟通。例如,关于全基因组关联分析,欧洲对个体血统的研究约是其他群体的十倍之多。目前的模型仍然无法利用分子生物学数据资源,即使这些资源在未来可能成为临床背景下的个人基因组或其他个性化"组学"的常规产出。也许最严重的是,目前的发掘模型无法提供经济的可持续发展的数据密集型生物学与医学整合的途径。

为了处理和解决这些障碍,我们需要预先设计一些靶向性的试点研究。这些研究将探索新的范式并向医疗保健机构阐明疾病分子生物学分类的价值。通过对患者展示价值,试点研究将为寻找可持续的发掘模型奠定基础。

1. 百万美国人基因组计划(MAGI)

一个有助于信息共享和疾病知识网络发展的试点研究应包括一百万或以上个体的基因组测序,以及为了得出这些个体的序列信息和病历建立适当的基础结构。在包含完整序列信息的试点研究中,序列信息在知识网络中的重要性不能凌驾于其他资料之上。相反,测序方法已经或即将"准备好"极大规模的应用,而且在点治疗设置中获得这种数据是极大的挑战。这些挑战包括知情同意书、数据保护、资料存储和数据分析等对于所有类型的数据都很常见的因素。同时,这种规模的测序在不久的将来必然开始进行,并在人类基因组序列数据和普通疾病之间建立联系。我们认为,这些将成为新的发掘模式的基础,对知识网络的发展十分重要。未来,新的发掘模式将能够系统的比较分子生物学数据和电子医疗记录。也就是说,实验设计应该可以在当前确定的基因型和多年之后出现的健康效果之间进行相关性分析。

对一百万人的基因组进行测序将包括足够多的、带有不同的健康效果的个体和足够的统计学意义以检测相关性。例如,阿莫西林克拉维酸合剂是一种广泛使用的抗生素,使用后约有一万五千分之一的概率引发严重的肝损伤。在一百万个病患样本中将能找到许多出现这种(以及其他相似的、罕见的)药物不良反应和其他医疗状况的个体。样本规模足够大也是至关重要的,这样才能构建一个具体的经过特殊诊断的个体的基因突变分布图。

2.2型糖尿病的代谢组模式

最近,从后继发展为2型糖尿病的患者的血液样品中检测代谢组模式,发现在血液检测中出现明显的支链氨基酸特征。这些分析表明,代谢组学有可能帮助鉴别那些处于高发糖尿病风险的个体,特别是有可能阐明胰岛素抗性的前期糖尿病向成形的糖尿病转化的生理病理学过程。因此,利用试点实验可通过血液的代谢组学模式理解这种转化。该实验将起始于靶向性的定量代谢组学研究,并向随时间变得更加复杂的代谢组学模式过渡。它和知识共享的其他层面的研究(如微生物组和暴露组)将极大地贡献于拖延或阻止2型糖尿病发展的策略。

3. 虚拟中国人基因组

国际千人基因组计划数据的发布标志着来源于不同国家和不同人群的、包含着大量遗传变异信息的个人基因组数据的持续不断的增长。大数据的产生对科学家和计算机学家提出了新的问题和挑战,如何有效地利用如此大规模的数据,合理规划数据的传输、分析和存储流程,最终发现隐藏在数据中的生物学和医学的知识及规律,已经成为非常紧迫的问题。当今基因组学研究已经从原有单一的、静态的人类基因组向更加复杂的、动态的个体化基因组转化。然而,基因组学研究中作为指导标准存在的,广泛用于基因组学研究比对过程中的人类基因组参考序列,却是基于有限的人类个体全基因组测序后的结果。这个不包含任何遗传变异信息的序列显然不足以用于高度复杂的基因组学、转录组学、表观基因组学以及全基因组关联分析等研究中。

以此为基础,我们构建了虚拟中国人基因组数据库(VCGDB)。它是针对中国人群体的、基于千人基因组计划中来自于两个中国人群体、194个中国人个体全基因组序列的动态基因组数据库。VCGDB提供了一系列动态基因组学信息,包括3500万个单核苷酸变异位点信息、50万个基因组插入删除片段信息、2900万个罕见发生概率的变异位点信息,以及与这些位点和序列片段相关的基因组注释信息。此外,我们构建了一条基于中国人人群的基因组一致性参考序列,并使用真实的中国人数据、通过比对率将其与已有的人类基因组参考序列进行比较,证实了我们的动态基因组更接近中国人群体。VCGDB是"虚拟"的数据库,虚拟中国人基因组并不属于和代表任何一个真实存在的中国人个体,而是对来源于几百个中国人个体的TB级大规模数据进行综合分析的结果,也因此足以描述中国人群体的遗传变异特性和各个位点上的碱基偏好性。VCGDB是"动态"的数据库,我们从位点和人群等多个水平,使用信息熵等方法来分析和评估中国人个体之间以及人群之间各个单核苷酸变异位点、插入删除信息、结构变异信息的动态变化水平和发生率,并将动态变异与个体特征以及基因组注释信息,比如相关的基因信息、基因组重复片段信息和全基因组关联临床特征信息等进行了有机的整合,汇总得到与中国人群相关的所有动态信息。VCGDB同时提供高度交互的、友善的、融合多种全新功能的虚拟中国人基因组浏览器(VCGBrowser)。该浏览器支持从网页直接使用或以客户端形式使用,可实现本地跨平台使用,具有高兼容性特性。不论是在单个人群内或是多个人群之间,它提供了一个全方位的视角和一个统一的坐标系,来直接展示和比较全基因组水平的所有动态变异信息。VCGBrowser具有高度灵活特性,支持对动态基因组进行实时、无极缩放到任意分辨率,从基因组的水平展示某个基因组区域的动态变异分布信息,到位点水平展示各位点的动态变异细节信息。得益于高度结构化和索引优化的虚拟中国人基因组数据库,VCGBrowser支持点击实现实时搜索用户感兴趣的信息。

虚拟中国人基因组数据库针对生物数据的爆炸性增长提供了一个对于大数据处理的灵活的策略和解决方案,并且将在数据持续增长的情况下提供稳定、有效的资源,以求对基因组学以及其他与疾病相关领域,特别是个体化基因组方面的研究有所帮助。

五、结束语

生物医学研究的新信息和概念不能以最佳的方式整合到目前的疾病分类体系中,会导致错失更精确地定义疾病、辅助医疗决策的机会,新的疾病分类法将会给医学带来更好的发展。当前正是使疾病分类现代化的良好时机。分子生物学领域的巨大进步能够实现临床样本的快速、全面和高效分析,与此同时也产生了大量的疾病相关的数据,信息技术的进步和电子医疗记录的广泛采用,为改革疾病分类、构建新的分类体系提供了条件。在此背景下,开发一个新的疾病分类体系成为实现精准医疗的保障手段之一。而疾病知识网络将有助于构建新的疾病分类体系。同时,基于人群的研究新模式将促进知识网络和新分类体系发展。目前,人们并未系统地从分子数据的大规模获取转向医疗现场。但是,通过重新配置大规模个体患者的分子数据设施等资源可促进新分类体系的发展。

参 考 文 献

[1] Lawrence D M. Analysis & commentary, how to forge a high-tech marriage between primary care and population health. Health Aff (Millwood), 2010, 29(5): 1004-1009.

[2] 吴启迪. 以人为本全面推进医学整合,在医学发展高峰论坛上的讲话. 医学与哲学: 人文社会医学版. 2010, 31(1): 4-5.

[3] 饶克勤. 中国人口健康转型与医学整合. 医学与哲学: 人文社会医学版,2010, 31(1): 10-12.

[4] ACS (American Cancer Society). Cancer facts & figure 2011. http://www.cancer.org/acs/groups/content/@ epidemiologysurveilance/documents/document/ acspc-029771.pdf.2011.

作 者 简 介

于军,博士,中国科学院北京基因组研究所研究员,主要研究方向为动植物家养化、杂种优势、性别决定等基因组学机制;比较基因组学和基因组组分动力学研究(如植物、脊椎动物和节肢动物等基因组结构变化与规律);人类疾病的遗传学与基因组生物学;动植物和细菌等物种表型可塑性的分子机制;遗传密码、分子生物学机制及细胞过程起源;DNA测序技术与单细胞内生化分子动态测定方法等。

先进核能软件发展与核信息学实践

吴宜灿[1,2]　胡丽琴[1,2]　龙鹏程[1]　贾伟[1]　罗月童[1]　曾勤[1]

裴曦[1]　程梦云[1]　何桃[1,2]　宋婧[1,2]　王刚[1]　王芳[1]

汪进[1,2]　曹瑞芬[1]　陈朝斌[1]　FDS团队[1]

（1. 中国科学院核能安全技术研究所；2. 中国科学技术大学）

摘　要

正在研发的先进核能系统带来了一系列全新的改变,并解决了传统核能软件难以解决的科学问题。FDS团队依托多学科交叉的优势条件,在先进核能软件相关理论、算法和开发方面开展了深入研究,目前开发了涵盖基础物理问题模拟、设计交互与优化和多过程综合集成仿真等三大类二十余套先进核能软件。软件功能的普适性和信息技术的先进性是其重要特点。在此基础上,启动了"数字社会环境下的虚拟核电站Virtual4DS"研发计划,发展支持核电站全范围、全周期、多物理过程综合模拟的三维高保真集成仿真环境,开展核科学与生态学、社会科学等学科的多学科交叉研究。先进核能软件的发展需要核科学与先进信息技术的深入交叉融合,这也正是核信息学研究的主要内容之一。本文从学科体系角度对核信息学进行初步探讨和研究,并介绍FDS团队在先进核能软件发展方面的一些具体实践。

关键词

先进核能软件；核信息学；虚拟核电站

Abstract

Advanced nuclear energy system was defined as the third-generation and more future reactor type by the World Nuclear Association, including Fast-breeder reactor, Accelerator driven sub-critical reactor, Fusion reactor, Hybrid reactor and so on. Advanced nuclear energy system has brought a series of new problems, which were difficult to be solved by using traditional nuclear energy software, such as wide energy range, complex energy spectrum structure, strong anisotropy, different characteristics of multiple coolant, complex core / blanket structure, higher material performance requirements and new fuel cycle.

Relying on the advantages of cross-disciplinary talents, FDS Team has been performing deep studies on advanced nuclear energy software's theory, algorithm and technology. More than 20 advanced nuclear energy programs in three categories, which are simulation of fundamental physical problems, interactive design and optimization, integrated simulation of multiple process, were developed. Neutronics Software has been certificated by—International Thermonuclear Experimental Reactor (ITER) II QA System, selected as ITER reference code, and already widely applied to many institutions in more than 40 nations. Risk monitor software TQRM has been continuously and stably operating in Third Qinshan nuclear power plant for three years, and was certificated by the

---

1　吴宜灿,博士,研究员,博士生导师,中国科学院核能安全技术研究所所长。

China Nuclear Energy Association as—the system is the first risk monitor software for nuclear power plant with completely independent intellectual proprietary rights in China, and has reached the international advanced level".

Multi-process coupling and integration is the trend of development of international advanced nuclear energy software. Based on the research and development of advanced nuclear energy software, FDS Team has launched the "virtual nuclear power plant Virtual 4DS in digital social environment" project, which is designed to support simulation of neutron transport, fuel burn up, thermal hydraulics, mechanics, material behavior, probabilistic safety, system safety, environmental impact and so on, simulation of multiple physical processes, and 3D high-fidelity, full scope, whole cycle simulation of nuclear power plant.

Advanced nuclear energy software needs closer cross between nuclear technology and advanced information technology, this also is one of the main research contents of nuclear informatics. From the perspective of the subject system, this paper presents preliminary discussion of nuclear informatics, and introduces some practices in advanced nuclear energy software development in FDS team.

Keyword

Advanced nuclear energy software；Nuclear informatics；Virtual 4DS

一、引言

核能是目前公认现实可行的能大规模替代化石能源的清洁能源。根据《国家核电中长期发展规划(2011—2020年)》,到2020年,我国核电装机容量将达到在运5800万千瓦、在建3000万千瓦的规模,中国已成为世界上核电发展最快的国家。

自1954年苏联建成首座核电站以来,近60年来核电技术不断发展。根据安全性、经济性、可靠性等方面的性能要求不同,核电站可划分为第一代到第四代以及第X代(未来堆型),如图1所示。目前世界上绝大多数在运核电站都属于第二代反应堆。第三代反应堆,如美国西屋公司的AP1000、法国法玛通公司与德国西门子公司联合开发的EPR项目,已陆续开始建造。世界核能协会(World Nuclear Association)将第三代及以上的核能系统称之为先进核能系统。其中,第四代堆包括铅冷快堆、钠冷快堆、熔盐堆、超临界水冷堆、超高温气冷堆、气冷快堆等堆型。加速器驱动次临界堆系统(ADS)、聚变堆、聚变裂变混合堆等新型堆型属于未来先进堆型。在先进核能系统研究方面,我国已处于国际领先行列,2006年,中国、美国、俄罗斯、日本、韩国、印度以及欧盟签署《国际热核实验堆联合实施协定》,联合开展国际热核聚变实验堆ITER计划,以进一步验证磁约束聚变能的科学可行性和工程可行性,如图2所示。此外,中国科学院发挥基础学科研究优势,于2011年启动了中国科学院战略性先导科技专项"未来先进核裂变能——ADS嬗变系统",致力于自主发展ADS系统从研究装置到示范装置的全部核心技术和系统集成技术,为保障国家能源供给和核裂变能长期可持续发展做出贡献,其发展路线如图3所示,中国科学院核能安全技术研究所FDS团队负责其中的次临界反应堆的设计与技术研发工作。先进核能系统在核能可持续发展、经济性、安全性及防核扩散等方面都有显著提升,发展先进核能系统是实现核能大发展的必由之路。

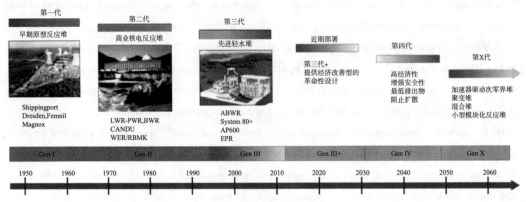

图1 核能发展路线图

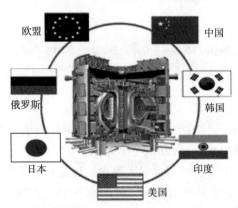

图2 国际热核聚变实验堆ITER计划

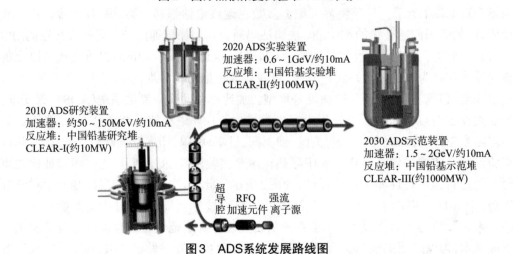

图3 ADS系统发展路线图

核能软件在基础物理问题模拟、反应堆设计与安全分析、核安全监管、反应堆运维等方面具有重要作用,是核能系统技术发展不可或缺的一部分,也是我国核电自主化的重要内容。先进核能系统在堆芯物理、热工水力、结构和材料性能、系统安全和燃料循环等方面面临着各类全新问题,对传统核能软件提出了更高的要求,也带来了新的挑战。此外,随着信息技术的飞速发展,超级计算、云平台、虚拟现实、可视化、大数据技术、协同设计、物联网等先进信息技术的出现与广泛应用,为从多物理耦合角度更精确地模拟反应堆全范围、全周期的各方面行为与性能提供了可能,同时也给核能软件与安全仿真发展带来新的契机。

中国科学院核能安全技术研究所FDS团队长期参与并承担国际热核聚变实验堆ITER计划、中国科学院战略性先导科技专项"未来先进核裂变能——ADS嬗变系统",以及FDS新概念聚变堆/混合堆/裂变堆/等先进核能系统的设计研究工作,并借助团队多学科深度交叉优势,持续发展先进核能软件。本文首先分析国内外先进核能软件发展现状,其次介绍FDS团队在先进核能软件发展方面的一些具体实践,最后从学科体系角度对核信息学进行初步探讨。

二、国内外研究现状

发达国家核电应用较早,并且信息技术在该领域的应用也较早,先进核能软件得到了广泛深入的研究,综合化和集成化已成为国际先进核能软件发展的大趋势。美国在20世纪90年代就积极开展相关工作,先后启动了数字托卡马克项目(Numerical Tokamak Project)、托卡马克仿真项目(1st Tokamak Simulation)、聚变堆数字仿真项目(Fusion Simulation Project)等聚变综合数值模拟研究项目;开展了面向先进轻水堆的反应堆虚拟模拟环境VERA项目;并于2008年基于高性能并行计算以及复杂几何处理等先进信息技术,启动了NEAMS（Nuclear Energy Advanced Modeling and Simulation)项目,用于验证基于科学模型模拟核能系统复杂物理行为,从而为设计新型核能系统提供技术和方法支持。欧盟于2003年启动了托卡马克集成模拟项目(Integrated Tokamak Modeling, ITM),汇聚欧盟境内的主要研究力量共同构建集核聚变数据库、核聚变模拟程序于一体的综合平台;同时欧盟在"未来可持续核能技术平台战略规划(Strategic Research Agenda of the Sustainable Nuclear Energy Technology Platform, SNETP)"下组织了包括法国CEA、德国KIT等在内的22家机构开展核反应堆综合仿真项目(Nuclear Reactor Integrated Simulation Project, NURISP),针对压水堆、沸水堆以及未来反应堆的模拟应用搭建参考仿真平台。日本聚变科学研究所(NIFS)、日本原子能机构(JAEA)和一些大学联合开展了燃耗等离子体数值模拟项目(Burning Plasma Simulation Initiative, BPSI),该项目计划综合运用并行计算、分布式计算、并行可视化等信息化技术,研发日本的核聚变综合模拟平台。FDS团队在长期从事先进核能软件研究的基础上,启动了"数字社会环境下的虚拟核电站Virtual4DS"研究计划,旨在基于超级计算、云平台、虚拟现实、可视化、大数据技术、协同技术、物联网等先进信息技术,深度整合核能相关模拟软件与数据,建立可实现反应堆全范围、全周期、多物理行为与性能高保真模拟的集成环境,也可开展核科学与生态学、社会学等学科的多学科交叉研究。综上所述,核能综合模拟与先进核能软件研发已成为国内外先进核能技术研究的重要内容。

此外,为了应对各学科研究领域所面临问题的空前复杂化,英国John Taylor博士在2001年率先提出e-Science概念,将其定义为"在全球范围内的科学研究协作,以及使其成为可能的下一代基础设施",也就是科研信息化。目前,科研信息化已成功应用在地球科学、气候、高能物理、金属材料、生物基因等研究领域,并取得了一系列重大科研成果。科研信息化相关技术与研究模式的发展也将为先进核能软件研发与核能系统综合模拟起到积极的推动作用。

三、先进核能软件发展实践

FDS团队是以中国科学院核能安全技术研究所为依托，与国内外多家科研机构密切合作建立的多学科交叉先进核能技术研究团队，主要从事先进核能系统设计及相关技术研究工作，研究领域涉及核反应堆物理、核反应堆材料、核反应堆技术、系统工程与安全、数字仿真与可视化、医学物理与技术等。团队长期持续深入开展信息技术在核科学与工程领域的应用研究，特别是核能软件发展与安全仿真技术的研究，建立了专业化的"先进核能软件发展中心"。中心定位于国际领先的先进核能软件研发、先进核能软件技术输出与支持、核能软件独立测评与认证以及核信息学高端人才的培养中心，具有深度多学科交叉、国际化开放式、前瞻性、基础性与战略性等特色，目前已有包括4位"千人计划"专家学者在内的150余位专业研发人员，其中技术骨干80%具有博士学位。

FDS团队遵循"信息技术推进核能研究，核能需求促进信息技术发展"的模式，按照现代软件工程的理念，在国际热核聚变实验堆ITER计划等一批项目的支持下，依托团队多学科交叉人才体系，针对先进核能系统设计研究需求，在先进核能软件相关理论、算法和开发方面开展了深入研究，软件功能的普适性和信息技术的先进性是其重要特点，经过十余年的持续研发，逐步发展出涵盖"基础物理问题模拟、设计交互与优化、多过程综合集成仿真"等三大类二十余款先进核能软件，主要软件如图4所示。下面将分别对这三大类软件的研发情况进行简要介绍。

I. 基础物理问题模拟

- SuperMC — 超级蒙特卡洛计算软件
- NTC — 中子学与热工水力学耦合瞬态安全分析软件
- MTC — 磁流体动力学与热工水力学耦合数值模拟软件
- TAS — 聚变氚循环分析软件
- RiskA — 概率安全/可靠性分析软件
- HENDL — 混合评价核数据库
- RiskBase — 可靠性数据库系统

II. 设计交互与优化

- RVIS — 核与辐射安全仿真系统
- MCAM — 核与辐射输运计算自动建模软件
- VisualBUS — 大型集成中子学计算分析系统
- RiskAngel — 核电站实时风险管理系统
- ARTS — 精确放射治疗系统
- SYSCODE — 反应堆设计参数优化与经济性分析软件
- FusionDB — 聚变数据库系统

III. 多过程综合集成仿真

- Virtual4DS — 数字社会环境下的虚拟核电站计划
- NBigData — 核能大数据
- NCloud — 核能云平台
- CROSS — 核信息化与资源管理平台

图4　FDS先进核能软件举例

1. 基础物理问题模拟类

核能基础物理问题模拟软件主要包括中子学、热工水力学、结构力学、燃料、材料性能、安全分析、核数据库等软件。先进核能系统面临多种全新物理问题的挑战，如中子物理方面存在能量范围大、能谱结构复杂、临界/次临界、外源与内源相结合等情况；热工水力学方面存在多种冷却剂特性各异、堆芯与包层结构复杂多样、安全性要求高等特性；材料方面存在高能中子辐照、冷却剂腐蚀、采用新型燃料等问题。传统核能软件难以很好解决上述问题，为此，FDS团队先后发展了系列基础物理问题模拟软件。

传统核能系统因堆芯结构简单，主要基于扩散理论进行中子学模拟分析。随着先进核能系统堆芯结构与材料分布的日益复杂，传统模拟方法已难以适用。蒙特卡洛方法具有支持复杂几何、复杂能谱、收敛速度与问题维数无关、精度高等优点，离散纵标法能够处理深穿透问题，综合考虑各种模拟方法后，团队自主研发了以蒙特卡洛方法为主，同时耦合其他模拟方法的超级蒙特卡洛计算软件SuperMC。SuperMC是一款通用三维核计算分析软件，支持多种粒子输运、燃耗(同位素燃耗、材料活化与停堆剂量等)、多物理耦合(热工水力学、结构力学与燃料性能等)等高效能精细模拟计算，集自动建模、多物理耦合计算、可视化分析于一体。SuperMC具有能够处理复杂几何问题，支持基于粒子、区域/数据分解技术的高效并行计算，支持基于多种减方差技巧及加速算法的高效模拟等特点，可广泛应用于反应堆物理、辐射屏蔽、医学物理、核探测、高能物理等领域。目前，该软件已通过大量国际基准例题的正确性校验，并应用于国际热核聚变实验堆(ITER)、中国铅基反应堆(CLEAR)等多个大型项目的中子学计算与安全分析。基于该软件模拟ITER时使用的模型如图5所示，该模型包含有3000多个几何体，而且含有圆锥面、回旋曲面等大量复杂曲面；图6显示的是计算得到的三维空间中子通量场分布情况。

聚变堆包层液态金属在强磁场中流动引起磁流体动力学效应，会改变其流动和传热特性，造成严重的压力损失，是液态金属包层研发的关键问题。团队研发的磁流体动力学与热工水力学耦合数值模拟软件MTC，具有支持复杂工况下的流场、电磁场、温度场实时耦合计算，支持多种磁场分布、多种对流条件、多种相态下的导电流体流动分析，支持壁面导电率变化的导电流体仿真等功能；支持四面体、五面体、六面体组成的混合网格，具有高效的并行计算能力；可应用于聚变堆包层设计以及其他强磁场下的液态金属流动效应分析。

瞬态安全特性研究是反应堆设计与安全分析的重要内容。团队研发的中子学与热工水力学耦合瞬态安全分析软件NTC，耦合多速度场、多相流、多介质、欧拉流体动力学模型与依赖于时间、空间的多维离散纵标法准静态中子输运动力学模型，能够精确模拟事故状态下中子学参数与热工参数的相互作用，支持严重事故计算分析。该软件具备独特的外中子源设计，通过自动耦合实现高精确度模拟，可应用于先进核能系统瞬态安全特性研究。此外，概率安全评价在核电站设计与运行等阶段具有举足轻重的地位，是核监管的重要手段。团队研发的概率安全/可靠性分析软件RiskA支持可靠性数据管理、故障树分析、事件树分析、重要度分析、敏感性分析、实时风险计算、维修计划评估与优化、故障模式影响及危害分析、可靠性预计等功能，可应用于核电站的安全分析与评价。

为满足先进核能软件发展中的数值模拟计算需要，团队研发了混合评价核数据库HENDL，该数据库综合考虑了能量共振自屏、热中子上散射及温度多普勒等复杂物理效应，包含了支持中子/光子耦合输运、同位素燃耗、活化、辐射剂量、辐照损伤等计算所需的工作核数据，已成功应用于FDS系列聚变堆、国际热核聚变实验堆ITER、中国铅基反应堆

CLEAR等项目的中子学设计分析。

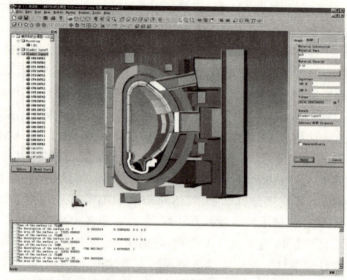

图5　ITER复杂计算几何(仅显示1/16模型)

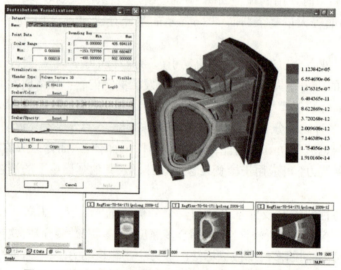

图6　三维空间中子通量分布(仅显示1/16模型与结果)

2. 设计交互与优化类

　　核能系统设计与优化主要涉及堆芯核设计、热工水力、辐射屏蔽、概率安全、经济性评估等方面。FDS团队基于数字反应堆与辐射虚拟人两类创新技术,充分利用智能优化、计算机辅助设计、虚拟现实、可视化、数据库以及集成仿真等先进信息技术,开展了多人异地网络协同仿真、器官级人员辐照剂量实时精确评估、大规模复杂仿真环境自动建模、辐射场数据与场景几何模型叠加可视化、大规模复杂场景实时虚拟漫游等关键算法的研究工作,发展了系列设计交互与优化类软件,实现了集建模、高效计算与可视化分析于一体的反应堆中子学计算分析与设计参数优化、核与辐射输运计算自动建模、核与辐射安全仿真、核电站实时风险管理与经济性分析等功能,并发展了配套的数据库系统。这些软件为先进核能系统提供了智能高效、可视直观的设计分析工具。

在核设计方面,FDS团队围绕几何结构与材料分布复杂问题,提出直接基于CAD模型自动转换生成核设计与安全分析计算模型的思想,发展了核与辐射输运计算自动建模软件MCAM,解决了复杂几何问题难以建立精细计算模型,计算建模工作量巨大、直观性差、效率低的问题。该软件具备几何创建、模型预处理与分析、物理建模、CAD模型或影像数据与多种计算模型间多向转换等功能,能够实现CAD模型以及影像数据与辐射输运计算模型之间的自动转换,可以大大加快输运计算的建模速度,并且可以实现快速的"设计-修改"迭代过程。MCAM目前已通过QA国际认证,被选为国际重大科技合作项目"国际热核聚变实验堆ITER"的核设计与安全分析参考软件,并已在包括美国四大著名国家实验室(洛斯阿拉莫斯、劳伦斯利弗莫尔、桑迪亚和橡树岭国家实验室)在内的四十多个国家的知名科研与设计机构获得广泛应用。

MCAM既可以独立工作,也可以作为一个组件模块嵌入于团队开发的大型集成中子学计算分析系统VisualBUS进行工作。VisualBUS利用先进计算机技术,集成基于CAD技术的自动建模、四维多物理耦合计算、结果数据动态可视化分析以及混合评价核数据库于一体,可实现基于蒙特卡洛、离散纵标、特征线等多种方法的多维辐射输运计算以及耦合蒙特卡洛-离散纵标的当地实时辐射输运计算、时间相关的中子燃耗计算、材料活化与辐照损伤计算、生物危害效应分析和燃料管理等功能,其用户界面体系结构如图7所示。该系统可扩展支持虚拟装配仿真、热工水力与结构力学、核安全分析、环境影响评价等功能。VisualBUS强大的计算能力和友好的用户界面使其可应用于先进核能系统物理工程设计、辐射屏蔽、核安全分析与环境影响评价等领域,对提高反应堆核设计与分析效率和可靠性具有重要价值。

对于VisualBUS计算得到的辐射数据,核与辐射安全仿真系统RVIS不仅可以提供三维动态数据场和模型的叠加可视化分析,还可以进一步开展职业照射剂量评估研究。RVIS针对核辐射环境下的屏蔽、维修和退役等各种工作规划与优化,基于数字反应堆和辐射虚拟人两类创新技术研发,内嵌有由团队基于真实人体切片数据构建的中国辐射虚拟人模型Rad-HUMAN,具有复杂系统部件建模与虚拟装配仿真、三维动态数据场和模型的叠加可视化分析、核辐射环境下人员虚拟漫游与器官剂量评估等功能。它通过搭建三维虚拟仿真环境,允许用户基于先进虚拟现实交互硬件在虚拟环境中进行直观实时漫游、对虚拟部件进行拆装仿真,支持人员交互仿真过程中的器官级照射剂量的实时评估,可应用于反应堆设计优化、维修计划、应急评估、操作培训等方面。目前,RVIS已在国际热核聚变实验堆ITER、中国铅基反应堆CLEAR等先进核能系统的维修方案预评估与优化中进行应用,其中ITER极向场线圈检修过程仿真与人员剂量评估如图8所示。

在风险管理方面,团队研发的核电站实时风险管理系统RiskAngel,可对核电站运行风险变化进行实时跟踪和预测,支持多种重要度的计算、维修计划评估和优化以及设备或设备组合允许停役时间计算等功能。系统基于云架构设计,具有实时风险计算方法快速精确、维修计划评估平台优良可靠、用户操作分析界面友好实用、可处理规模巨大复杂的实时风险模型等特点。RiskAngel的研发经验已经成功应用于国家重点工程——秦山第三核电厂的风险监测器系统(TQRM)的研发当中,TQRM目前已成功上线并稳定运行三年,被中国核能行业协会鉴定为国内第一个具有完全自主知识产权的核电厂风险监测器系统,已达国际先进水平。

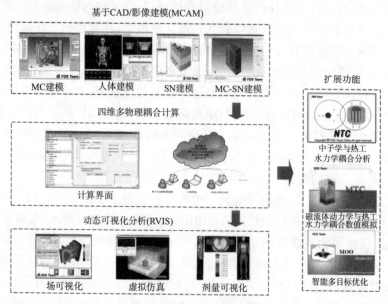

图7　VisualBUS用户界面

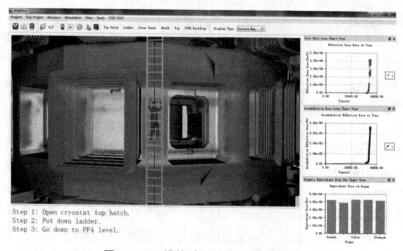

Step 1: Open cryostat top hatch.
Step 2: Put down ladder.
Step 3: Go down to PF4 level.

图8　ITER维修计划仿真与剂量评估

3. 多过程综合集成仿真类

　　核能系统是一项涉及众多学科的复杂系统工程。在核能系统设计与安全分析、安全监管、运维优化等阶段中,涉及中子学、热工水力学、结构力学等物理问题。随着数值模拟算法与计算机技术的飞速发展,综合考虑全反应堆多物理耦合的高保真模拟已成为可能。反应堆全范围多物理耦合模拟对于帮助研究与设计人员更好地了解反应堆的性能,提高反应堆功率、延长反应堆寿命和减少废物具有重要意义。

数字社会环境下的虚拟核电站Virtual4DS是FDS团队基于云平台、高性能计算、虚拟现实、可视化、大数据、协同技术与物联网等先进信息技术深度整合相关软件与数据建立的，可实现对反应堆全范围全周期多物理行为与性能高保真模拟的集成环境。Virtual4DS综合考虑辐射输运、燃耗、热工水力、结构应力、材料行为、燃料性能、概率安全、事故安全、环境影响等多个方面的耦合模拟，能够实现不同物理过程数据的无缝集成，高真实感、沉浸感的直观虚拟漫游体验，同时还支持虚拟装配与设计验证、维修计划与虚拟培训、职业照射剂量评估与优化等功能。Virtual4DS具有开放性、共享性、智能性、直观性等特点，可应用于基础物理问题模拟研究、反应堆设计与安全分析、反应堆监管和反应堆运维仿真等场合。Virtual4DS采用开放式架构，支持新功能程序的快速嵌入，支持基于CAD技术的复杂几何处理、大规模计算数据的直观高效可视化分析以及多种模拟程序间的相互耦合，其系统架构图如图9所示。同时，基于Virtual4DS，还能开展核科学与生态学、社会科学等学科的多学科交叉研究。目前Virtual4DS已经初步应用于中国科学院战略性先导科技专项ADS反应堆系统和国际热核聚变实验堆ITER的设计仿真，建立了中国数字铅基反应堆Virtual4DS-CLEAR、国际热核聚变反应堆数字模型Virtual4DS-ITER，如图10所示。未来Virtual4DS还将与其他各个方面的数字化模拟系统深度融合，包含数字城市、数字气象、数字地震等，最终融入一切皆信息的智慧型数字化社会。

随着大数据与云平台技术的飞速发展及其在智慧工厂、智慧城市等的应用成效，数字社会时代已经来临。团队开展大数据与云平台技术等先进信息技术在核领域的应用研究工作，研究并发展了核能大数据平台NBigData、核能云平台NCloud。NBigData旨在建立包含核截面数据、核材料数据、核部件结构数据、部件可靠性数据等各类核数据，支持大数据高效分析，支持核能基础研究、核能系统设计与安全分析、安全监管以及实验数据管理分析的大型数据平台。NCloud通过云平台技术、标准化规范体系建设成为面向核能领域的云平台系统，它通过与虚拟核电站Virtual4DS以及核能大数据平台NBigData协同工作，为核能系统研究与设计人员、运维人员、监管人员以及公众提供各种核能信息与核能仿真服务。

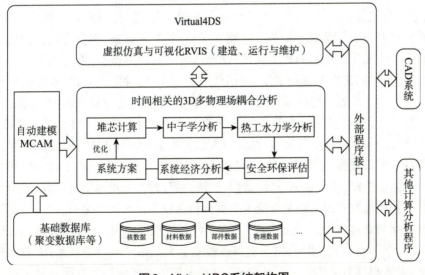

图9　Virtual4DS系统架构图

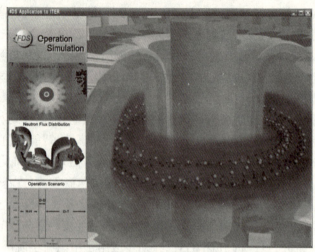

图 10　国际热核聚变反应堆数字模型Virtual4DS-ITER

四、关于核信息学的思考

先进核能软件是核科学与信息科学深入交叉的产物,智能化、集成化的综合核能软件更加依赖超级计算、云平台、虚拟现实、可视化、大数据技术、协同技术以及软硬件结合的物联网等先进信息技术。当今信息技术快速发展,新的先进信息技术不断涌现,核能领域如何利用这些先进信息技术进一步发展?先进信息技术如何解决核科学领域集成综合模拟仿真问题?为了回答上述问题,需要全面系统地研究核科学与信息技术的结合问题。因此FDS团队于2010年首次提出核信息学概念,尝试从一个学科的角度系统地研究核科学与信息技术的结合方法,从而更好地推动先进核能软件等研发活动。

广义核信息学是指应用信息技术研究核物理、核工程以及核安全的理论、方法与技术。狭义核信息学技术则可基于先进信息技术重点发展虚拟核电站、核能大数据、核能云平台、核电信息化等先进核能软件和综合仿真支撑平台,服务于核物理、核工程和核安全领域的研究和开发。核信息学作为一个崭新学科,其学科体系、重点方向、关键技术的研究和建设是一个长期过程。FDS团队按"以重点研究方向为抓手,带动关键技术研发,推动学科体系构建"的思路开展相关工作,围绕虚拟核电站、核能大数据、核能云平台、核电信息化等重点方向开展关键技术与方法的研发工作,学科构建思路如图11所示。

设计数字化、运行信息化与管理智能化将是未来核电站的重要特点,未来核电站势必会飞速产生体量巨大、类型繁多、价值巨大但密度低的海量数据,如实验数据、设计数据、运行数据、管理数据、安全数据等。此外,在未来的数字社会环境下,核电站的安全经济运行将与地震数据、气象数据、环境数据、经济数据、政治数据等紧密关联。如何从这些海量数据中快速提取有用信息是核能大数据分析面临的巨大挑战之一。"大数据"技术作为海量数据高效智能分析的重要手段,将成为核能领域的研究热点。团队目前已开展了核安全"大数据"的初步实践与设想,重点在核安全大数据基础理论体系,大数据获取、存储与共享,大数据高效处理与可视化分析,以及大数据集成应用等方面开展工作,同时正在建设包含物理技术实验库、反应堆及安全系统设计库、核能安全库在内的核安全数据库体系。云平台技术通过虚拟化措施实现了软硬件计算等资源的按需分配、动态伸缩配置以及基于网络的随时随地访问，促进了应用创新的全面迸发。团队在云平台技术与核能行业深度有效集成研究工作的基础上，开展了"核能云平台"的研发工作。核能云平台将通过与虚拟核电站、核能大数据平台等先进核能软件协同工作，为核能系统研究与设计人员、运维人员、监管人员以及公众提供各种核能信息与核能仿真服务。核能云平台的发展将对核能相关资源可获取性、知识产权保护等方面起到积极的推动作用。

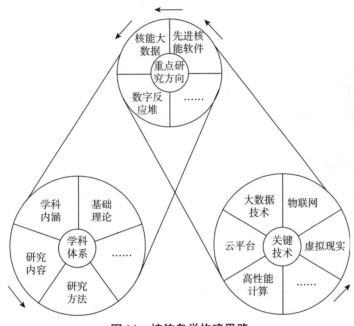

图11　核信息学构建思路

五、总结

　　FDS团队依托多学科交叉的优势条件，在先进核能软件相关理论、算法和开发方面开展了深入研究，软件功能的普适性和信息技术的先进性是其重要特点，通过十余年的持续研发，逐步发展出涵盖"基础物理问题模拟、设计交互与优化和多过程综合集成仿真"等三大类二十余套先进核能软件，包括：通过国际组织QA认证的中子学软件，被选为国际重大科技合作项目"国际热核聚变实验堆（ITER）"的核设计与安全分析参考软件，已在四十多个国家获得广泛应用；以及在秦山第三核电厂稳定运行三年的风险监测器系统TQRM，该系统被中国核能行业协会鉴定为国内第一个具有完全自主知识产权的核电厂风险监测器系统，已达国际先进水平。中子学软件相关论文入选2003—2013年度"国际基本科学指标数据库ESI–高被引论文榜（Essential Science Indicators-Most Cited Papers-Highly Cited Papers，last 10 years）"，入选2008—2013年度"聚变工程与设计杂志FED–高被引论文榜（Most Cited Fusion Engineering and Design Articles）"（共25篇），标志研究成果进入领域前1%行列。相关成果荣获国家能源科技进步一等奖、中国核能行业协会科学技术一等奖、安徽省科学技术一等奖。在先进核能软件研发基础上，团队启动了"数字社会环境下的虚拟核电站Virtual4DS"研发计划，拟发展综合考虑辐射输运、燃耗、热工水力、结构应力、材料行为、燃料性能、概率安全、事故安全、环境影响等方面，支持核电站全范围全周期多物理过程综合模拟的三维高保真集成仿真环境，对预测反应堆的各方面行为与性能具有重要意义。此外，虚拟核电站等先进核能软件需要核科学与先进信息技术的深入交叉融合，本文从学科体系角度对核信息学进行了初步探讨，对核信息学的内涵、重点研究方向、关键技术以及构建思路进行了简要介绍。

作者简介

吴宜灿，研究员，博士生导师，中国科学院核能安全技术研究所所长，中国科技大学核科学技术学院副院长，FDS团队负责人。长期从事核能科学与工程、辐射医学物理及应用、计算机仿真与软件工程等多学科交叉研究。主持国家"863"/"973"、ITER计划科学技术部重大专项、中国科学院战略性先导科技专项等项目20余项。在学术刊物和国际会议上累计发表研究论文200余篇、大型国际会议邀请报告20余次、获批国家发明专利20余项。

超级计算在过程工业中的应用

葛 蔚[1]

（中国科学院过程工程研究所）

摘 要

随着百亿亿次计算的前景日渐明朗，如何开发这一级别的高效应用也成为日渐紧迫的问题。充分考虑和协调问题、模型、算法、软件和硬件的结构是实现高效、大规模应用的必由之路。本文将结合过程工程领域的研究开发现状与问题，探讨通过多尺度方法与超级计算的结合建立过程研发新模式的可能性，并介绍中国科学院过程工程研究所在这方面进行的一些初步探索，希望对其他领域的超级计算应用也能有益助。

关键词

多尺度方法；超级计算；虚拟过程工程；软硬件协同设计

Abstract

As the milestone of exaflops computing approaches, how to develop applications for such systems become more and more pressing. Thorough considerations to the coordination between the problem, model, algorithm, software and hardware involved is key to efficient large-scale applications. With regard to process engineering, the integration of multi-scale modeling and simulation with supercomputing is possibly such an application which will bring a new mode for the research and development in process industries. The preliminary explorations at Institute of Process Engineering of Chinese Academy of Sciences are introduced in the hope that they will also be helpful to the applications in other fields.

Keywords

Multi-scale method；Supercomputing；Virtual process engineering；Co-design

一、背景

尽管全球范围内超级计算机的峰值速度还在以超越摩尔定律的步伐稳步发展，在2018年前后建成百亿亿次（ExaFlops）超级计算机的前景似乎没有问题，但如何充分利用这些庞然大物来解决科研、经济、社会和国防等领域的重大问题已成为一个迫在眉睫的问题。一方面，迈向ExaFlops级别的超级计算机日均运行费用即在百万元量级，如考虑其生命周期内分摊的研发和制造成本，费用还将翻倍甚至更高。另一方面，我们的应用至少需要具有百万甚至千万线程以上的并行度才可能较好地利用这些系统，但目前很多成熟的应用软件有效的运行规模还限制在几百至几千线程。同时我们还要考虑到：在这样的费

---

1 葛蔚，博士，研究员，博士生导师，国家自然科学基金委杰出青年基金获得者。

245

用水平上可能很多应用都未必值得运行或者很难找到足够的资金支持。

本文将结合过程工程领域的研究开发现状与问题,探讨未来超级计算在该领域的应用前景,并介绍中国科学院过程工程研究所在这方面进行的一些初步探索,希望对其他领域的超级计算应用也能有益助。

过程工业是涉及物质与能量转化与利用过程的众多产业的总称,大致包括化工、生化、材料、资源、冶金、能源、动力、食品、医药等传统与新兴产业,在国民经济中具有重要的基础性地位,也是人类社会可持续发展的根本保障。对于尚处在工业化阶段的我国,过程工业的相对比重更高,有估计认为达到了国内生产总值(GDP)的1/6左右[1]。但多年来,过程工业本身的高能耗、高排放和高污染等问题也饱受诟病,甚至动摇了人们对过程工业重要性的认同。这里的一个主要原因是过程工业的产品、设备和工艺开发周期长、费用高、风险大且效果差,难以适应现代社会生活及其他产业的飞速发展。

过程工业在技术研发上的这一瓶颈问题很大程度上源于它们所处理的对象及工艺过程本身的复杂性。一般来说,过程工业的产品是"计量不计件"的物质或能量的载体,其基本功能单元往往可以追溯到原子和分子尺度。比如,汽车所用的燃油和润滑油的区别就主要决定于其组分分子的碳链长度与结构。但同时,过程工业的生产规模通常是巨大的,很多工业反应器的尺寸在几十米量级,而整个厂区范围可达几个平方公里。从本质上说,过程工程的使命就是要在工业生产的规模上有效控制微观上产品的组成与结构,从而能够高效地获得高质量的产品,并尽量减少环境影响。

由此可见,过程工程面临着典型的跨尺度问题。对这样的问题,理论、模拟和实验三大研究手段都面临巨大的挑战。首先,直接连接所涉及尺度两端的理论手段还相当缺乏和不成熟。传统的热力学和统计力学以及连续介质建模方法严格意义上还仅限于平衡与近平衡系统,而过程工业中普遍存在显著的多尺度结构和非线性非平衡现象,两者间的差距短期内很难弥合[2]。同样,对计算机模拟而言,从原子与分子水平出发直接模拟工业过程的计算量是不可想象的,而如果从中间的尺度出发,往往又缺乏对这些尺度的合理模型。所以,试凑性的逐级放大实验还是目前过程工程的主流研究开发手段。

近年来,多尺度方法的发展及其与超级计算的结合为基于计算机模拟实现过程研发模式的变革提供了可能[2]。本文将简要介绍这种研发模式的基本思路、进展和未来发展趋势。

二、途径

多尺度方法大致有三种类型[3]:描述型方法是在同一模拟的不同时空区域采用不同尺度的模型,通过边界上相应参数的统计与分配实现它们的耦合,关联型方法是将小尺度模型的统计信息或规律作为本构关系引入大尺度模型以实现其封闭,而分析型方法是以约束条件(如稳定性条件)来封闭不同尺度的模型,从而形成统一的跨尺度描述。与单纯基于小尺度或大尺度的方法相比,它们能较好地解决计算量与计算精度间的矛盾,同时也在很大程度上避免了中间尺度的模拟缺乏可靠模型与理论支持的问题,这为基于模拟的过程工程研发提供了有力手段。

从上面的分析可以看出,多尺度方法的共性特点是包含不同尺度的模拟方法,并直接或间接地相互耦合。从方法的数值及算法特点而言,小尺度方法多为显式和离散的,典型的如分子动力学方法,而大尺度方法多为隐式和连续的,典型的如计算流体力学方法。相应地,它们所适合的计算硬件也有显著差异。前者适合计算密集、指令控制相对简单而具备细粒度并行性的众核处理器,如GPU和MIC等;而后者相比较而言,更适合较复杂的通用多核处理器,如CPU。同时,由于不同方法间的耦合,这些不同类型的计算单元间还需要共享的存储和(或)通信。从这个意义上说,目前新兴的异构超级计算与多尺度方法具有天然的相互适配性,它们的结合为在过程工业中实现高效、高精度的模拟提供了可能,也是计算技术领域软硬件协同设计(co-design)的典型实例。

近年来具有混合架构(亦称异构)的并行计算系统在国际超级计算领域占据了重要地位,特别是GPU和MIC等众核处理器的用量和提供的计算能力已经与传统的CPU处于同一量级,其应用领域也从原来的图像处理,发展到典型的数值计算,以及新兴的大数据和互联网应用。如果从应用的角度看,对多尺度问题的高效求解正是这种变化背后的一种内在的驱动力。

在过程工业领域,这方面特别令人激动的前景是所谓虚拟过程工程[2,4,5],粗略地讲,就是过程工程中的虚拟现实。随着模拟的计算量因多尺度方法的应用与改进而不断降低,而计算速度与规模随着混合架构超级计算的应用和发展不断提高,对工业规模的动态过程的模拟速度将在具有足够精度的前提下达到或超过其实际过程的演化速度。这将意味着我们可以按操作实际过程的方式和速度与模拟进程进行交互,从而观察和分析其反馈状态,也就是在计算机上实现一套虚拟的装备甚至整个工厂。因此,虚拟过程工程不仅将为过程工业的基础研究和技术开发提供方便而强有力的手段,也将为其开车测试、人员培训、事故预案设计、预警与原因分析提供任何实际试验都无法达到的安全、廉价、灵活和全面的虚拟平台,将切实带来过程工业技术研发模式的变革。

三、成果

近年来,中国科学院过程工程研究所在财政部、科学技术部、自然科学基金委和中国科学院的大力支持下,在多尺度方法和多尺度计算软硬件方面开展了比较系统的工作,形成了EMMS计算范式[2,4],初步展示了以此实现虚拟过程工程的可行性。该所按此思路研制的Mole系列超级计算系统采用不同层次的CPU与GPU耦合计算,充分发挥了多尺度模拟方法内在的并行性和可扩展性。表1总结了该所在分子、微元和设备层面开展的一些典型模拟研究。其中每个层面都体现了软硬件协同设计和多尺度耦合模拟的思想,即在每个层面,相对复杂、不规则、有较多分支判断的操作由CPU执行,而计算量大但简单、规则、一致的操作由GPU执行,并获得了突出的计算性能与效率。特别是有关研究不但在基础和前沿领域获得了显著进展,也已获得了初步的工业应用,合作伙伴包括了在石化、日化、能源、矿冶等典型过程工业领域的近10家跨国公司,展示了良好的发展前景。

表1 基于Mole系列超级计算系统的多尺度模拟研究

尺度	分子		微元		设备	
组成	体相	界面	流体	颗粒	颗粒	流体
模型	规则格点	变形格点	格子Boltzmann	离散元	粗粒化离散元	连续介质
算法	固定邻居	动态邻居	元胞自动机	数值积分	数值积分	线性方程组
硬件	GPU单精度	CPU双精度	GPU单精度	CPU双精度	GPU单精度	CPU双精度
规模[1]	15亿	0.38亿	10亿	100万	1000万	50万
核数[2]	774,144	2,304	301,056	896	26,880	80
基础研究进展	开发了基于Tesoff多体势的晶体硅原子模拟CPU-GPU耦合算法。该算法具有很好的可扩展性，在充分利用Mole系列系统的同时，还完成了天河1A系统的首个全系统应用和国内首个千万亿次实际计算速度的应用，也是当时世界上最高性能的分子模拟[6,7]。其模拟的原子数超过1000亿时，在7168颗GPU上的实际速度仍达到其峰值的25%左右。同时完成了全球首个完整病毒（H1N1）的全原子模拟，是当时最大规模的生物体系分子模拟[8,9]。采用1728GPU时，对超过3亿原子（团）在1飞秒步长下的模拟速度达到了0.77ns/天		采用浸入边界法实现了高密度比的气固悬浮系统的直接数值模拟[10]，并在最多使用672颗GPU的条件下，实现了超过百万颗粒的模拟规模[11]，是此前同类模拟规模的1万倍以上。这一规模初步达到了研究工业系统中实际微元行为所需的尺度无关规模，为研究气固多相反应与传递过程的微观机理和实现准确的工业规模模拟提供了有力手段		对气固流态化系统实现了基于严格离散方法的中试级模拟[12]，并在效率和可扩展性等方面具备工业设备模拟能力，在全球尚属首次报道。采用粗粒化方法实现了工业规模系统的局部模拟[4]。目前模拟与实际过程的演化时间比达到了小时/秒的水平。对纯颗粒系统的模拟，在采用270GPU和近千万颗粒时已接近实时[13]，而最高的单GPU颗粒更新步数可达到1亿/秒	
工业应用	上述算法与软件正服务于中国科学院过程工程研究所开展的化学气相沉积制多晶硅工艺的微观机理研究，以获得满足产品结构与品质要求的反应条件；同时正在研究活性小分子与蛋白质结合的过程及机理，以服务于日化产品的组分设计		已应用于矿浆粒度级配与流变性能分析的研究，多孔介质岩芯中单相与多相渗透率的模拟测试，以及二次和三次采用中提高原油采收率的工艺研究。正在应用于环流反应器的流动状态预测与分析		已形成注册软件并应用于固定床填料堆积过程的优化及内部流动分析、环流反应器的内部流动状态分析、大型清洁汽油炼油装置的预研。同时服务于中国科学院过程工程研究所煤热解工艺以及制药过程中散料混合器的分析与优化[14]，部分结果已申请专利	

注：1.按所计算的单元数或粒子数计，同类计算中取最大值；2. GPU按线程处理器数计算，C2050计为448核，CPU以硬件核心数计，不考虑超线程的软核，同类计算中取最大值。

与此同时，中国科学院过程工程研究所还建立了全球首套虚拟过程工程的示范系统[5]。该系统集成了Mole-8.5超级计算子系统、执行模拟与测量数据的动态高分辨率大屏幕演示的可视化子系统、实验室规模的循环流化床子系统及完善的测量分析子系统（包括X射线断层扫描及电容层析的浓度与通量动态测试以及传统的压力测试手段等）。所有这些子系统都可以由主控计算机及其控制机构实时操控，即工作人员通过人机界面输入的操作指令可同时作用于实验和模拟的循环床装置，改变各自的操作状态，从而在可视化系统中直观在线地对比两者的行为。虽然目前高精度模拟能力尚未达到实时，但该系统已能很好地展示虚拟过程工程的前景。

图1　中国科学院过程工程研究所虚拟过程工程示范系统[5]

1.控制系统；2.循环流化床反应器；3.测量仪器

四、前景

超级计算和过程工程目前都在蕴育重大的变革，而多尺度方法是联系这两项变革的一条纽带。通过这条纽带建立的高效、高精度模拟能力将为实现虚拟过程工程提供可能。展望未来，可以预见的是[2]：计算机体系结构将向着更加符合主流应用计算模式的方向发展，因此多尺度结构必然成为其显著特征，从处理器芯片的设计到存储与通信资源的配置直至以云计算为代表的整个超级计算机群落的构建。而采用具有这种体系结构的超级计算系统，多尺度模拟的速度和规模还将有巨大的提升空间，其时间和费用也将大大降低。并且其使用环境将更加便利和直观化，从而使虚拟过程工程从梦想变成前沿，进而成为例行的工业应用。

五、致谢

感谢EMMS团队的各位同仁对本文写作的支持和帮助，包括提供未曾公开发表的材料。感谢财政部、科学技术部、自然科学基金委员会、中国科学院以及企业界对此工作的资助和支持。

参 考 文 献

[1] 李静海，胡英，袁权，等. 展望21世纪的化学工程. 北京：化学工业出版社，2004.

[2] Li J H, Ge W, Wang W, et al. From Multiscale Modeling to Meso-Science. Berlin：Springer，2013.

[3] Li J H, Kwauk M. Exploring complex systems in chemical engineering—the multi-scale methodology. Chemical Engineering Science, 2003，58(3-6)：521-535.

[4] Ge W. Meso-scale oriented simulation towards virtual process engineering (VPE)—the EMMS paradigm. Chemical Engineering Science, 2011，66(19)：4426-4458.

[5] Liu X H, Guo L, Xia Z J, et al. Harnessing the power of virtual reality. Chemical Engineering Progress，2012，108（7）：28-33.

[6] Hou C F, Xu J, Wang P, et al. Petascale molecular dynamics simulation of crystalline silicon on Tianhe-1A. International Journal of High Performance Computing Applications，2012. Doi：10.1177/1094342012456047.

[7] Hou C F, Ge W. A novel mode and its verification of parallel molecular dynamics simulation with the coupling of GPU and CPU. International Journal of Modern Physics C，2012, 23(2)：1250015.

[8] Xu J, Wang X W, He X F, et al. Application of the Mole-8.5 supercomputer：Probing the whole influenza virion at the atomic level. Chinese Science Bulletin, 2011, 56(20)：2114-2118.

[9] Xu J, Ren Y, Ge W, et al. A molecular view of a virus. Drug Discovery & Development. 2012. http：//www.dddmag.com/articles/2012/03/molecular-view-virus.

[10] Wang L M, Zhou G F, Wang X W, et al. Direct numerical simulation of particle-fluid systems by combining time-driven hard-sphere model and lattice Boltzmann method. Particuology, 2010, 8：379-382.

[11] Xiong Q G, Li B, Zhou G F, et al. Large-scale DNS of gas–solid flows on Mole-8.5. Chemical Engineering Science，2012，71：422-430.

[12] Xu J, Qi H, Fang X, et al. Quasi-realtime simulation of rotating drum using discrete element method with parallel GPU computing. Particuology, 2011，9(4)：446-450.

[13] Xu M, Chen F G, Liu X H, et al. Discrete particle simulation of gas–solid two-phase flows with multi-scale CPU–GPU hybrid computation. Chemical Engineering Journal, 2012, 207-208：746-757.

[14] Ren X X, Xu J, Qi H B, et al. GPU-Based Discrete Element Simulation on a Tote Blender for Performance Improvement. Powder Technology, 2013, 239：348-357.

作 者 简 介

葛蔚，研究员，博士生导师。现任SCI期刊*Chemical Engineering Science*、*Particuology*，以及核心期刊《过程工程学报》、《化学反应工程与工艺》、《计算机与应用化学》编委，中国颗粒学会理事。主要研究方向为气固、颗粒与散料、多孔介质及纳微多相系统的多尺度建模、分析、高性能计算及其工业应用。已获国家发明专利4项，并以此建立了千万亿次峰值的高性能超级计算系统及其应用软件，服务于国家重大项目及多家跨国公司的研发过程。

天文学研究的科研信息化环境

崔辰州[1]　薛艳杰[2]　李　建[1]　赵永恒[1]　刘　梁[3]　陈　肖[4]

（1. 中国科学院国家天文台；2. 中国科学院；

3. 中国科学院紫金山天文台；4. 中国科学院上海天文台）

摘　要

在过去的几十年间，天文科学数据量已经从GB量级进入到了TB量级。如今，正在从TB量级向PB量级迈进。天文学研究已经进入到了数据密集型时代。面对海量天文数据对存储、计算、带宽、软件甚至工作模式等方面的需求，天文学家连同信息技术领域、计算机科学领域的专家们正努力地使基于天文数据的知识发现过程变得更加容易。旨在实现科学数据互操作的虚拟天文台就是这方面的积极尝试，它将为数据密集型时代的天文学研究和教育科普提供一个信息化环境。天文信息学则从天文学的一个分支学科的高度去考虑天文学的长远发展。本文论述了天文学研究在数据密集型时代所面临的需求，介绍了天文学家为应对数据密集型科研挑战正在研究开发的虚拟天文台技术，探讨天文信息学所包含的内容和发展天文信息学的必要性，展望了中国科学院统筹规划天文领域科研信息化工作建设中国虚拟天文台的前景。

关键词

天文学；科研信息化；虚拟天文台；天文信息学；统筹规划

Abstract

During the last decades, Astronomy has been stepped into a data intensive era. TB datasets have been in hands, and PB datasets are emerging. Big data in astronomy brings challenges on data management, computing, bandwidth, software, and even the way to do research. Astronomers are working together with experts in computer science and information technology to provide an easy way to discover knowledge from big data. Virtual Observatory (VO) is a data-intensively online astronomical research and education environment, taking advantages of advanced information technologies to achieve seamless, global access to astronomical information. To allow users and applications to access distributed and heterogeneous datasets and services in a consistent and uniform way (interoperability), International Virtual Observatory Alliance (IVOA) has been defined a set of standards and specifications. However, the VO, especially the IVOA, does not address all of the challenges facing to astronomical research and education in a data-driven and data-intensive science research era. Standing on a broader vision, Astroinformatics will act as a sub-discipline of Astronomy to enable data-intensive astronomical science. In the paper, backgrounds and current status of VO research and development are introduced, challenges facing to Astronomy and requirements for Astroinformatics are discussed, activities and achievements from CAS astronomical observatories on e-Science are reviewed, prospects for VO in China is described.

1　崔辰州，博士，国家天文台信息与计算中心主任。

Keywords

Astronomy；e-Science；Virtual Observatory；Astroinformatics；Roadmap

一、天文学研究数据密集型时代的来临

天文数据一直以来就被认为是人类了解宇宙的直接证据。古代天体观测技术不是很发达时，通过各种手段得到的观测数据来之不易，因此被十分珍贵地保存起来。事实证明，历史上流传下来的重要天文数据，不仅为当时创造了巨大价值，也为后世的科研工作带来了参考。在观测手段日益强大、科研活动极其活跃的今天，天文观测数据仍然被认为是人类重要的成果而被精心的保存。

每一次观测技术的进步，都会带来天文学研究的突破。自19世纪初，意大利天文学家伽利略把自制的望远镜指向天空，人们的视野大大拓宽了，天文学开始进入了新的观测时代。进入到20世纪以来，望远镜的数量进一步增多，观测能力进一步加强，尤其是各种大口径、多用途的望远镜应用，使天文观测深度和观测广度达到前所未有的水平。

望远镜的应用所带来的直接影响就是天文观测数据的迅速增长。天文数据开始大规模的产生应该起源于天文数据的数字化过程。这得益于20世纪80年代后期，各种电子元器件尤其是CCD技术的成熟和广泛应用。现代的天文观测手段，可以使望远镜所得到的观测数据直接就生成电子文档。这也为计算机管理天文数据提供了便利。天文数据进一步的增多，使天文学家开始关注天文数据本身的保存、检索、处理等问题。自20世纪90年代计算机技术、信息技术大规模普及以来，天文数据也进入了数据密集型时代。时至今日，基于数据的天文学研究手段已经非常普遍。

望远镜设计制造、探测器、数据处理等技术的进步使得天文观测能力不断增强，灵敏度越来越高。天文学家开始规划天区范围更广、深度更深、扫描速度更快的巡天项目。另外，一些新的天文研究领域，如伽玛暴、超新星爆发等，使得时域天文观测的需求更加迫切。所有这些科学需求，都直接导致天文数据量成爆炸式的增长。表1列出了当前国际上几个天文观测项目相对于高能物理学领域大型强子对撞机（LHC）的数据产生率[1]。在国内，GWAC地面广角相机阵每天的观测数据量可达7.4TB；"天籁计划"大型射电干涉仪阵列一期96个天线的数据流量为4.8GB/s，二期1000个天线的数据流量为3.2TB/s。天文学已经实实在在地进入了数据密集型时代并开始引领这个领域的发展。多波段数据的融合、海量复杂数据的分析和挖掘成为新世纪天文学研究的主要方法。

表1　巡天项目与LHC数据产生率对比（ LHC的数据产生率约为1GB/s,看作1 ）

项目名称	工作波段	开始运行时间	数据产生率
大口径全天巡视望远镜（LSST）[1]	光学	2018年	0.3
澳大利亚SKA先导项目（ASKAP）	射电	2014年	2
低频射电阵（LOFAR）	射电	2013年	50~200
一平方千米天线阵（SKA）[2]	射电	2020年	2500~25000

注：1.http：//www.lsst.org/；2.http：//www.skatelescope.org/

二、当代天文学研究对信息化环境的需求

当代天文学研究从一定程度上讲已经成为一项数据驱动的工作。数据获取、数据管理、数据分析、数据共享，每个环节都充满着对信息化环境的需求。

海量的天文数据带来相应的海量数据存储的需求。天文数据量一般较大，数据文件多，需要高效的文件存储系统和检索系统。现代的数据库技术可以较好地解决这样的文件记录、整理问题。数据库内部的索引技术可以很方便地实现检索的任务。但是随着未来天文观测设备能力的增强，产生的数据越来越多。当前的主流数据管理方法已经不能完全满足要求。

天文数据量的增长也给天文数据处理带来挑战。通常观测的原始数据并不能直接用于科研活动，需要一套针对观测设备和环境信息的数据处理程序——pipeline对原始数据进行加工处理，才能对外发布使用。有些时候需要对观测出的数据进行实时或几乎实时的处理。如瞬变源（如超新星爆发、伽马暴等）观测的早期预警等工作。天文数据处理对计算资源的要求在射电望远镜干涉阵列项目中表现的极为明显。目前，国际上干涉仪的阵元个数动辄成百上千。世界上大多数已建成的天文干涉仪阵列，如美国的甚大阵列（Very Large Array，VLA），印度的巨型米波射电望远镜（Giant Meter wave Radio Telescope，GMRT）等都由几十个单元组成。随着干涉仪技术的不断成熟，人们已经开始筹划或正在建越来越大的阵列。例如，我国及国际上正积极筹划的"天籁计划"和一平方千米天线阵（Square Kilometer Array，SKA）预期都由数百乃至数千个单元组成；欧洲即将建成的低频射电干涉阵列（Low Frequency Array，LOFAR）由2万个天线构成的48个基站组成。如此大规模的天线阵列对数据采集、传输、处理等有极高的技术要求。如何应对这些挑战，尤其是如何以可接受的成本来应对目前万亿次每秒甚至亿亿次每秒的实时处理需求是国际上非常关注的一个难题。

天文数据在存储和计算上的需求还体现在海量天文数据的融合方面。两个不同的星表之间，相同天体目标各自具有不同ID标识的现象普遍存在。在科研工作中，往往又是期望针对同一目标在不同星表中获得联合搜索的信息。于是就产生了不同星表间交叉证认操作的需求。通常，交叉证认以目标源的位置为纽带，将不同数据库中的数据联系起来，从而获得多个数据库中的参数信息或多波段的数据信息。对于两个记录数分别为M和N的星表而言，交叉证认的计算复杂度是$M \times N$。十几年前，M和N的规模仅在数千到数万的量级，而现在已经增长到了十亿的级别。如果是多星表的交叉证认和融合，所需的计算量可想而知。更精确的证认还需要把天体的类型、亮度等物理特性考虑进去。在科学技术快速发展的推动，天文学进入了全波段巡天的观测阶段，形成了多波段天文学。来自各个波段的巡天和观测数据都在急剧增长。有了交叉证认的工作后，这些星表就可以统一起来，全方位的了解天体在各个波段的特性。通过多波段的交叉证认可以对天体的物理性质、演化规律获得更全面系统的认识，加深对认证目标源的新的理解，为统计分析和数据挖掘做好准备。虽然已经研究了很长时间，大规模星表的交叉证认问题依然是天文学界乃至科学数据库领域研究的热点。

进入21世纪，最新的信号探测技术和信息技术开启了天文学研究的时域时代。下一

代概要式巡天项目和程控自主天文台激发了天文学家对时变过程的研究热情。时域天文学的发展带来了观测数据的激增,同时也带来了更多新的挑战。概要式巡天项目,比如大口径全天巡视望远镜(LSST)和SKA,将每晚对大面积的天区进行快速扫描以发现各种变化事件。程控自主天文台则对有价值的暂现事件展开随动观测以获得进一步的信息。程控望远镜数据收集速度较传统观测模式有数百上千倍的提高,数据联合使得数据复杂性大幅度增加,用于分类和决策的数据挖掘算法在这种情况下也必须全面革新。它带来了新科学的机遇,同时也伴随着全新的挑战。这是一个典型的计算机应用、信息技术和天文学交叉的领域。

异构数据再加上暂现天文事件为数据管理和分析带来全新挑战。时域天文学面临的众多挑战中最核心的一个就是海量数据流的实时挖掘。科学产出不仅依赖于天文事件探测到与否,还需要及时而准确地随动观测和数据分析。这就需要对概要巡天产生的海量数据流快速处理,与以后的数据进行比对,找出各种变化的情况,对这些情况进行分类和特征提取,并给出随动观测的优先级。很多科学领域也面临着类似的情况。海量数据从科学仪器和传感器网络中不断地产生,异常事件和有价值的情况必须及时探测和发现,并迅速触发相应的动作。

数据密集型时代天文数据的存储和处理有了新的模式,研究的模式也在快速地发生着改变。科研信息化环境则是天文学研究的内在需求。

三、虚拟天文台和天文信息学

天文学是一门既古老而又生机勃勃的基础学科,它起源于数千年前,而时至今日还不断地为我们带来激动人心的新发现。天文学源自观测,收集数据、处理数据、共享成果,是天文学家传统的研究模式。随着天文学领域数据量的不断增大,科研协作越来越广泛,这种传统的研究模式也必须改变。早在世纪交替之际,天文学家就意识到有必要对天文数据访问所有的过程进行标准化。在这种背景下,一个跨天文学科、计算机学科、信息学科的概念——虚拟天文台(Virtual Observatory, VO)诞生了[2]。虚拟天文台是通过先进的信息技术将全球范围内的天文研究资源无缝透明联结在一起形成的数据密集型网络化天文研究和科普教育环境。

为了将各国在虚拟天文台方面的努力联合在一起,2002年6月在德国召开了一个名为"走向国际虚拟天文台"的国际会议。会上成立了国际虚拟天文台联盟(IVOA)。国际虚拟天文台联盟成立了多个工作组,致力于为实现数据的互操作而制订相关的标准和规范,使数据产品的生成、数据发布、数据发现、数据访问和获取都在标准的VO框架下进行。天文学家只需登录到虚拟天文台系统便可以享受其提供的丰富资源和强大的服务,使自己从数据收集、数据处理这些烦琐的事务中彻底摆脱出来,而把精力集中在自己感兴趣的科学研究问题上。

虚拟天文台的基本架构如图1所示。天文学领域中的海量数据通过大型的数据中心或者小型的研究团队来进行管理,以互联网为平台把这些数据以及相关的计算等资源提供给天文学家等用户使用,这就是IVOA架构中的资源层。数据和计算资源的消费者,或者是个体天文学家,或者是研究团队,或者是计算机系统,通过用户层来和下面的资源进行交互。虚拟天文台则是这个架构中连接资源层和用户层的那个中间层,它以无缝透明的方式将两者连接在一起。VO为资源提供者提供了一套技术框架,使得这些资源可以被共享(Sharing)出去,让用户能够找到(Finding)这些资源,得到(Getting)并使用(Using)它们。IVOA制订的一系列协议和规范就是要为这些功能的实现提供指导和约束。

虚拟天文台的诞生,消除了各个数据库系统访问标准不统一的问题,使得数据交叉证认、图像光谱数据的分析等工作有了相应的工具来完成。通过使用这些工具,天文学家可以避免一部分重复性工作,节省了宝贵的时间。经过各国VO团队的努力,前面所述的一些服务,也已经部分或全部在VO的框架下有了具体的实现。如VOspec、Aladin、SPLAT、VOSesame、VOplot、TOPCAT、Iris等都是VO的出色的应用程序。目前,全世界已经有上百家天文数据中心或天文项目宣称支持VO的标准,为VO提供标准接口的数据源。可以想象,如果未来的天文数据都在VO的标准下进行统一管理,天文学家只需掌握VO的一些工具,即可应用所有的天文数据来进行科研工作。

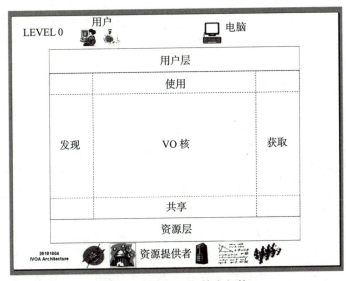

图1　虚拟天文台基本架构

在过去的十几年间,国际上多个巡天项目积累的数据已经从GB量级跨越到了TB量级。很快,天文领域的数据量将从TB量级跨入PB量级。随着数据和计算资源的增长,诞生了新的知识发现模式。数据已经成为继观测与实验、理论、计算之后科学发现的第四范式[3]。数据密集型环境下,天文研究所需的资源不但包括数据库、分布式数据,还需要高性能计算、分布式计算(如网格与云计算等)、数据挖掘和知识发现工具、创新的可视化环境等。

计算能力按照摩尔定律每18个月增长一倍,I/O带宽每年增长10%,然而,数据量几乎每年增长一倍。因此,相对于数据量的急速增长,计算能力和I/O带宽的增长远远不能满足需求。我们访问、分析数据,从中提取和吸收知识的能力则越来越显得落后,需要开发和应用更强大的新的算法、方法。这就需要在数据驱动的天文学研究时代培养新一代的科学家和技术专家。

量变带来质变,在数据量从GB跃升到PB后,就需要全新方法和全新模式。到目前为止,天文学界在应对这些挑战方面主要采取的是一种非正式和临时应对的方式,结合e-Science和巡天领域的一些专家来共同推进。天文学家逐渐认识到这种方式的局限性。要全面应对海量科学数据时代天文学研究的挑战,天文学家们需要更宽广的视野和长久的策略。为了使现有和未来大型巡天项目、观测设施等数据生产项目科学产出最大化,天文学需要自身领域的信息科学专家。天文学需要正式创建、承认和支持一个重要的新学科,即天文信息学(Astroinformatics)。

狭义的虚拟天文台并没有完全解决天文学对天文信息学的需求。国际虚拟天文台联盟是一个非常有代表性的e-Science信息技术研究项目,核心目标是制订一套完整的标准来实现对全球天文信息资源的发现、访问和互操作。对于天文信息学而言,这只是迈出了最初的一步。为了应对数据密集型的天文学研究和教育,还需要更多的、系统性的研究和开发,把计算和分析的科学工具应用到天文学领域,从海量的数据中甄别出新的模式和新的发现。天文信息学代表了数据密集型天文科学研究的一种新模式[4]。它将涵盖一系列内在相互关联的领域,包括数据组织、数据描述、天文分类学、天文概念语义、数据挖掘、机器学习、可视化、天文统计学等。研究的内容包括:数据模型、数据转换和归一化方法、索引技术、信息提取和整合方法、知识发现方法、基于内容和基于语境的信息呈现、一致化的语义描述、分类学、天文本体论等。这些技术和方法为在海量数据环境下开展数据挖掘、信息提取和融合、知识发现提供了条件。

2010年6月16—19日,国际上第一次天文信息学研讨会在美国加州理工大学召开。大会的主旨是要为数据密集、计算使能的21世纪天文学定义一个新学科(Defining an emerging discipline for the data-rich, computationally enabled astronomy in the 21st century)。会议以邀请报告和自由讨论的形式探讨了虚拟天文台、跨学科研究、计算技术发展趋势、数据库技术发展趋势、知识发现和提取、机器学习和人工智能的应用、高维复杂数据集的可视化、下一代科学软件系统、数值密集型理论和数据密集型观测条件下的科学、定量化的新科学、协同工作环境和工具、下一代面向天文信息学的科学家的培养、科普教育新技术、全民科学、科学出版和知识保护的新方法、实用天文语义技术等广泛的话题。2011年9月,第二次天文信息学研讨会在意大利召开。2012年9月第三次天文信息学研讨会在微软研究院总部顺利召开。

以国家天文台为首的中国天文学界在2002年提出了中国虚拟天文台(China-VO)的设想。2002年,China-VO成为国际虚拟天文台联盟成员。China-VO的重点研发领域包括中国虚拟天文台系统平台的开发、国内外天文研究资源的统一访问、支持VO的项目与观测设施、基于VO的天文研究示范和基于VO的天文科普教育等几个方面。中国虚拟天文台自提出之初就把自己定位为一个应用型研究计划,目标是在天文学和信息技术之间起到桥梁和纽带的作用,让先进的信息技术服务于天文学的研究。China-VO在推进虚拟天文台研究和应用的同时,一直发挥着天文信息学推动者的作用。2006年,国家自然科学基金委员会与中国科学院开始共同设立天文联合基金,把"海量天文数据存储、计算、共享及虚拟天文台技术"列为重点支持的5个研究领域之一,为国内虚拟天文台和天文信息学的稳步发展提供了必要的支持。《2013年度国家自然科学基金项目指南》则更加明确地把这一资助方向陈述为"为解决重大天文项目所面临的数据、计算和信息提取等问题而开展的应用基础性研究,包括海量天文数据存储与共享、数据挖掘、高性能计算及虚拟天文台技术等"。2011年,"天文信息技术"作为"天文技术与方法"专业的一个研究方向被列入到国家天文台2011年硕士和博士招生专业目录。我们有理由相信天文信息学不久将作为天体物理学的一个二级学科出现在科研院所和高校的科研、教学体系中。

四、统筹规划打造中国虚拟天文台

在中国科学院"九五"、"十五"、"十一五"信息化专项等基金的支持下,经过各天文台站的努力,院内天文单位已经积累了较好的信息化基础。

国家天文台的天文数据服务工作开始于20世纪80年代。2002年,中国虚拟天文台计划提出后,以信息与计算中心为代表的国家天文台天文信息技术研发团队在科学数据库、数据互操作、天文应用软件、网格技术、科学工作流、超级计算、协同工作环境等领域完成了大量的工作,发表论文数十篇,取得软件注册权登记3项,多套天文软件和应用系统投入使用,服务于LAMOST大科学工程等重大科技计划和国内外天文学家。

紫金山天文台现有的望远镜数据获取设施基础有稳定、高速的连接各野外台站的信息传输网络,并已成功实施IPv6,已建设资源丰富、架构科学、高效能的毫米波射电天文、行星科学数据库等数据库。"十二五"期间,还将协同暗物质卫星项目着力建设暗物质与空间天文数据库、配合空间碎片监测网重点建设空间碎片数据库,并配合中国南极天文中心建设中国南极中心天文数据库。目前,已成功建设适应现代天文学研究需求的超级计算环境,以信息化建设中心为核心,信息化服务系统化建设已经初步形成。

上海天文台总部与佘山园区间已完成高速网络互联,全面启用下一代互联网。高性能计算初具规模,拥有1PB的高速磁盘阵列、计算机集群平台、分布式计算刀片平台、3台SGI Altix系列计算机、2套分布式计算机群,全部设备集中在公共机房,由信息计算中心负责运行和管理。e-Science应用示范项目、天文科学数据库、野外台站等项目顺利通过中国科学院"十一五"信息化专项验收。"应用于深空探测和天文观测的e-VLBI技术"与"超级计算中的星系和宇宙"入选中国科学院科研信息化应用优秀案例。"基于下一代互联网的e-VLBI示范平台"作为中国科学院五个示范项目之一入选CNGI项目。

2013年4月16日,中国科学院基础科学局组织召开了"中国科学院天文领域科研信息化研讨会"。这是国内天文学领域首次高端科研信息化研讨会,国家自然科学基金委员会数理学部、中国科学院办公厅、国家天文台、紫金山天文台、上海天文台60多位代表参加了会议。

会议旨在以组织实施中国科学院科研信息化"天文科技领域云"项目和国家发展和改革委员会高技术服务业研发及产业化项目为契机,主动适应信息化时代中国天文学中长期发展的要求,建立中国科学院天文领域信息化工作统筹协调的工作机制,整合我国天文科技资源和天文信息技术研究开发力量,促进科技资源的共建共享,推进我国天文学科研信息化的进程,通过信息化手段更好支撑天文学研究和科学知识传播。会议决定正式组建中国虚拟天文台这样一个群众性学术研究和开发组织,以中国科学院基础科学局为主管单位,国家天文台为依托单位,紫金山天文台和上海天文台为共建单位。中国虚拟天文台将统筹组织中国科学院天文领域科研信息化研究开发和服务工作。

五、全生命周期可溯源的科研新模式

全新打造的中国虚拟天文台将充分利用各台站和中国科学院现有网络、存储、计算等信息化基础设施,借助先进的信息技术和虚拟天文台领域的研究成果,以国内核心天文观测设备的时间申请、审批,数据汇交、共享和使用为线索,融合天文观测和科研活动所需的科学数据、高性能计算、软件和实用工具等资源,形成一个物理上分散,逻辑上统一的网络化科学研究平台;服务从望远镜时间申请一直到科学论文撰写的整个科学研究过程,实现信息化基础设施及资源与天文学研究活动的直接融合;提升天文观测设备的运行水平,促进设备和科学数据的开放共享。

中国虚拟天文台是一个数据驱动的科研信息化环境,基于标准、完整、有质量保障的元数据和科学数据系统,通过具备互操作能力的软件、工具和服务,将为天文学家等科学用户打造一个全生命周期可溯源的科研新模式。图2以实测天体物理研究领域的天文学家为例,对这样的科研新模式进行了说明。

实测天文学家的科研活动可以划分为望远镜时间申请、科学观测、数据处理、成果发表几个基本环节。天文学家为了取得开展科研课题所需的观测数据以观测提案的形式向望远镜时间分配委员会提交时间申请;通过科学观测获得所需的原始观测数据;借助软件工具对原始数据进行分析处理得到数据产品;获得的科学研究成果以科研论文等形式发表和共享,同时数据产品按照天文学领域的惯例开放共享。天文学家的每一步科研活动,每个环节的输入输出都在虚拟天文台环境中给予记录和保存,分别形成观测提案库、原始数据库、软件工具库、数据产品库、论文成果库等,同时系统中还存留有详细的日志和元数据信息。科学思想产生、数据获取、数据处理、成果共享,这样一个完整的科学研究过程实现了可溯源管理。

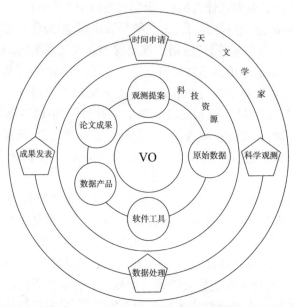

图2 虚拟天文台环境下全生命周期可溯源的科研模式

面向不同层次的用户,中国虚拟天文台将主要提供如下4个方面的服务:

（1）望远镜开放服务，为国内核心天文观测设备提供统一时间申请、审批和数据归档服务，有条件地向爱好者和公众开放专业设施。

（2）数据开放共享服务，在尊重相关数据使用政策和知识产权的前提下提供对国内、国际数据资源的快速访问，支持海量异构数据的过滤、融合等操作。

（3）数据分析与挖掘环境，为科研用户提供支持海量高维复杂数据的加工处理与挖掘分析环境，支持天文统计学课题的开展。

（4）可视化及公共数据服务，面向科研人员和公众提供海量数据的准实时可视化，为教育、科普等非科研需求提供数据服务。

中国虚拟天文台将为观测设备管理者提供观测申请和审批、数据标准化归档与开放使用以及成果展示平台；为科学用户、教育用户、公众用户提供观测申请、数据使用和成果共享平台；为相关管理部门提供天文观测设备运行情况以及数据产品使用情况的客观统计数据。

六、总结与展望

在科学技术日新月异的今天，学科之间相互交叉现象十分普遍。当前信息技术、计算机网络技术发展迅速，各种新概念、新技术层出不穷。这其中有很多天文领域值得吸收的技术与方法。我们正步入天文数据PB量级的时代，EB量级时代也不再遥不可及，未来天文领域的发展必定和信息技术、计算机技术息息相关。天文学研究从观测到数据获取，再到数据处理分析，一直到成果发表和共享，都越来越需要借助科研信息化的环境。

虚拟天文台概念的提出为e-Science的发展提供了应用示范，促进了天文学与计算机科学、信息技术的交叉与合作。随着科学和技术的发展，数据密集型环境下的天文学研究对研究方法、研究手段、研究工具和各种支撑条件提出了新的挑战。天文信息学作为数据密集型天文科学研究的一种新模式，正呈现出其勃勃的生机。

参 考 文 献

[1] Graham M J，Djorgovski S G，Mahabal A，et al. Data challenges of time domain astronomy. Distributed and Parallel Data Intensive e-Science 2012，30（5-6）：371-384.

[2] Cui，C Z，Zhao Y H. Worldwide R&D of virtual observatory//Jin W J，Platais I，Perryman M A C. A Giant Step：from Milli- to Micro-arcsecond Astrometry. Proceedings of the International Astronomical Union Symposium，2008，3：563-564.

[3] Hey T，Tansley S，Tolle K. The Fourth-Paradigm：Data-Intensive Scientific Discovery. Second ed. Redmond，WA：Microsoft Research，2009.

[4] Borne K D. Astroinformatics：a 21st century approach to astronomy. 2011. http://www8.nationalacademies.org/astro2010/DetailFileDisplay.aspx?id=455.

作 者 简 介

崔辰州,博士,国家天文台信息与计算中心主任,从事虚拟天文台、天文科研信息化等领域的研究,已发表学术论文50多篇,主持科研项目18项,与约翰霍布金斯大学、加州理工学院、微软研究院等十多个国际一流科研机构建立有牢固的合作关系,获得北京市科技新星计划、中国科学院"创新人才计划"、中国天文学会天文学突出贡献奖等奖励多项。

大深度三维矢量广域电磁法

何继善[1]

（中南大学地球科学与信息物理学院）

摘 要

　　"探天入地"是人类自古以来的伟大梦想，也是现代科学追求的永恒目标。自20世纪以来，人类在航空航天、深空探测、深海探测技术及仪器装备等方面取得了长足进步，太空遨游、海底寻宝已逐步成为现实。但由于固体地球的特殊性，人类依赖钻探对地球的认识仍仅限于地壳表面以下不超过15km的圈层，且钻孔数量有限，代价高昂。对地球深部更广泛、深入而精细的理解，只能依赖于现代地球物理理论、技术及装备的不断发展与进步。本文主要介绍"大深度三维矢量广域电磁法"，致力于建立一套统一电阻率法、频谱激电法和电磁测深法多种理论方法的大深度三维矢量广域电磁法理论方法体系，研制大深度三维矢量广域电磁法仪器装备，实现三维矢量电（磁）场全息联合反演，形成三维矢量广域电磁法数据处理与解释软件体系，为深部地壳和复杂矿体电性结构的精细探测提供完全由中国人提出理论、具有完全自主知识产权的地球物理方法与装备。

关键词

　　大深度；三维；矢量；电磁法；伪随机信号；广域电磁法

Abstract

　　This paper intends to introduce a novel Electromagnetic method, that is large deep three-dimensional vector wide field electromagnetic method. It contains a 200kw pseudo-random signal transmitter, an electromagnetic signal receiver sets, which including 100 two-component electric data collection station and 10 five-component electromagnetic data acquisition station（including data acquisition and control software）. The receivers have the characteristic of wide bandwidth, full waveform collection, high-precision, and long time collection. In the work area, arrangement hundreds of two-component electric receiver and 5-component electromagnetic acquisition station according to a certain grid, and around the layout setting at lest three transceiver（different direction and different offset）, emission pseudo-random signal with multiple primary frequency, record the transmit current with full waveform technique. Receivers synchronization measure the earth's response for 4~8 hours. Two orthogonal horizontal electric components（partly measure the electric and magnetic field component）. Isolate the various main frequency responses to calculate wide field apparent resistivity. Achieve electric（magnetic）three-dimensional holographic joint inversion. Obtain deep crustal's resistivity and polarization. The instrument can use for resources and energy exploration, deep crustal structure detection, groundwater resources detection, environmental and engineering exploration and so on.

1　何继善，教授，中国工程院院士，博士生导师，曾任中南工业大学校长和中国工程院能源与矿业学部主任，现为中国工程院主席团成员、中国工程院工程管理学部常委。

Keywords

Large Deep；Three dimensional；Vector；Electromagnetic；Pseudo-random signal；Wide Field Electromagnetic Method

一、国内外研究现状

目前，国内外的电磁勘探方法，有大地电磁法（Magnetotellurics Method，MT）[1,2]、音频大地电磁法（Audio-Magnetotelluric Method，AMT）和可控源音频大地电磁法（Controlled Source Audio-frequency Magnetotelluric Method，CSAMT）等[3]。20世纪50年代初期，Tihonov和Cargniard提出的大地电磁法（MT），利用起源于高空电离层和赤道雷击的天然电磁场源，通过求Ex和Hy（或者Ey和Hx）两者之比，成功地提取到了地下的电学信息。MT方法最吸引人的地方是它的天然场源，但同时这也成为其很大的一个缺点，由此导致信号大小变幻不定、强度微弱，使得测量精度和工效都很低，对测量环境的要求很苛刻等固有缺点[4]。

1971年，Strangway和Goldtein 提出了可控源音频大地电磁法（CSAMT）。利用接地导线或不接地回线作场源，在"远区"观测正交的电磁场分量，计算Cargniard电阻率。CSAMT法克服了MT法场源的随机性和信号微弱的缺点，但是，CSAMT因袭MT测量一对正交电、磁分量之比并沿用Cargniard公式的做法，需要在"远区测量"，从而束缚了自己的发展，而且CSAMT采用变频发送和接收，效率低下。

勘查地球物理的方法和仪器及其发展，是互相配套，相互制约的。20世纪50年代末，苏联研制出世界首台大地电磁仪，随后美国也研制出MT仪，这时的MT仪非常笨重，随着电子技术及计算机技术的快速发展，世界上陆续研制出较为轻便的频率域电磁法仪器，如加拿大凤凰公司的V5，V5-2000，V6系统，主要使用天然场源信号采集，用于深部勘探；美国EMI公司生产的用于深部勘探的MT-24系统，用于浅部勘探的EH4系统；美国的LMIS仪器系统，用于深部构造研究，周期可达2~3万秒；德国Metronix公司的MMS-04大地电磁系统[5,6]。

进入21世纪，电磁法仪器逐渐向两个方向发展，一种方向是多功能融合形成多功能电法工作站，如将直流电法仪器、时间域电磁法仪器和频率域电磁法仪器组合在一起形成大型电法勘探仪器系统，其代表有凤凰公司的V8和Zonge公司的GDP-32，它们能进行各种装置的时域激发极化（TDIP）、频域激发极化（RPIP）、瞬变电磁测深（TEM）、复电阻率（CR）、大地电磁测深法（MT）和可控源音频大地电磁测深（CSAMT）测量；另一种方向是沿着专业化道路向更高层次发展，功能相对单一但性能更优异，其代表有Metronix公司的GMS-07频率域综合电磁法仪，它由磁场和电场传感器直接和主机ADU-07连接组成完整的GMS-07观测系统，单台ADU-07有10个数据采集道，可以组成不同的观测系统，多个ADU-07或多个GMS-07可用网线、无线局域网或内置的GPS连接一起，组成多道、同时采集电磁场信号，能完成MT、AMT、CSAMT等功能。当今两个方向发展的最新仪器都采用了GPS同步，并且向着网络化发展，力争组建成大型电磁法网络勘探系统，但目前大部分都只能少数几台仪器相连，还不能组成像三维地震勘探一样的三维电磁勘探系统[7-18]。

相比较国外电磁仪器的蓬勃而快速的发展,国内电磁法仪器发展相对滞后。我国多个科研单位和高校进行了电磁法仪器的研制,20世纪90年代,中国地质科学院地球物理地球化学勘查研究所在国土资源部的资助下研制成功分布式被动源电磁系统;吉林大学研制了混场源电磁法仪器,综合MT法和CSAMT法的特点;此外,在863项目的支持下,我国也开始了海底大地电磁测深仪的研制。总的来说,国内电磁法仪器的研制总体处于相对较低的水平,目前国内市场基本被国外大型电磁法仪器所垄断[4,5,11,13]。

先进的方法配合先进的仪器系统才能够真正促进地球物理勘探的发展,尽管目前国外仪器技术先进、性能指标优异,工艺达到了非常高的水平,但所采用的方法理论本身没有大的突破,依旧采用变频法或者奇次谐波法等,这些方法本身就有不可忽略的缺陷[4,12,19]。中南大学一直致力于地球物理方法理论的创新和配套仪器的研究,先后提出了双频激电理论、伪随机信号理论、广域电磁法等新的电磁勘探方法理论,这些方法从理论上突破了现有电磁法的瓶颈,根据这些方法成功研制了双频激电仪、伪随机多频激电仪和广域电磁测深仪等,并在推广应用中获得了巨大社会经济效益。

在电磁方法发展的同时,数据处理与解释也取得很大进步。有限差分、有限元、边界元、积分方程、混合元等数值方法得到广泛应用,各种线性、非线性反演,以及多方法、多参数联合反演得到长足发展,模型也由简单的层状介质向二维、三维和带地形的任意三维模型方向发展。

由国外发展趋势来看,发展趋势可归纳为如下4个方面。

(1) 传感器技术不断进步:随着材料学与电子学的不断进步,作为核心技术的传感器性能不断提高。例如感应式磁传感器的磁芯材料从铁氧体逐步发展到坡莫合金、非晶合金等材料,磁学性能更加优越。磁芯结构逐步从整体结构发展到带材结构与颗粒结构,使得涡流损耗更小。电子学的进步使得微弱信号的读出电路性能更加突出,尤其是数字电路,如DELTA-SIGMA电路的应用,将有效地提高传感器弱信号能力的拾取,进而提高传感器整体性能。

(2) 方法不断完善,适应性越来越强:从直流电法到交流电法;从AMT、MT到CSAMT;从简单的标量测量到矢量测量、张量测量;从单一参量探测到多参量探测;从单一源的人工场源电磁法、天然场电磁法发展到多源的人工场与天然场优势互补的混场源电磁法–形成了系列电磁探测的理论和方法,适应于地下几十米至几十千米的地质结构探测。

(3) 资料处理精细化、解释自动化、软件集成化:从简单参数计算到稳健张量阻抗分析及高阶谱计算;从傅里叶变换到具有时频双重局部化的小波(包)分析;从单一参数反演到多参数联合反演;从简单层状介质正反演计算到带地形的高维正演与反演成像;从定性解释发展到定量解释,电磁法中噪声压制、静态校正、非平面波效应消除等资料处理技术日益完善,解释软件日渐成熟。

(4) 装备系统智能化、多功能化、集成化:典型的如美国的GDP-32系统、加拿大的V5/V8系统等。这些系统都采用了目前最先进的电子技术,设计模块化且高度集成,既可以在频率域测量,也可以在时间域测量,能进行大部分电磁法勘测工作,如AMT/MT、

CSAMT、IP、SIP等，其人工场的发射功率一般可达30 kW，个别产品可达200 kW。

我国对电磁法的研究起步于20世纪60年代初，以跟踪、引进、消化、吸收国外方法技术和仪器设备为主，虽然在方法、数据处理等方面取得了一些具有自主产权的创新成果，但仪器的研制以仿制为主，且工艺水平和稳定性能与国外先进产品有相当大的差距。

根据上面的分析，国内外的电磁法仪器虽然越来越先进，且向多功能化、集成化方向发展，但西方传统的频率域电法勘探，不论是谱激电法、还是电磁测深法，没有方法上的创新，采用的仍是20世纪50年代由Wait提出的变频观测法，即发送机向地下供某一频率的交流电，接收机测量该电流经大地传导后的响应；观测完毕后，通知发送机改变供电频率，再次进行测量；重复这个过程，直到完成所有设定的频率。显然，变频法有以下特点：①不同频率的响应是逐次测量的，且接收和发送一般要准确通信，速度慢、效率低；②不同频率的响应是不同时间观测的，干扰是随机的，即各个频率的信噪比不同。在干扰严重的地区，如生产矿山附近，这可能造成明显的虚假异常。为克服变频法的缺点，不少学者提出利用方波中的奇次谐波，如Zonge提出的复电阻率法，测量基波和各阶奇次谐波的实分量和虚分量。奇次谐波法虽然可以在同一时间测量不同频率的响应，但它也有两个缺点：①相邻频率的频差固定，随着谐波次数升高，在对数坐标上相邻频率越来越近，不符合电磁勘探的要求；②谐波振幅随次数升高而快速下降，当噪声一定时，信噪比随谐波阶次升高而降低。目前，奇次谐波法已基本被淘汰。

针对变频观测和奇次谐波法的局限性，中南大学提出了伪随机信号电法[4,12,19]。其技术核心是：发送机将不同频率的电流波形合成为伪随机电流后向地下供电，接收机则同时接收这些频率经大地后的响应并将其分离，因此，一次供电，便可以完成所有频率的测量。伪随机电流波形具有如下特点：①具有周期性，可以重复产生；②主频率的频比固定，在对数坐标上基本均匀分布；③主频率的振幅基本相等、初始相位关系简单；④能量大都分布在主频率上。由于具有快速、高效、电源利用率高、仪器轻便、抗干扰能力强、相对观测精度高、异常可靠等优点，伪随机信号电法已发展出双频道、三频道、伪随机多频道频谱激电和电磁法，在多个领域获得广泛而成功的应用，在国内外电磁勘探领域独树一帜。

二、三维矢量广域电磁法仪器设计思想与总体结构

三维矢量广域电磁法仪器的总体结构如图1所示。发电机组交流输出经调压整流后，在GPS与伪随机信号发生控制器的控制下向相互正交的接地导线发送伪随机电流并全波形记录电流数据；与此同时，数百台电磁数据采集站长时间、全波形、高精度采集大动态范围的电磁信号；数据处理与解释软件系统将电流数据与接收电磁数据进行联合去噪、相关辨识，提取广域视电阻率、极化率等参数，并进行数值模拟与反演成像，最终进行解释与综合评价。

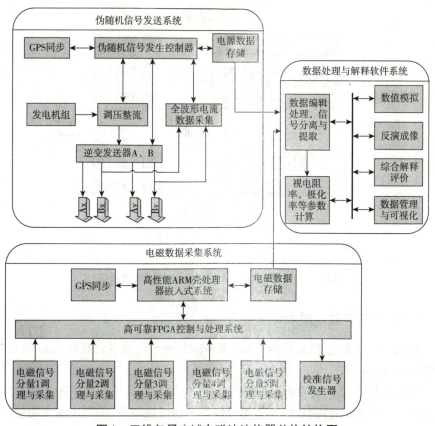

图1 三维矢量广域电磁法法仪器总体结构图

1. 大深度三维矢量广域电磁法工作方法研究

目前的人工源电磁法一般是一次性布置场源，依次在每个测点上观测。即使是分布式测量，同时使用的接收站也不超过100个。"大深度三维矢量广域电磁法"在工作区内，按一定比例尺布置数百台2分量电场数据记录器和5分量电磁数据采集站，形成固定的二维接收网格；在离工区一定距离上先后布置3个以上不同收发距、且方向不同的接地导线，并依次向地下供含多个主频率的伪随机信号电流，接收站同步测量2个相互正交的水平电场分量(部分测点上同时测量3个磁场分量)，并进行长时间(4~8h)全波形采集，在每个测点上获得多个收发距的高精度电(磁)场矢量，从而形成真正的三维电磁场全息测量。在室内计算广域视电阻率和极化率；进行电(磁)场三维全息联合反演，形成三维矢量广域电磁法正反演成像与解释软件系统，如图2所示。

与目前的电磁法施工方式不同，本方法有如下特点：①采集站固定，场源按一定规律移动，在相同工作量下，可极大地提高工作效率；②每个测点上观测多个收发距数据，同时获得电阻率和激电信息，将直流电阻率、频谱激电和电磁测深有机统一；③对每个场源，采用长时间叠加，结合全波形过采样、同步阵列去噪、伪随机信号相干辨识和发送–接收波形同步反褶积等技术，可以极大地消除各种干扰，提高信噪比和分辨率；④不同方向的激励场源，可以更全面地刻画三维复杂地质体。

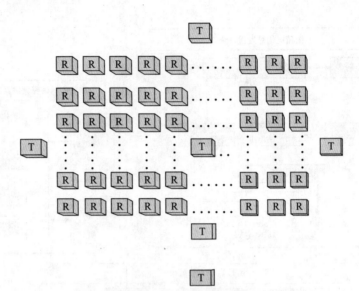

图2　大深度三维矢量广域电磁法探测示意图

2.大功率三维矢量电磁测深系统发送机的研制

伪随机信号发生控制器采用FPGA技术和DDS技术合成各种伪随机多频信号,通过光纤传送给高压大功率发送器,如图3所示。

根据不同的应用选择相应功率的发电机组,经过全控整流与调压并谐波抑制和平滑滤波。两台由大功率IGBT构成的逆变器分时发送伪随机电流,采用无源无损缓冲技术以及高效率热管散热技术,保证大功率整流器和逆变器的稳定而可靠的运行,同时全波形记录电流数据。采用高精度GPS与高稳定度石英钟进行同步,研究相关算法,保持自动发送与接收采集。

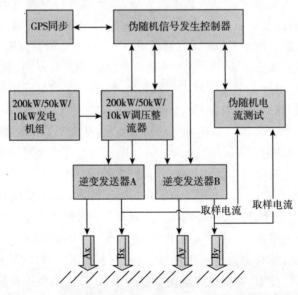

图3　大深度三维矢量广域电磁法发送机组成示意图

3. 三维矢量广域电磁法数据采集站的研制

数据采集站接收电场信号或磁场信号,经过超低噪声前置放大器放大、50Hz及其谐波干扰信号抑制、0.01Hz~10kHz带通滤波、程控放大等信号调理,送给24位高速高精度进行数字化,高可靠FPGA系统控制ADC的转换并将多道电磁数据存储或传送给ARM处理器进行存储。

高性能ARM嵌入式处理器系统负责友好的人际交互,接受人工控制命令或者GPS同步自动控制命令,控制各个通道的数据采集。五分量数据采集站如图4所示。

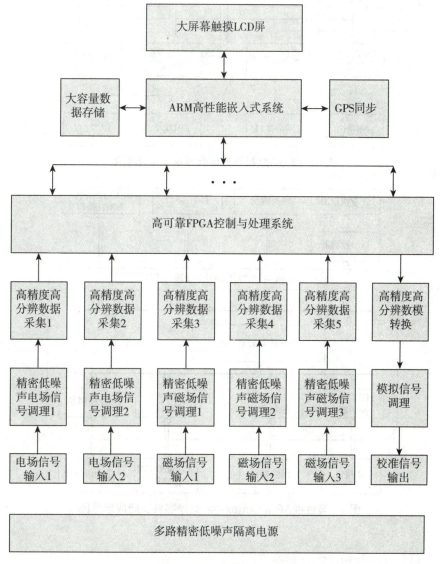

图4　五分量数据采集站

数据采集站中所涉及的FPGA系统和高性能ARM系统结构图如图5和图6所示。

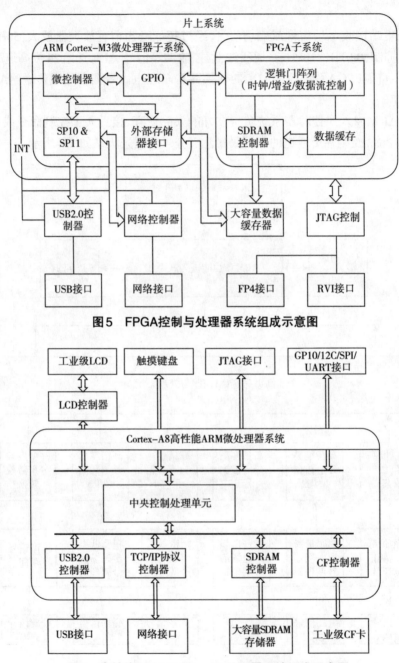

图5　FPGA控制与处理器系统组成示意图

图6　高性能ARM Cortex-A8处理器系统组成示意图

三、对科学研究的重要性

地震学是研究地球深部结构最重要的地球物理分支学科,目前人们对地球深部的知识和理解大多源于地震学的研究成果。但地球是复杂的,岩石不仅具有密度、速度差异,也具有电性差异,如电导率、极化率等,因此基于岩石电性差异的电磁探测技术同样是研究地球深部结构必不可少的地球物理方法。它不仅是对地震学成果的补充与印证,两者的联合,可以减少多解性,从而更深入、精细地探索地球内部结构。

在目前的电磁类方法中,测量天然电磁场的大地电磁法的探测深度最大,可以达到数百公里。1Hz以下的低频天然电磁场起源于太阳风与电离层的复杂作用,更高的频率上则受雷电等气象因素影响。由于天然电磁场频率范围很宽,从数百赫兹到10^6Hz甚至更低,因此在极低的频率上具有很大的探测深度,这也使得大地电磁法成为研究地球深部电性结构的主要电磁类方法,通常与地震勘探同时应用。另一方面,天然电磁场信号十分微弱,极化方向随机,使得大地电磁法野外测量十分耗时、昂贵,受人文电磁干扰影响严重。事实上,在我国的中东部地区,已很难获得高质量的大地电磁数据,其应用和效果都受到很大限制。使用人工场源的可控源音频大地电磁法、瞬变电磁法,以目前国内外的仪器设备,由于发送功率、信噪比等因素影响,其探测深度不超过3km,一般只应用于典型矿区的探测研究。

我国《国土资源部中长期科学和技术发展规划纲要(2006—2020)》作出了"地壳探测工程"、"中国大陆重要成矿带及矿集区成矿动力学"、"矿产资源快速调查与深部勘查技术集成"等科学与技术发展规划。对地球深部及复杂矿体三维电性结构的探测、认识与理解,是这些规划的重要内容。从前期实施的"地壳深部探测实验与技术研究(SinoProbe)"等,所使用的电磁方法及仪器装备仍是西方发达国家主导的大地电磁法、可控源音频大地电磁法、瞬变电磁法、频谱激发极化法,以及相应的仪器,如GDP-32、V8、V5-2000等。

由于以往的探测目标是中浅部的金属矿体(500~2000m),方法技术及仪器装备还不能适应更大深度的电性结构探测。为适应新的历史使命,满足我国中东部地区上地壳(10~15km)电导率及矿集区深部(2~3km)极化率三维立体探测的需要,在国家重大科研仪器设备研制专项的资助下,我们正在研制超大功率(500kW以上)的伪随机信号发送机及50~100套电磁信号接收站,建立5~10km的发送电偶极子,向地下供300~500A的电流;在收发距30~100km的广大区域内,布置50~100套(或以上)网络式电磁信号接收站,同步观测0.001~10000Hz的伪随机信号,采用广义电磁法的电阻率计算方案,从而研究10~15km深度内地球三维立体的电导率结构。同时,对同样的装置,可以在发送电极AB中间及旁侧的广大区域内,观测伪随机多频激发极化信号,组成伪随机频谱激电测量,从而研究2~3km深部的极化率结构。同时开展相关的理论、技术、正反演解释及野外方法规范研究,为我国的地球深部探测提供技术储备,服务于国家的长远科学和战略目标。

本方法相对于传统的大深度电磁勘探最大的优势在于,不但实现了5~10km范围内上地壳电性结构的精细探测,同时还实现了3km深度范围内的极化率立体探测,并且可以任意改变相互正交的两个发射源的强度和相位差,从不同方向激励地下地质体,获取不同方向的电磁波场和极化率响应,使得获取的信息量在不改变工作量的前提下大大增加,可以精细的刻画深部的地质体结构和矿化信息,将创建一种全新的电阻率和极化率结合的大深度三维勘探方法。

设备可以进行大深度高分辨率的多方位激励的电阻率和极化率信息提取,实现地下5~10km深度范围内的电阻率和3km深度范围内的极化率成像,精细刻画3~5 km内复杂矿体的三维结构、矿液通道和物质组成,为揭示矿集区深部构造背景及成矿动力学过程、研究深部成矿规律、建立深部成矿模式、开展深部成矿预测和深部资源潜力评价、拓展资源勘查深度,提供有效的现代勘探地球物理技术方法体系。

四、对促进国家经济社会发展的作用

我国在工业化进程中,社会经济可持续发展正面临资源紧缺的严重压力。我国是一个资源大国,目前已发现的矿产有170余种,资源开采量居世界第二,支撑了50年社会主义经济建设和工业化发展,大幅提升了我国的综合国力。然而,随着矿产开发力度的加大,资源储备急剧下降,已勘探的能源和固体矿产资源对工业化的保障程度日趋下滑,资源的供需矛盾日益突出。我国浅部矿产资源,如露头矿、浅部矿,已大幅减少。从国土资源部对全国1010座大中型矿山资源潜力的调查结果可知,60%以上的矿山可开采的潜力严重不足。铁、铜、铝、钾盐等重要矿产高度依赖进口,对外依存度高达50%~80%,远高于国家经济的安全警戒线(对外依存度40%)。矿产资源短缺日益严重,后备探明储量严重不足的现状已成为制约我国经济发展的重大瓶颈。

大深度三维电磁测深和激发极化勘探系统可实现5~10km范围内的电阻率和3km深度范围内的极化率立体探测,可从不同方向激励地下地质体,获取不同方向的电磁波场和极化率响应,使得获取的信息量在不改变工作量的前提下大大增加,可以精细的刻画深部的地质体结构和矿化信息。不但可以进行金属矿大深度探测,也可以用于火山岩油气藏勘探,而且测量的地电信息更加丰富,对三维地质体具有更高的分辨能力。大深度三维电磁测深和激发极化理论方法体系及仪器装备必将为大深度矿产资源勘探和油气资源勘探带来一新的革命,满足经济快速发展对资源的需要,尤其是西部大开发的需要,从而为我国的经济发展做出贡献。

本方法研制的勘探系统建立在先进的理论基础上,自主研制核心部件,适用于我国地貌与地质条件,采用三维观测模式,满足深部找矿需要。力争为我国实施"立足国内,找矿增储"的资源保障战略提供技术支撑,推动我国矿产资源勘探的发展,同时由于其具有的方法和装备系统的先进性,还可为"地壳探测工程"提供利器,并进一步推动地学研究。

五、应用前景

大深度三维电磁测深和激发极化理论方法体系及仪器装备具有广阔的应用前景,主要在于它理论的先进性和装备系统的实用性。

从国外引进的多功能电法勘探系统,如GDP-32、V8、GMS-07等,几乎都是将大地电磁法(MT)、可控源音频大地电磁法(CSAMT)、时间域电磁法(TEM)、激发极化法(IP)等电法勘探的功能集于一身,实际上相当于几台功能不同的仪器组装、拼接到一起。

大深度三维电磁测深和激发极化仪器装备与上述国外仪器不同,它不是国外仪器的克隆或模仿,也不是现有仪器的组装或拼接,在方法原理和设计思想上进行了根本的创新。主要的有:

(1)采用相互正交的双极源同时发送,通过调整两个相互正交发射源的强度和相位,可对目标体进行多方位、多模式的激励,以期获得任意方向的电磁波响应,大大增加数据量,这种发送方式勘查地球物理行业仪器厂商至今还未采用过。

(2)发送的是含有多个主频率的伪随机电流信号,这种电流信号是具有我国自主知识产权的一项新发明,国外同行尚不得而知。

(3)利用分布式多通道数据采集站采取阵列式观测方式,一次性地同时接收一组正交的、多个频率的电(磁)响应,其观测效率和速度比国外仪器的变频观测快许多倍。

(4)实现5~10km深度范围内的电阻率和3km深度范围内的极化率立体探测,不但可以探测深部地质体的构造,并且可以探测深部地质体的矿化信息,将大大提高导矿构造、容矿构造的探查能力和精度。

(5)采用全域(而不仅仅是远区)电磁场的精确公式提取地下视电阻率,能够在包括近区、过渡区和远区的广大区域进行观测,一次性地同时采集和处理广大区域的3D数据,一次性地同时获得勘查区域内电性立体分布的3D信息。这种观测方式和提取视电阻率的方法,此前勘查地球物理界还没有先例。

大深度三维电磁测深和激发极化仪器系统具有效率快、精度高、实用性强等一系列优点,它的研究成功必然受到勘查地球物理行业广大用户的青睐,不但可以取代国外多功能电法勘探系统,而且建立了一套全新的三维电法勘探理论体系及仪器装备,具有广阔的应用前景和市场前景。

六、需求与服务

经济社会的发展必然面临竞争,竞争的一个重要方面是资源的勘查和开发。我国是一个拥有13亿人口的大国。要跻身世界强国之林,必须加大资源勘查、开发的力度。依赖进口,必然受制于人;自主研究和开发,才是可靠的发展之路。

我国面临资源短缺的严重形势,消耗的铁矿石、石油、煤炭却连年高居世界前列。近几年来,政府增加了地质勘查的投入,加大了资源勘查的力度。全国各部门所属的地质勘查队伍总计不下数百万之众,这还不算涉足此行业的私人公司,以及进入中国的外资(合资)公司和走出国门到境外投资或承揽勘查业务的公司等。凡是从事地勘行业的单位,都盼望有方法先进、性能优良、质量可靠的先进勘查方法和仪器。

大深度三维电磁测深和激发极化仪器系统,是一种理念先进、构思新颖、功能齐全、性能优越、工艺精良的综合电法勘探系统。将超越目前市场上流行的GDP-16/32、V5/V8、EH-4等系统。国内目前仅从加拿大凤凰公司引进的V5到V8电磁仪器就达数百套,价值超过2亿元,几大多功能电法仪器在中国的数量及价值非常巨大。如果大深度三维电磁测深和激发极化仪器系统取代国外电法仪器仅升级换代就可以创造数亿元的经济价值。正交激励矩阵三维电法系统不仅在地质构造、金属矿产资源勘探和油气资源勘查中具有重要作用,而且在水利水电工程、铁路隧道工程、地质灾害探测等领域有广泛的应用。可以预料,这一新型的、先进的系统,一定会吸引众多的用户,具有很大的市场需求和广阔的应用前景。在应用中将产生不可估量的巨大经济效益。

世界上发展中国家为数众多,它们拥有各自的资源优势有待勘查开发。本系统以先进的理论方法及优异的性能进入国际市场,既支持了发展中国家的经济发展,又开辟了自己的需求市场,争取了自己的用户。

参 考 文 献

[1] 何继善.广域电磁法和伪随机信号电法.北京:高等教育出版社,2010.

[2] 蒋奇云.广域电磁测深仪关键技术研究.长沙:中南大学,2010.

[3] 裴婧.广域电磁接收机硬件设计与实现.长沙:中南大学,2010.

[4] 何继善.2n系列伪随机信号及应用.中国地球物理学会年刊,1998:199.

[5] 何继善.可控源音频大地电磁法.长沙:中南工业大学出版社,1990.

[6] 何继善.频率域电法的新进展.地球物理学进展,2007,22(004):1250-1254.

[7] 汤井田,何继善.可控源音频大地电磁法及其应用.长沙:中南大学出版社,2005.

[8] 王友善,魏传根.电磁测深方法研究.地球物理学报,2006,49(1):256-263.

[9] 何继善.频率域电法的新进展.地球物理学进展,2007,22(4):1250-1254.

[10] Hörd A,Scholl C. The effect of local distortions on time-domain electromagnetic measurements. Geophysics, 2004,69(1):1-2.

[11] EMI ElectroMagnetic Instruments,Inc. Stratagem Operation Manual. 2007.

[12] 朱晓颖.大地电磁法应用和进展//中国地球物理学会第22届年会论文集.成都:四川科学技术出版社,2006.

[13] 刘国栋.频率域电磁法仪的最新进展.第8届中国国际地球电磁学讨论会,荆州,2007.

[14] Zonge Engineering and Research Organization. GDP-32Ⅱ.http://www.Zonge.com/grad p322 htm 2004.

[15] Phoenix Geophysics. The V-8 Geophysical instrument. http://www.phoenix-geophysics.com /products / html V-8 2003.

[16] 林品荣,赵子言.分布式被动源电磁法系统及其应用.地震地质,2001,23(002):138-142.

[17] 魏文博.我国大地电磁测深新进展及瞻望.地球物理学进展,2002,17(002):245-254.

[18] 程德福,王君,李秀平,等.混场源电磁法仪器研制进展.地球物理学进展,2004,19(004):778-781.

[19] 邓明,魏文博.海底天然大地电磁场的探测.测控技术,2003,22(001):5-8.

[20] 魏文博,邓明.我国海底大地电磁探测技术研究的进展.地震地质,2001,23(002):131-137.

作 者 简 介

何继善,中南大学教授,博士生导师,1994年当选为中国工程院首批院士。现为中国工程院主席团成员、中国工程院工程管理学部常委、湖南省科学技术协会名誉主席、湖南省院士联谊会会长、湖南省书法家协会顾问。何继善教授长期致力于地球物理理论、方法与观测仪器系统的研究。

基于中国下一代互联网的科研应用

闫保平[1]　罗万明[1]　秦　刚[1]　李　健[1]　刘笑寒[1]

郑为民[2]　沈立人[3]　李　新[4]　何洪林[5]　何玉邦[6]　罗　泽[1]

（1. 中国科学院计算机网络信息中心；2. 中国科学院上海天文台；

3. 中国科学院上海应用物理所；4. 中国科学院寒区旱区环境与工程研究所；

5. 中国科学院地理科学与资源研究所；6. 青海湖国家级自然保护区管理局）

摘　要

在中国下一代互联网基础设施的基础上，围绕大容量数据实时传输需求、大科学装置共享需求，以及野外台站联网与应用需求，开展了e-VLBI示范应用、上海光源远程实验与数据传输示范应用、黑河流域生态水文遥感—地面观测试验与综合模拟示范应用、中国陆地生态系统通量观测研究网络信息基础设施示范应用、青海湖国家级自然保护区生态系统与野生动物保护监测示范应用等五个示范应用。对下一代互联网技术在科研信息化上的应用具有借鉴意义。

关键词

中国下一代互联网；e-VLBI；上海光源；黑河流域；通量观测；青海湖

Abstract

Based on the China Next Generation Internet，according to the requirements from massive data transmission，Large-scale scientific facility sharing，networking among field observation stations，we carried on five demonstration systems including CNGI/e-VLBI，CNGI/SSRF，CNGI/Eco-hydrological remote sensing - ground-based observations and comprehensive simulation test application，CNGI/Chinaflux，and CNGI/Qinghai Lake. The progress and achievements are presented.

Keywords

CNGI；e-VLBI；SSRF；Heihe river watershed；Chinaflux；Qinghai Lake

一、背景介绍

现代科学研究活动涉及大科学装置、野外台站科研设备仪器数据获取、海量数据存储、科学数据库、高性能计算、文献情报检索、科研协同等，高速网络数据传输是科研基础设施提高利用效率、在更大范围内共享的基础。先进科研网络不仅要满足大科学装置的实时控制与海量科研数据传输对稳定带宽、可靠传输性能的需求，而且需要满足大规模科研应用模式对可管理、可控制、安全、可运营网络环境的需求。

1　闫保平，中国科学院计算机网络信息中心研究员，博士生导师。

中国下一代互联网(China Next Generation Internet，CNGI)应用IPv6作为其核心协议。与IPv4相比，IPv6具有许多新的特点。IPv6协议丰富的地址空间、服务质量保证、安全、移动支持等方面的良好特性为建设先进的科研数据网络提供了先进的技术保障。

在基于CNGI的信息化基础设施的基础上，围绕大容量数据实时传输需求、大科学装置共享需求，以及野外台站联网与应用需求，开展了e-VLBI示范应用、上海光源远程实验与数据传输示范应用、黑河流域生态水文遥感-地面观测试验与综合模拟示范应用、中国陆地生态系统通量观测研究网络信息基础设施示范应用、青海湖国家级自然保护区生态系统与野生动物保护监测示范应用等五个示范应用。

二、e-VLBI示范应用

VLBI是甚长基线干涉测量(Very Long Baseline Interferometry)的英文缩写，它是起源于射电天文领域的干涉测量技术。利用干涉测量技术，多个望远镜可等效成一台孔径更大的望远镜，因此望远镜之间基线越长，干涉测量技术所能达到的角分辨率就越高。

实时VLBI技术(e-VLBI)[1]利用高速互联网将VLBI观测数据，实时高速送往数据处理中心并进行实时相关处理，以取代传统的VLBI数据邮寄方式，将获得VLBI测量结果的滞后时间从若干天缩短到几分钟。e-VLBI是VLBI技术发展的一个重要方向，在航天器跟踪测量和天文、测地观测等领域均有重要应用价值。

CNGI/e-VLBI示范应用以中国科学院上海天文台参与的探月工程VLBI测轨分系统为基础，充分利用中国e-VLBI观测网的观测与数据处理基础设施[2]和CNGI的网络条件，建设基于下一代互联网的e-VLBI观测网、研究开发基于IPv6的e-VLBI数据传输、控制和数据处理系统，并依托下一代互联网的高带宽、低延迟的特性，开展示范性应用。

e-VLBI观测网由4个VLBI观测台站(包括上海佘山站、北京密云站、云南昆明站、新疆乌鲁木齐南山站)和VLBI数据处理中心(位于中国科学院上海天文台)构成。在CNGI/e-VLBI示范应用中，对4个观测台站和VLBI数据处理中心的内部网络都进行了升级改造。并且在中国科技网的支持下，实现了各观测台站到CNGI网络的IPv6接入。

在各观测站和VLBI数据处理中心安装部署了支持IPv6的高清视频图像采集系统，可以通过IPv6网络远程观看实时的视频图像。

对观测站现有的数据采集系统Mark5B进行了适应性扩展。在Mark5B系统后端增加了支持IPv4与IPv6的数据转换传输设备。此设备前端与Mark5B相连采集VLBI原始观测数据，后端设备通过IPv6网络发送数据到VLBI中心数据接收系统。

在IPv6网络环境下，开发了一套e-VLBI数据传输控制系统。通过IPv6网络，能够协同控制观测台站的数据采集传输系统和VLBI中心数据接收系统，提高了e-VLBI系统的自动化程度。

对原有的观测纲要软件进行了改进，实现以IPv6网络数据流为导向的自动化观测，控制各VLBI观测站和数据处理系统协同工作。

开发了集成展示平台，实现了基于Web的网络管理、设备状态监控、科研数据访问检索等功能模块的集成，如图1所示。

图1 CNGI/e-VLBI集成展示平台

三、上海光源远程实验与数据传输应用示范

上海同步辐射光源(Shanghai Synchrotron Radiation facility，SSRF)是我国迄今为止最大的大科学装置和大科学平台,也是我国建设的第一个第三代同步辐射光源[3]。

光源是生命科学、材料科学、环境科学、地球科学、物理学、化学、信息科学等众多学科研究中不可替代的先进手段和综合研究平台,也是微电子、制药、新材料、生物工程、精细石油化工等先进产业技术研发的重要手段[4]。

示范应用建成了基于IPv6的上海光源数据传输网络,并通过控制系统网关将上海光源加速器控制系统网络接入CNGI/CSTNET;在上海光源部署统一数据存储系统及统一数据传输系统,实现远程数据传输及远程数据同步应用;实现数据远程实验系统。

示范应用设计了新的网络基础设施,建立了专门用于远程实验及数据传输的光源数据中心网络,并新建了光源线站内网,将其从光源控制网中独立出来,不仅使线站网络的出口支持IPv6,而且每条线站内部的网络也能够支持IPv6。新的网络基础设施在提供IPv6网络接入的同时,还能够通过IPv6连接存储服务系统和计算服务系统、并对外提供文件访问服务。

上海光源开放使用的各条光束线站每天进行的科学实验会产生海量的科研数据,同时还有大量的系统运行状态数据。示范应用设计并部署了一个统一的数据存储系统,能够提供基于IPv6的NFS和CIFS文件共享服务。

远程实验系统支持管理人员和用户通过IPv6网络的远程访问。该系统由4个主要部分组成。

(1)加速器实时数据及历史数据的远程访问及分析系统。

(2)基于远程安全访问的加速器远程控制及诊断维护平台软件。

(3)加速器实时状态显示系统。

(4)光束线站实验现场视频系统。

此外,还开发了一个集成展示平台,实现了基于Web的网络管理、设备状态监控、运行状态数据查询等功能模块的集成。

四、黑河流域生态水文遥感 – 地面观测试验与综合模拟应用

黑河流域是我国第二大内陆河流域,面积共计29.5万km²,从流域的上游到下游,以水为纽带形成了冰雪、冻土、森林、草原、河流、湖泊、绿洲、沙漠、戈壁的多元自然景观,流域内寒区和干旱区并存,山区冰冻圈和极端干旱的河流湿地区形成了鲜明对比。同时,黑河流域开发历史悠久,人类活动显著地影响了流域的水文环境,2000多年来,这一地区的农业开发,屯田垦殖,多种文化的碰撞交流、此消彼长,无不与水深刻地联系在一起。自然和人文过程交汇在一起,使黑河流域成为开展流域综合研究的一个十分理想的试验流域[5]。

示范应用开展遥感–地面同步观测,实证IPv6无线传感器网络在捕捉流域尺度生态水文异质性,理解内陆河流域生态水文研究中的关键科学问题,以及支持遥感真实性检验中的作用。本示范应用与国家自然科学基金委员会重大研究计划"黑河流域生态水文过程集成研究"联合实施。

示范应用建立了自动化、智能化、时空协同、逐个节点可控的生态水文IPv6无线传感器综合观测网络,实现数据长期稳定、可靠的无人值守获取和自动存档入库,全面提高流域生态水文过程的综合观测能力和观测自动化水平[6];能准确获得流域尺度内空间异质性较强的关键生态水文变量的高分辨率时空分布特征和动态变化过程;利用IPv6无线传感器网络时间上可与遥感传感器过境精确匹配,空间上密集分布的特点,开展遥感真实性检验研究,获得地面观测"真值"。

示范应用的网络基础设施包括部署在盈科超级站附近的IPv6无线传感器网络组成的野外观测系统,部署在湿地观测站、盈科超级站、遥感站、花寨子站的网络视频监控系统、远距离骨干无线传输网络、互联网接入网络等,最后接入CNGI网络,提供IPv6用户对整个系统的访问。

开展了支持IPv6的生态水文无线传感器网络节点设备的系统软硬件设计、集成、应用开发和应用示范等研究。系统关键技术包括IPv6协议栈进程模型设计及协议栈的存储管理、抗低温设计、时间同步设计、存储功能、数据采集频率设置、多接口设计、系统远程升级设计、智能电源管理、服务器端对各节点的状态控制等,最终实现节点设备在无外源供应情况下低功耗运行,并通过增强系统自测试、自校正和自修复能力,保障系统运行的健壮性、兼容性及灵活适应性。

在中国科学院寒区旱区环境与工程研究所部署数据服务器、数据存储服务器和数据可视化显示终端,实现对黑河流域全部自动观测数据和人工观测数据的质量控制、存储入库、可视化分析以及与模型的无缝集成接口,并为数据用户提供数据查看、申请和下载服务;管理员可利用互联网操作数据服务器向各观测节点发送远程控制指令,获得仪器观

测数据、供电、存储空间等工作状态信息。建立了"黑河流域IPv6生态水文无线传感器网络"的数据管理与共享系统,统一管理传感器网络自动采集的观测数据、并以元数据为核心开展多层次的数据共享。可视化应用展示包括观测区地形图示、观测数据实时显示、存档数据管理、设备状态监控、处理规则管理、用户管理及系统设置。

通过黑河中游布设的IPv6无线传感器网络开展一系列相关的生态水文和遥感应用研究,包括:

(1)多尺度嵌套观测在发展异质性地表蒸散发模型中的应用。

(2)黑河中游灌溉管理制度优化决策。

(3)作物生长模型及农作物估产。

(4)遥感像元尺度土壤水分的真实性检验。

五、ChinaFLUX信息化基础设施示范应用

中国陆地生态系统通量观测研究网络(ChinaFLUX)[7]是以中国科学院生态系统研究网络为依托,以微气象学的涡度相关技术和箱式/气相色谱法为主要技术手段,对中国典型陆地生态系统与大气间CO_2、水汽、能量通量的日、季节、年际变化进行长期观测研究的网络。

示范应用面向我国碳循环研究的实际需求,基于高速先进科研数据网络环境、高性能计算环境和数据应用环境等信息化基础设施,面向ChinaFLUX的8~10个野外台站,通过部署全面支持IPv4/IPv6无线通信网络和无线传感器网络,在中国科学院地理科学与资源研究所已构建系统的ChinaFLUX信息化环境基础上,改造现有的网络环境,从IPv4升级到IPv6,实现基于下一代互联网的ChinaFLUX碳水通量观测数据从通量塔、野外台站到综合中心的自动采集、高速传输、存储与共享,实现资源的整合集成与共享[8]。

在各野外台站和隶属研究所的配合下,示范应用将8个野外台站的网络进行了升级和支持IPv6的改造。同时,在8个野外台站更新了数据采集设备。

在禹城站、千烟洲站、哀牢山站增加了支持IPv6的视频监控设备。在哀牢山站还增加了一台低照度摄像机用于拍摄森林里和夜晚的视频,如图2所示。

在禹城站增加支持IPv6的区域土壤水分监测系统用于获取土壤10cm、20cm、30cm、50cm土壤温湿度数据;并在700m×700m范围内增加了土壤水分传感器网络监测系统,实现多点监测,并对区域监测系统的数据进行标定,传感器网络支持IPv6、Zigbee、GPRS等多种通信协议。

示范应用提升了中国陆地生态系统通量观测研究网络的处理能力,对下一代互联网技术在野外台站信息化上的应用具有借鉴意义。

白天视频图像

夜晚视频图像

图2　ChinaFLUX哀牢山站安装的低照度摄像机

六、青海湖生物、生态监测示范应用

自2006年开始,中国科学院计算机网络信息中心在青海湖国家级自然保护区部署了野外视频监控设备及其他传感器,同时与院内多家研究所和当地保护区组成联合科研团队,在青海湖初步建成信息化的科研环境,对青海湖区域重要野生动物及其生态环境展开跨学科协作研究。

基于CNGI项目的支持,下一代互联网技术已经应用于青海湖基础网络环境建设、数据传输、设备管理与状态监控等多个方面,发挥了不可或缺的作用,取得了一系列科研成果。

在CNGI/青海湖应用示范项目推进过程中,相关硬件基础环境得到了极大提升,形成了如图3所示的三层网络拓扑结构,即传感器监控子网、本地光纤主干网、远程网[9]。

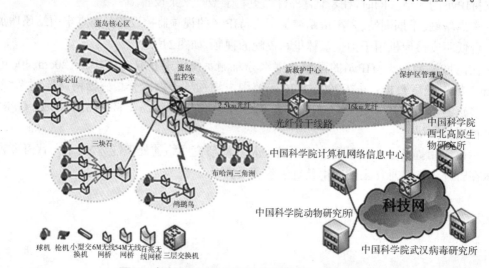

图3　青海湖CNGI应用示范项目网络拓扑示意图

目前,在青海湖五大核心保护区域以及普氏原羚救护中心共建有23个视频监控设备,覆盖面积约350公顷,用于重点监控野生动物实时状态。该视频监控设备由中国科学院计算机网络信息中心自行集成定制,并且可以根据实际环境进行动态配置。

近年来,青海湖区域生态环境发生了较为显著的变化。青海湖水位持续上涨。这不仅给青海湖周边区域的生态环境带来了显著影响,而且直接导致多种野生鸟类的栖息地发生了变化。根据实际科研需求,示范应用增加了监测青海湖生态环境的网络传感器系统,用于监测温度、湿度、风力、风向以及土壤温湿度等众多观测指标。依托青海湖的东、南、西、北、中5个方位,在蛋岛、鸬鹚岛、黑马河、哈尔盖、小泊湖、海心山、布哈河进行布设安装。按照青海湖区位优势和地理特点,7个生态系统自动监测站在生态系统上分别涵盖了青海湖的湿地、草原、荒漠半荒漠3个不同生态系统类型;在生态功能的利用上包含保护区、牧业区、生态恢复区、旅游开发区4个不同利用类型;在野生动物类型分布上包括青海湖濒危物种(普氏原羚)活动区域、水鸟集中繁殖地、水鸟栖息地3个类型。目前监测设备已经持续采集并发送生态监测数据,实现了科研数据实时传输、科研设备实时监控和管理,有力地支持了科研工作的有效开展。

采用长途专线实现青海湖网络接入中国科技网,支持远程视频监控、科研数据实时传输等科研活动,解决了科研工作者无法通过网络在实验室中获得第一手的实时科研资料的问题。

青海湖视频监控系统每天产生的观测数据量非常大,仅高清视频监控系统每天大约产生100GB左右数据[10]。系统采取了本地暂存、青海湖保护区信息中心集中存储、中国科学院计算机网络信息中心异地备份相结合的数据安全策略。针对青海湖视频监控系统"昼忙夜闲"的特点,通过在中国科学院计算机网络信息中心的高性能存储服务器进行定时异地备份和虚拟存储,有效解决了网络带宽资源有限的问题。

根据鸟类行为研究、禽流感疫情监测和科普宣传等不同需求,青海湖野外观测系统可以进行因需分配和使用控制。

(1)通过浏览器直接访问查看实时监控画面,经授权可进行旋转、调焦等控制操作。不同用户身份赋予不同的权限,以实行精细的权限控制和管理。

(2)青海湖野外观测监控系统部署了视频设备服务器端软件,可实时录制视频数据,同时管理多个视频监控设备,并可远程访问。

为及时发现和快速定位设备故障,示范应用部署了设备运行状态和网络信息监控系统。监视所指定的本地或远程主机与服务,同时提供异常通知功能。系统管理员可通过浏览器远程查看网络状态、系统日志和其他系统问题。

七、总结

在中国下一代互联网基础设施的基础上,围绕大容量数据实时传输需求、大科学装置共享需求,以及野外台站联网与应用需求,开展了五个示范应用。本文介绍了五个示范应用的建设内容和工作进展,希望开展的工作能够对下一代互联网技术在科研信息化上的应用具有借鉴意义。

参 考 文 献

[1] Koyama Y, Kondo T, Osaki H et al. Geodetic VLBI experiments with the K5 system. IVS 2004 General Meeting Proceedings, NASA/CP-2004-212255, 2004.

[2] 郑为民,舒逢春,张冬. 应用于深空跟踪测量的VLBI软件相关处理技术. 宇航学报, 2008, 01：18-23.

[3] Peng Z Q. Development and application of SSRF soft X-ray spectromicroscopy beamline. OME Information, 2011, 28（11）: 27-31.

[4] 彭忠琦. 上海光源软X射线谱学显微光束线的进展与应用. 光机电信息, 2011, 28（11）：27-31.

[5] 李新,程国栋,吴立宗. 数字黑河的思考与实践1：为流域科学服务的数字流域. 地球科学进展, 2010, 25（3）：297-305.

[6] Luo W M, Yan B P. Metadata modeling of IPv6 wireless sensor network in Heihe River Watershed. The 1st ICSU World Data System Conference（ICSU WDS 2011）, Kyoto, Japan. 2011.

[7] Yu G, Wen X, Sun X, et al. Overview of ChinaFLUX and evaluation of its eddy covariance measurement. Agricultural and Forest Meteorology, 2006, 137（3-4）：125-137.

[8] Liu X, Yang Z, Wu C, et al. CNGI/ChinaFLUX：an IPv6-based terrestrial ecosystem flux research network in China. Asia-Pacific Advanced Network Network Research Workshop（APAN-NRW 2013）, Daejeon, Korea, 2013.

[9] Li J, Ouyang X, Zhang H M, et al. A network sensor system for e-Science applications around Qinghai Lake. 2011 International Conference on Multimedia Technology（ICMT）, 2011：5234 - 5237（EI：20113814353346）.

[10] 宋杰伟,王金一,南凯,等. 基于Web的鸟类视频监控系统研究与实现. 计算机应用与软件, 2011, 28(3)：86-88.

作 者 简 介

闫保平,中国科学院计算机网络信息中心研究员,博士生导师。主要从事计算机网络、信息系统工程及大型科学数据库等领域的研究、开发、运行、组织和管理等工作。先后主持中国科学院"十五"和"十一五"信息规划,以及西藏自治区信息化规划研究工作；在国内首次明确提出e-Science理念,倡导信息技术与学科研究融合发展,并致力于e-Science应用的推进实施工作。

台湾IPv6多层次推行模式

曾宪雄[1,3] 苏俊铭[2] 吕爱琴[3] 顾静恒[3] 蔡更达[3]

（1. 亚洲大学信息多媒体应用学系； 2. 台南大学数字学习科技学系；

3.财团法人台湾网络信息中心）

摘 要

因特网应用的蓬勃发展造成IPv4地址枯竭,如何有效推动IPv6全面升级以促进台湾IP网络与相关产业的持续发展已成为重要议题。因此,本文针对IPv6的升级训练,规划一套"多层次推行模式",利用技术文件提供IPv6升级知识,通过网页式虚拟评量实验系统来对学员进行评量与诊断,虚拟训练实验室提供IPv6仿真环境,学员通过实习训练课程练习IPv6升级技能。该模式将升级训练与学习诊断系统的辅助机制相结合,针对不同层次学员的需求给予适当的训练方式,进而降低训练成本与提升推行效果。

关键词

IPv6；升级训练；学习诊断；虚拟实验；推行模式

Abstract

The rapid development of Internet applications leads to the problem of IPv4 address exhaustion. How to efficiently promote the IPv6 upgrade to foster the development of IP network and relevant industries in Taiwan becomes an important issue. Therefore，in this paper，a Multilevel Promotion Model（MPM）has been proposed and designed to perform the IPv6 upgrade training. MPM uses the ①Technical Document to offer the IPv6 upgrade knowledge，the②Web-based Assessment Virtual Experiment（WAVE）to provide trainees the virtual operation and further diagnose their learning problems，the③Virtual Training Laboratory（VTL）to offer the IPv6 simulation environment，and the④Face-to-Face Training Course to make trainees practice the IPv6 upgrade skill. MPM integrates the IPv6 upgrade training with the assistance of learning diagnosis systems to offer the suitable training approach according to diverse requirements of trainees. Consequently，the training cost can be reduced and the promotion performance can be increased.

Keywords

IPv6；Upgrade training；Learning and diagnosis；Virtual experiment；Promotion model

一、引言

随着宽带网络与移动互联网技术的迅速发展,因特网的应用已经完全深入人类的日常生活中,不论学习、工作、娱乐,都可以透过因特网达成。根据台湾网络信息中心

---

1 曾宪雄，博士，教授，目前为亚洲大学信息多媒体应用学系讲座教授，曾任亚洲大学副校长。

（TWNIC，2013）在2011年所作的台湾宽带网络使用调查报告中指出：12岁以上曾经上网的比例高达75.69%。其中，又以12~14岁（99.90%）、15~19岁（100.00%）和20~24岁（99.60%）这三个年龄层上网行为更为普遍（TWNIC，2011）。然而，在众多网络创新应用服务蓬勃发展的同时，主要使用的IPv4协议所编制的 IP地址资源已经完全饱和。其中，APNIC亚太区域的IPv4地址于2011年4月15日发罄后，RIPE-NCC欧洲区的IPv4地址也于2012年9月14日宣告枯竭。为解决IPv4地址枯竭的问题及发展更多的扩充功能，因特网工程任务小组（Internet Engineering Task Force，IETF）制定了IPv6协议。IPv6协议使用128位地址空间，可提供$2^{128}\approx3.4\times10^{38}$个地址，足以满足各种创新服务的需求。

IPv4地址枯竭是网络世界的危机，但如能妥善掌握改变的机会，将是台湾IP网络及整体网络通信产业进一步发展的契机。有鉴于此，台湾于2011年12月30日核定通过"因特网通讯协议升级推动方案"，提出以"网络服务无缝隙，智能创新乐生活"为愿景，推动台湾IPv6的全面升级，并整合所有台湾当局机关的力量，分三阶段进行网络的优先升级来支持IPv6：①第一阶段于2013年12月完成主要外部服务的建置（包含主要对外服务网站、主要DNS服务器、主要邮件服务器、骨干网络等）；②第二阶段于2015年12月完成次要外部服务的建置（包含次要对外服务网站、次要DNS服务器、次要邮件服务器、接取网络或扩充的网络节点等）；③第三阶段于2016年12月或之前完成IPv6内部服务系统建置（包含个人计算机、内部用网站、内部用数据库、内部使用的软、硬件等设备）。

2012年8月，台湾当局机关已完成88%的服务系统清查与采购（共计5302个外部服务）。然而，根据2012年10月24日的统计资料，只升级了38个服务（Web 23个、DNS 12个、Email 3个），显示出现有的 IPv6网络升级教育训练仍有不足之处。因此，如何针对IPv6的升级训练，规划一套系统化的IPv6升级训练策略与推行模式，来有效提升各相关人员的教育训练与学习成效，便是本文的重点。

二、IPv6升级训练之多层次推行模式

为了能有效提升IPv6升级训练的成效，本文提出"多层次训练模式"来针对不同层次需求进行不同的教育训练模式，进而提升IPv6的升级训练效果与降低推行成本。此策略架构如图1所示，依据所需花费的教育训练成本与操作拟真程度由高至低，以及依据可支持的同时使用人数与IPv6数据量程度由低至高排列，可分为四个层次。①实习训练课程。举办研习活动，讲师直接跟IPv6学员进行面对面的说明与讲解，训练直接有效，但能参与人数与学习时间有限，且成本支出较高，所以在推广与扩散人数上的效益较低。②虚拟训练实验室系统。利用虚拟化技术（virtualization technology），提供可让学员进行远程登录虚拟主机进行实机自我操作的训练模式，让学员在架构好的虚拟主机中尝试进行IPv6的系统操作设定与练习，可提升参与训练的人数与减少实体课程的成本支出，但虚拟主机的建置成本与可同时使用的人数仍有限制。③网页式虚拟评量实验系统。建置可让使用者（学员）利用浏览器（browser）在线登录并进行IPv6虚拟操作的虚拟评量实验，使用者完成在线虚拟操作后，系统会针对操作的评量历程进行分析，并提供个人化的诊断报告，让使用者了解自己的操作问题与对应的原因及建议，可再做进一步的练习来

修正设定问题。此模式可提升用户人数与自我学习成效,相较于前两种模式可降低训练成本支出,且具有延伸与扩充性,容易依据IPv6升级需求进行修正与改变,但操作拟真程度较低。④技术文件。针对IPv6升级内容撰写相关的技术数据进行发放,并放置于网络上供用户(学员)自行下载与学习。因此,此模式成本最低,推广上也最为容易,但成效则因无法评估通常较前三种低。此外,用户若只依照技术数据的内容,在尚未熟练前,贸然导入 IPv6 而导致系统服务损毁,其潜在的损失将会难以估计。因此,此模式较适合于对IPv6升级知识较充足的用户。

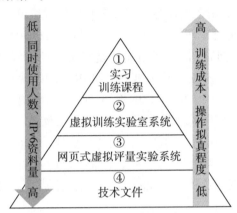

图1 IPv6升级训练的多层次推行模式架构

三、背景知识与相关研究

1. IPv4与IPv6

全球因特网的发展起源于20世纪60年代,美国国防部将其内部各单位主机经由网络互通,从而成立美国国防部高级研究计划局计算机网(Advanced Research Projects Agency Network,ARPANET)。随着ARPANET网络的扩大及为了方便主机的管理,于1982年起产生了域名(Domain Name,DN)的应用,并由IANA进行IP地址与域名的管理。在20世纪80年代,因特网的使用对象主要仍为学术研究机构。随着WWW概念的出现,以IP网络为主的因特网逐渐成为网络通信的主流,提供各式各样的应用和服务的网络内容提供商(Internet Content Provider,ICP)也陆续出现,如亚马逊的电子商务服务、Google的网络搜索服务、维基百科等,各式各样创新的服务也不断出现。例如,第一个点对点对等网络(Peer to Peer,P2P)架构的传输服务Napster、网络电话代表Skype、社交网络Facebook、影音服务YouTube、微网志Twitter、Google街景服务和云端服务等。IP网络在21世纪已主导全球科技发展,提供了各式各样的服务,并开始与电话、电视等网络进行数字交汇,成为人类日常生活不可或缺的一部分。

全球IP地址资源的管理与协调由IANA负责,尚未配置的IP地址空间由IANA依照IP地址配置原则配置给各区域因特网注册组织(Regional Internet Registry,RIR)。目前,全球共有五个RIR,包括非洲网络信息中心(African Network Information Centre,AfriNIC)、亚太网络信息中心(Asia Pacific Network Information Centre，APNIC)、北美网络信息中心(American Registry for Internet Numbers，ARIN)、中南美洲网络信息中心(Latin American & Caribbean Network Information Centre，LACNIC)、欧洲网络信息中心(Réseaux IP Européens Network Coordination Centre，RIPE NCC)等，各负责所辖区域的IP地址配置。APNIC于2011年4月15日宣布其所剩尚未核发的IPv4地址空间已少于1个/8(为2^{24}个)的地址空间，并进入"最后/8 IPv4地址核发政策"运行时间。该政策规定当剩下最后一个/8空间时，其辖下会员及各国家级IR(NIR)下的地区级IR(LIR)最多仅能再分配到1024个IPv4地址空间。该政策目的是用以确保各新兴及既有网络联机单位至少可以分配到一定数量的IPv4地址空间，借以进行IPv6网络协议的升级与互通(APNIC，2011a；2011b)。现阶段为解决IPv4地址发罄的问题，IPv6网络建置是有必要的，因此现行亚太地区的IPv6配发政策持续采取积极鼓励的宽松管理方式，每个LIR只需以现行IPv4服务转至IPv6为目的或提出未来两年内会有200个IPv6用户的规划，即可申请最小/32(每个/32网段为2^{96}个地址)的IPv6地址。随着因特网的蓬勃发展，IPv4地址发罄是预料中的事，IPv6通信协议是国际上解决IPv4地址不足所产生的新一代因特网协议，IPv6同时也解决了许多IPv4协议的缺点。面临IPv4地址发罄，此时正是推行与部署IPv6的时机，若忽略IPv4地址发罄可能产生的问题效应，将对网络及相关产业的服务与发展造成重大影响。

2. IPv6升级国际现况

本节针对主要推行IPv6的国家和地区，如韩国、日本、中国香港、印度、法国和美国等发展IP网络的策略进行说明。韩国政府为实现"e-Korea"国家发展计划，委托韩国情报通信部(MIC)在2006年拟定"u-Korea"政策后，提出"u-IT839"的规划。为配合u-IT839的八大服务、三大基础建设与九项动力科技的推动政策，韩国提出一套崭新IPv6平台的规划与设计，以期借由这个平台整合通信营运商、设备制造商和研究机构组织等，以加速发展网络通信相关设备与布建下一代网络系统(Next Generation Network，NGN)。韩国政府已于2010年9月拟定IPv6移转与推广的IP网络发展策略，预计于2013年实现100%的ISP IPv6骨干网络移转率和45%的IPv6客户端网络移转率。此外，韩国政府计划实现公共部门的IPv6过渡移转，并于用户网络的最后100m导入10Mbit/s的IPv6带宽，2010年已经完成骨干网络和接入网络的过渡移转规划，2013年将完成ISP骨干网络的过渡移转工作(TTA，2013)。

相较于其他国家，日本在IPv6网络推动上是较为积极的。日本网络信息中心(Japan Network Information Center，JPNIC)于2007年针对IPv4发罄议题成立了IPv6移转研究团队(Study Group on Internet Smooth Transition to IPv6)，并于2008年6月发表研究报告，详尽阐述了IPv4发罄现况和各IP网络相关产业须采取的行动。日本政府于2008年9月由网络产业界、学术界、政府等各界合作成立IPv4地址枯竭工作小组(Task Force on IPv4 Address Exhaustion Japan)来整合各界资源进行移转准备，以2012年全面完成IPv6移转为目标，并在2009年2月提出各项行动建议，供网络电信业者参考。日本政府同年也公布了2011—2015年的新中长期信息通信政策"i-Japan2015战略"，i-Japan政策发展方向为：电子政府、电子地方自治体、推动医疗和健康与教育的信息化等目标。i-Japan规划于

2013年完成日本国民的"国民个人电子文件盒",这个电子文件盒主要的目的是能让日本国民可以管理自己所属的信息数据,并通过因特网来完成各项手续办理与管理等工作。日本所有的ISP/ICP均以最迟于2012年第二季度完成IPv6建置为目标进行准备(JPNIC, 2013; THAI, 2013)。

　　印度拥有12亿多的人口,可是却拥有不到3500万个IPv4地址。有鉴于此,印度电信监管局(TRAI)等单位已于2009年的电信委员会议中提出,今后所有印度政府的公务部门将持续采购支持IPv6的设备、培训IPv6人才,以及进行IPv6过渡移转策略的研究。这些工作由电信工程中心、设备生产商、服务供货商等三方开始进行准备。印度政府于2010年7月发布"印度全国IPv6发展规划"并成立IPv6工作小组,包含监督委员会、指导委员会和10个工作小组等单位,规划ISP必须于2011年12月前要提供IPv6服务,以及对IPv6的传输进行优先等级处理。另外,于2012年3月前,所有中央和地方公务部门将开始使用IPv6来存取网络的各项服务(TRAI, 2013)。香港特区政府通过2007年1月所成立的IPv6论坛香港分会来协助ISP业者导入IPv6,并于2008年开始更新政府的骨干网络和各公务部门的网络系统,以符合支持IPv6互连的规范。2009年,中国香港已有超过200个政府网站和超过60个政府公务部门使用IPv6协议来进行互连。目前,香港特区政府规划于2011—2012年间陆续推出各项活动赞助项目,以协助网络用户与中小企业了解IPv4地址发罄问题,并提供IPv6过渡移转设备需求与相关技术的协助(IPv6 Forum, 2013)。

　　欧盟的IPv6工作小组(EC IPv6 Task Force)已经于2010年5月要求其成员国在建置电子化政府时都需采用支持IPv6协议的网络通信技术,同时规范所有欧盟国家必须于2011年开始进行大规模IPv6布建,并期望能达到25%的企业使用IPv6的目标。目前,已经有很多成员国都宣布且积极地投入筹划IPv6的过渡移转与布建,法国、芬兰、葡萄牙、奥地利与西班牙等国,都已经成立IPv6工作小组来负责规划和推广下一代IP政策。法国政府已经宣布,2011年其政府各部门的网络连通技术必须支持IPv6,同时法国政府也邀集其国内主要电信营运商和设备制造商,分别针对IPv6的推广与过渡移转等问题进行讨论。此外,法国的Orange电信公司早于2008年就因为IPv4地址不足问题,提出IPv6战略规划以期能取得市场先机,并将实施与发展分成三个阶段来进行:第一阶段为2008—2009年的推广介绍时期;第二阶段为2009—2012年的服务移转时期;最后阶段为2012年开始进入实施阶段(Orange, 2013)。

　　美国政府已经于2005年成立IPv6咨询小组(IPv6 Advisory Group),并指派美国首席信息官委员会(Chief Information Officers Council)负责出版《IPv6移转计划指南》。另外,也要求美国标准与技术研究所(National Institute of Standards and Technology, NIST)提出IPv6相关的标准与测试计划。美国政府推动IPv6的政策可区分成三大类网络:军事网络、政府网络和商用网络。军事网络于2003年就开始进行IPv6网络移转规划,早已成为美国政府网络的典范,并已经于2008年完成IPv4到IPv6的初步移转工作。美国政府网络则于2005年启动移转至IPv6网络的计划,2008年完成骨干网络支持IPv6协议。2010年时已经要求美国各政府部门提报各部门负责IPv6过渡移转的主管,规划于2012年将e-Government和电子邮件全面导入IPv6协定;并预定于2014年让美国政府内部应用和企业网络使用纯IPv6联机。由美国商务部负责的商用网络也早于2004年,由NIST与国家电信与信息管理局(National Telecommunications and Information Administration, NTIA)联手进行美国政府相关政策的探讨,并于2006年完成IPv6协议的技术与经济评估报告,确认IPv6的优势与必要性。NTIA也于2010年9月通过IPv6研讨会呼吁业界各公司能分享IPv6移转的最佳实现方式(UNH IOL,2013;NIST,2013)。

3. 虚拟实验与实物实验

实物实验(Real Experiment)指在传统实验室或教室中以实体对象进行实验操作,例如使用试管、机器设备与化学物品等(Finkelstein et al.,2005;Klahr et al.,2007;Triona,2003)。Winn等与Klahr等认为实物实验有其重要性,学习者可在真实的实验情境中进行实验操作,而实验场地经验有助于接触新领域的初学者学习课本较难以传授的知识。因此,本文中针对IPv6升级训练规划"实体训练课程"中向学习者提供实物实验,提高了学习者的学习成效。但此种实物实验模式因需提供教学人力与实物场所,所以耗费的人力、物力成本较高,所能训练的人数对象也较少。

因此,虚拟实验(virtual experiment)便是可以减少人力、物力成本与提高受训学员人数的可行方式。虚拟实验是以网页或软件,系统化地整合高互动性的动画(animation)、仿真(simulation)或视觉表征(visualization)后,于计算机上执行与呈现(Linn et al.,2011),学生可以借由操作或改变虚拟实验环境中的对象、参数、变项,来进行实验与观察结果。因此,现在有许多研究已经尝试去发展虚拟实验与网页互动学习内容来支持在线虚拟实验与学习模式。ChemCollective(Yaron et al.,2008;2009)可供学生设计与执行他们自己设计的实验。因此,Yaron等(2010)建构可允许学生利用其化学知识来练习与解决问题的活动。根据其实验结果,家庭作业结合真实世界情境的虚拟实验室,将对于学习有显著提高效果。系统也可记录学生互动信息作为进一步分析之用。Dalgarno等(2009)应用3D模拟虚拟环境,也称为Virtual Chemistry Laboratory,来帮助远距离学习的化学系学生用来熟悉实验室环境。对于教师而言,教导学生有效学习到科学探究技能不是件易事。因此,Ketelhut等(2010)提出新颖的教学策略,借由多使用者的虚拟环境(multi-user virtual environment, MUVE)来融入标准的科学教育课程中,称为River City,以便能改善学生的学习成效。在MUVE中,学生能进行观察、发布问题、传达结果。因此,实验结果显示出学生能够在虚拟世界中执行探究。Hsu等(2008)提出技术强化学习环境(technology-enhanced learning environment)来支持自然科学的学习。其中,网页式互动模拟工具被应用来支持学生的探索。因此,学生能测验与评估他们设定的假设与学到的概念。因此,本文除规划"实习训练课程"来训练学员学习IPv6升级知识与操作技能之外,也建置"虚拟训练实验室系统"供学员远程登录,在虚拟实验系统中进行IPv6的升级操作与练习,降低教学成本与提升推行范围。

然而,虚拟实验系统环境虽能很好地提高学习效果,但如何针对学生学习与实验操作历程(learning portfolio)进行评量与诊断却是个问题,通常仍需要教师用手动的方式来针对系统或人工收集到的历程数据进行分析,这样的人工处理方式仍是耗时与耗力的。因此,本文也建置"网页式虚拟评量实验系统",便于学员利用网页进行虚拟IPv6实验操作后,就能直接分析与诊断其学习历程,提供学习诊断报告给学员,了解学习与操作过程,实时修正问题,提高学习成效,而透过网页虚拟实验方式,更能提升IPv6升级的受训与学员人数,提升推行成效。不过,虚拟实验仍有其限制,例如,冷热感觉与温度的关系,学生可以亲自通过实物来感受触觉与温度测量,但虚拟实验却无法提供;并且虚拟实验是个事先设定好的理想情境,在这个情境中实验结果是通过计算机程序运算而得到的,因为是处于理想化的环境中,所以无法呈现实验误差。有研究指出,使用虚拟实验或使用实物实验都可能促进学习(Klahr et al.,2007;Triona,2003;Winn et al.,2006),而Zacharia等(2008)与Jaakkola等(2011)的研究显示利用虚拟实验加实物实验学习的学生,其学习成效会大于只使用单一种类实验学习的学生(蔡锟承,2011)。因此,本文综合考虑IPv6升级训练的成本与需求,整合实物实验与虚拟实验模式而规划了多层次推行模式来提升学习与推行成效,并降低推行上的成本支出。

四、多层次推行模式与学习诊断系统

本节详细介绍将升级训练与学习诊断系统整合的多层次推行模式。

1. 实习训练课程规划

多层次推行模式中的第一层为实习训练课程,可提供学员直接面对面与IPv6的专业讲师进行学习,教育训练课程分为"讲师授课"与"实机操作",提供最新IPv6网络环境建置技术与信息,提升学员对IPv6技术的了解与建置IPv6网络环境的能力。在课程规划上,分别针对"IPv6技术讲习一般课程"、"IPv6网络管理与安全——企业网络课程"、"IPv6路由设定与防火墙"、"IPv6操作系统与应用服务建置实习(Windows)"和"IPv6操作系统与应用服务建置实习(Linux)"等IPv6升级需求,规划相关训练课程来做推行。实习训练课程虽直接有效,但能参与人数与学习时间有限,且成本支出较高,所以推广与扩散人数效益较低,无法达到大规模推广的目标。

2. 虚拟训练实验室系统规划

多层次推行模式中的第二层针对实习训练课程的推行成效问题,建置虚拟训练实验室系统以提升推行成效,其系统架构如图2所示。在Linux CentOS、Windows 2003、Windows 2008、Windows 2012等操作系统上建置有IPv6联机、DNS Server、Web Server等在线练习与检测环境,如图3所示,可供学员通过IPv4网络远程联机登录使用与学习。依每个情境输入所需数据,如IPv6地址或是网站域名,便可实时检测IPv6 Server架设设定是否能正常运作。若学员设定不正确,则检测系统会告知如何修正,以协助有效学习,如图4所示。

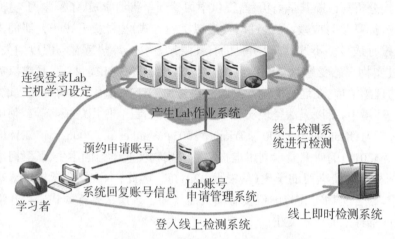

图2 虚拟训练实验室系统架构

图3 虚拟训练实验室系统的系统操作画面

图4 虚拟训练实验室系统的检测操作画面

此虚拟训练实验室系统虽能提供真实设定环境以供学员利用远程联机来做更真实的练习与检测,然而此种模式在建置成本上较高,所以能供使用的账号有所限制,并造成大规模的推广上的成本与效益难以平衡的问题,且检测上也仅能对IPv6的设定正确与否进行检测,无法针对学员的操作过程进行分析,在提升学习效益方面还有待改进。

3. 网页式虚拟评量实验系统

针对虚拟训练实验室系统难以进行大规模推广与无法提供个性化评量诊断的问题,在多层次推行模式中的第三层中开发了一个能支持IPv6升级训练的网页式虚拟评量实验系统,可在网页上进行虚拟操作并做自动化分析诊断,以提升推行与学习成效。

1) 系统使用情境

网页式虚拟评量实验系统的使用情境如图5所示。在此情境中,讲师(专家)能够针对IPv6的升级训练需求规划与构建虚拟实验,包含虚拟实验需要的场景、对象、动作与规则,接着再依据此实验内容来编辑实验知识,包含IPv6升级的概念性知识(conceptual knowledge)与程序性知识(procedural knowledge),以及编辑评量规则,包含关键动作、连续动作、循序动作与连续对象等称为关键动作样式(Key Operation Action Pattern, KOAP),以便让系统能够据此自动分析使用者的操作历程,自动评估实验正确性。在讲师(专家)建置完虚拟评量实验后,便可在线发布给学员(受训者)并通过浏览器来进行在线操作练习;学员的虚拟操作过程将被系统记录为评量历程(assessment portfolio),待学员操作完毕后,系统便会进行在线诊断分析,依据先前定义的评量规则(KOAP)自动评估分析学员的操作历程,以判断学员操作的正确性并发现操作问题;再根据评估结果与对应的实验知识来自动化产生诊断报告(diagnostic report),帮助学员了解自我操作问题与对应的解决方式,进一步修正自己的学习问题并做进一步的操作练习,提升学习与训练成效。

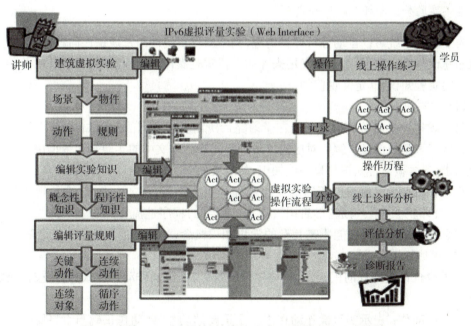

图5 支持IPv6升级训练的网页式虚拟评量实验使用情境

2) 网页式虚拟评量实验系统架构

基于前述系统情境的网页式虚拟评量实验系统架构如图6所示,包含提供讲师(专家)能自行建置与管理IPv6虚拟评量实验,以及进行诊断分析的IPv6升级训练-虚拟评量实验管理系统,学员可在线虚拟操作练习,并进行历程诊断分析与管理的IPv6升级训练-虚拟评量实验测验系统,目的在于借由虚拟评量实验提升IPv6训练的效率与成效。

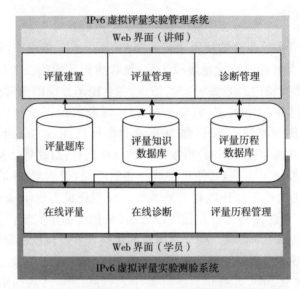

图6   支持IPv6升级训练的网页式虚拟评量实验系统架构

3) 实验知识与评量规则的定义

为了能让系统可以自动分析评量历程,判断操作正确性与发现错误问题,并提供正确的操作建议与对应知识,需要定义用来评估虚拟实验操作正确性的评量规则,以及各规则所对应的实验知识,其定义说明如下。

(1) 实验知识定义

每一虚拟评量实验都有其学员在学习完后所需要学习到的实验知识,学会这些实验知识也就代表学员已经了解所对应的IPv6升级知识。本文中的实验知识依据IPv6的升级训练需求,包含概念性知识与程序性知识,其定义如下。

程序性知识:习得技能所需的操作流程等相关知识,例如,点选"输入规则"、设定"档案及打印机共享"、勾选"已启用"、点选"确定"的程序性流程知识。

概念性知识:习得技能所需具有的学科知识概念,如IPv6的地址格式概念等。

(2) 评估知识定义

为了检查评量历程的正确性,评估知识(也称为关键操作动作样式)需要被预先定义如下。

①关键动作:表示实验操作动作中一个重要的动作,此动作正确与否将影响实验的正确性。

②连续动作:表示动作连续性,是一个连续的动作顺序,动作期间不能再做其他动作。

③循序动作:表示动作顺序性,虽是一个动作的顺序,但动作期间容许再做其他动作。

④连续对象:表示对象连续性,是对目标对象的一个连续动作顺序。

表1说明了KOAP样式。在IPv6升级训练的虚拟评量实验中,每一个KOAP都将被定义和关联到实验知识中所对应的概念性知识与程序性知识。基于此关联定义,便能自动

评估评量历程数据与诊断学员在IPv6升级评量活动中的动手操作、概念知识与程序知识等问题,并分析出学习问题对应的原因与建议,进而产生针对IPv6虚拟评量实验的个人化的诊断报告,提升训练成效。

表1 KOAP样式的图标范例说明

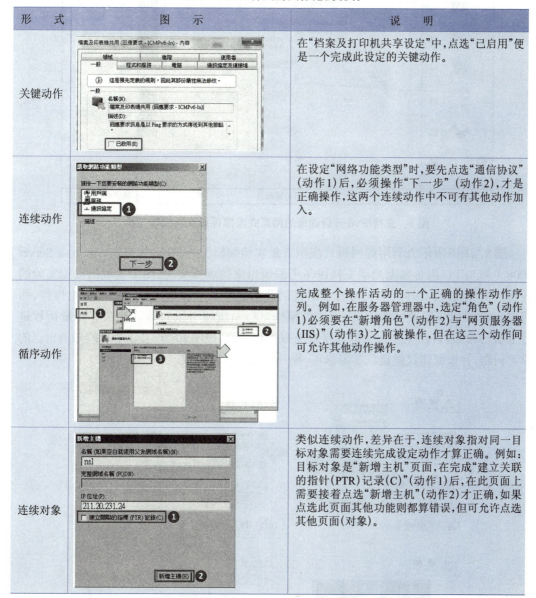

形 式	图 示	说 明
关键动作		在"档案及打印机共享设定"中,点选"已启用"便是一个完成此设定的关键动作。
连续动作		在设定"网络功能类型"时,要先点选"通信协议"(动作1)后,必须操作"下一步"(动作2),才是正确操作,这两个连续动作中不可有其他动作加入。
循序动作		完成整个操作活动的一个正确的操作动作序列。例如,在服务器管理器中,选定"角色"(动作1)必须要在"新增角色"(动作2)与"网页服务器(IIS)"(动作3)之前被操作,但在这三个动作间可允许其他动作操作。
连续对象		类似连续动作,差异在于,连续对象指对同一目标对象需要连续完成设定动作才算正确。例如:目标对象是"新增主机"页面,在完成"建立关联的指针(PTR)记录(C)"(动作1)后,在此页面上需要接着点选"新增主机"(动作2)才正确,如果点选此页面其他功能则都算错误,但可允许点选其他页面(对象)。

借由实验知识与评量规则定义,本文基于面向对象设计(object oriented design)与规则式控制(rule-based control)方法开发能支持IPv6升级训练的网页式虚拟评量实验编辑工具。如图7所示,此编辑工具可利用浏览器直接登录使用。左边的"实验对象库"管理系统中相关的对象数据,作为虚拟实验的内容编辑之用。中间的"实验编辑区"是可视化的编辑模式,利用实验对象来组装与建置需要的虚拟实验。右边的"实验对象设定区"可设定实验中每一对象的属性与动作,以及对象间的控制流程,以便完成虚拟实验所需的

操作流程,达到虚拟操作的拟真效果。

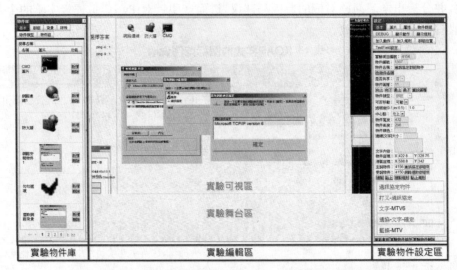

图7　支持IPv6升级训练的网页式虚拟评量实验编辑工具

图8与图9所示为利用此网页式虚拟评量实验编辑工具,针对如何在Windows Server 2008主机与IIS7服务器上启动支持IPv6所编辑出来的虚拟实验,图中呈现出虚拟实验的各重点操作流程。因此,学员可直接通过浏览器登录系统后直接进行在线虚拟操作,而借由实验知识与评量规则定义,在学员操作完后系统便可以自动针对操作评量历程进行分析与诊断,再产生个人化的评量诊断报告给学员,如图10所示,让学员能知道自己的学习问题,并根据建议做自我学习修正,提升训练与学习成效。

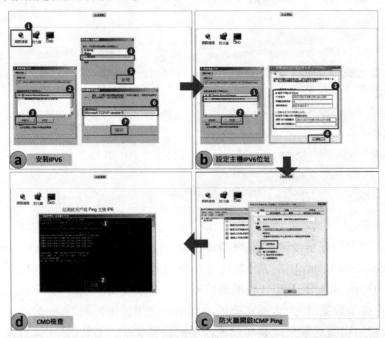

图8　Windows Server 2008主机启动支持IPv6的虚拟实验流程画面

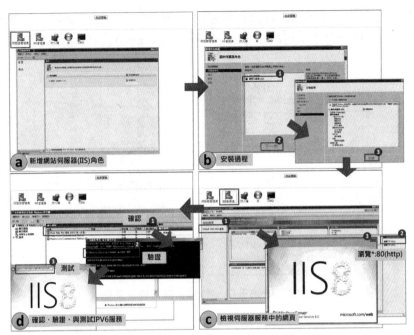

图9　IIS7服务器启动支持IPv6的虚拟实验流程画面

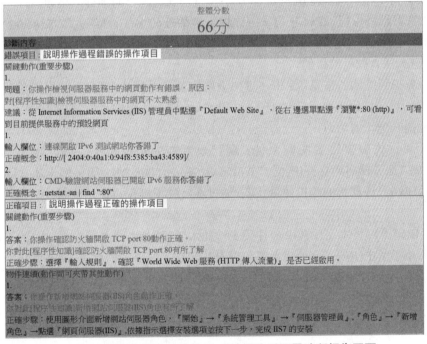

图10　IIS7服务器启动支持IPv6的操作后评量诊断报告画面

4. IPv6升级实作技术手册规划

多层次推行模式中的第四层为技术文件,主要针对IPv6 部署规划与升级建置制作相关的技术说明与学习数据,此种模式建置成本最低,可供使用的人数最多,但需要学员自我学习,其学习成效较难掌控。目前共规划《IPv6升级实作技术手册》(http://ipv6launch.tw/book.html)和《IPv6自学手册》(http://ipv6tips.ipv6.org.tw),规划原则说明如图11所示。

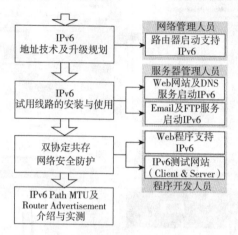

图11　IPv6升级实作技术手册规划原则

五、推行成果与效益

本文针对IPv6升级训练所规划"多层次推行模式",现今的推行成果如下。

(1)实习训练课程:IPv6实习训练课程每年举办60多场,训练人数多达2000人次,其中包括技术人员、网管人员、公务人员等,对于IPv6基础概念与实习操作技术的推广,达到了技术扎根、深入教育的目的。

(2)虚拟训练实验室系统:IPv6虚拟训练实验室系统从启用后,使用人数逐步增长,三个月内的申请使用人数已超过650人。此外,推广上搭配评量检测与"IPv6技术达人英雄榜",能提升学习的动力。

(3)网页式虚拟评量实验系统:现已建置"Windows Server 2008 主机启动支持IPv6"、"IIS7服务器启动支持IPv6"、"Windows Server 2008 DNS 服务器启动支持 IPv6"等三个支持IPv6升级训练的虚拟评量实验,通过在线模拟操作与评量诊断,提升学习与推行效益。

(4)IPv6升级技术文件:《IPv6升级实作技术手册》是由浅入深学习IPv6的入门资料,让所有希望了解IPv6的一般使用者都可以有认识与了解IPv6的机会,现今发行的《IPv6升级实作技术手册》已印制3000多本,对于IPv6技术的普及发挥了很大的功效。

六、结论

为有效推行IPv6升级知识,本文针对推行时的成本与效益进行考虑,规划一套整合实体教学、虚拟操作、学习诊断与技术文件的多层次推行模式,能符合不同的IPv6训练与学习需求。经由现今的实际推行,证实此模式确能有效提升训练与推行成效,而此模式也可作为类似推行需求的参考与借鉴。未来将持续加强虚拟评量实验系统功能在支持IPv6升级需求上的延伸性与扩充性,以让在线虚拟操作的学习与诊断模式能发挥更大的训练效果,降低实体教学的需求,有效降低推行成本与提升效益,并将通过学习评量诊断系统的辅助,规划IPv6技能证书的认定机制,有效落实IPv6技能分级制度。

致谢

本论文承蒙"国科会(NSC)"计划编号NSC 102-2511-S-468-003-MY2与NSC 101-2511-S-024-004-MY3和台湾网络信息中心(TWNIC)部分补助,以及中国互联网络信息中心(CNNIC)互联网基础技术开放实验室(DNSLAB)开放课题任务书部分补助,计划编号DNSLAB-2012-S-U。

参 考 文 献

蔡锟承,张欣怡. 2011. 结合实物与虚拟实验促进八年级学生温度与热知识整合、实验能力与学习策略之研究. 科学教育学刊, 19(5):435-459.

APNIC. 2011a. APNIC transfer, merger, acquisition and takeover policy version 3.

APNIC. 2011b. Policies for IPv4 address space management in the Asia Pacific region. http://www.apnic.net/policy/add-manage-policy.

ChemCollective. 2013. http://www.chemcollective.org/.

Dalgarno B, Bishop A G, Adlong W, et al. 2009, Effectiveness of a Virtual Laboratory as a preparatory resource for Distance Education chemistry students. Computers & Education.

European Commission IPv6 Task Force. 2013. http://www.eu.ipv6tf.org/in/i-index.php.

Finkelstein N D, Adams W K, Keller C J, et al. 2005. When learning about the real world is better done virtually: A study of substituting computer simulations for laboratory equipment. Physics Review Special Topics–Physics Education Research, 1, 010103-1-010103-8.

Hsu Y S, Wu H K, Hwang F K. 2008. Fostering high school students' conceptual understandings about seasons: the design of a technology-enhanced learning environment. Res Sci Educ, 38:127–147.

IPv6 Forum. 2013. Hong Kong Chapter. http://www.ipv6forum.hk/.

Jaakkola T, Nurmi S, Veermans K. 2011. A comparison of students' conceptual understanding of electric circuits in simulation only and simulation-laboratory contexts. Journal of Research in Science Teaching, 48(1):71-93.

JPNIC. 2013. 日本网络信息中心(JAPAN Network Information Center). http://www.nic.ad.jp/.

Ketelhut D J, Dede C, Clarke J. 2010. A multi-user virtual environment for building higher order inquiry skills in science. British Journal of Educational Technology.

Klahr D, Triona L M, Williams C. 2007. The relative effectiveness of physical versus virtual materials in an engineering design project by middle school children. Journal of Research in Science Teaching, 44(1):183-203.

Linn M C, Chang H Y, Chiu J L, at al. 2011. Can desirable difficulties overcome deceptive clarity in scientific visualizations//Successful Remembering and Successful Forgetting: A Festschrift in Honor of Robert A. Bjork. New York: Psychology Press.

NIST. 2013. A Profile for IPv6 in the U.S. Government – Version 1.0, NIST Special Publication 500-267, 2008.

http://www.antd.nist.gov/usgv6/usgv6-v1.pdf.

Orange. 2013. http://www.orange.co.uk/.

THAI. 2013. 日本TAHI测试组织. http://www.tahi.org/.

TRAI. 2013. 印度电信监管局(Telecom Regulatory Authority of India). http://www.trai.gov.in/Default.asp.

Triona L M, Klahr D. 2003. Point and click or grab and heft: Comparing the influence of physical and virtual instructional materials on elementary school students' ability to design experiments. Cognition and Instruction, 21(2):149-173.

TTA. 2013. 韩国TTA. http://www.tta.or.kr/English/new/main/index.htm.

TWNIC. 2011. 2011年TWNIC新一代因特网协定教育训练课程. http://map.twnic.net.tw/ipv6_100/.

TWNIC. 2013. http://www.twnic.net.tw/.

UNH IOL. 2013. 美国UNH IOL. http://www.iol.unh.edu/consortiums/ipv6/.

Winn W, Stahr F, Sarason C, et al. 2006. Learning oceanography from a computer simulation compared with direct experience at sea. Journal of Research in Science Teaching, 43(1):25-42.

Yaron D, Karabinos M, Evans K, et al. 2008. The ChemCollective Digital Library. CONFCHEM, 2008.

Yaron D, Karabinos M, Evans K, et al. 2009. The ChemCollective Digital Library. Journal of Chemical Education, 86(1):132.

Yaron D, Karabinos M, Lange D, et al. 2010. The ChemCollective: Virtual labs and online activities for introductory chemistry courses. Science, 328:5978.

Zacharia Z C, Olympiou G, Papaevripidou M. 2008. Effects of experimenting with physical and virtual manipulatives on students' conceptual understanding in heat and temperature. Journal of Research in Science Teaching, 45(9):1021-1035.

作者简介

曾宪雄,博士,目前为亚洲大学信息多媒体应用学系讲座教授,曾任台湾交通大学电算中心主任、台湾交通大学信息科学系系主任、亚洲大学副校长、信息学院院长等。在1999年,他创办了财团法人台湾网络信息中心(TWNIC),并为第一、二、四、五届董事长,负责台湾域名及IP地址的注册、分配管理,以及推动互联网各项相关事宜。目前主要研究领域包括专家系统、数据挖掘、数字学习、网络应用和网络安全等,并在国际学术期刊发表论文160多篇。

科研信息化助力义乌小商品经济发展

刘金土　傅淑英　金正春　季慎来　朱健

（浙江省义乌市科学技术局）

摘　要

义乌经济的发展离不开小商品市场，小商品市场和经济的兴起与繁荣离不开众多小商品生产企业的努力，而小商品企业的发展离不开科技的推动。早期，企业技术和产品研发大多靠企业自身对市场的敏锐把握以及企业自身的科研实力，对于当时竞争并不十分激烈的市场而言，基本能够满足企业需要；但随着市场竞争变得越来越激烈，企业获取市场信息渠道的短缺和自身研发的短板越来越制约企业的进一步发展，甚至影响企业的生存。为此，建设面向企业的、为企业服务的科研信息化管理平台成为义乌科研信息化建设和发展过程中的必由之路。

关键词

科研信息化；小商品；经济发展

Abstract

The economy development of Yiwu city is mainly based on the small commodity market, and the prosperity of the small commodity economy depends on numerous manufacturers, and it is obvious that the development of manufacturers will be impossible without the support and drive of science and technology. In early period, most research activities are originated from the manufacturers' sharp market awareness and their own research power, to support them to keep competitiveness in the market. But today, with the development, the competition has become much stronger, the manufacturers' further development is seriously constrained by their shortage of market information channels and research ability. Therefore, constructing an e-Science management platform which is oriented to and for the manufacturers becomes "a must" in the process of construction and development of e-Science in Yiwu.

Keywords

e-Science；Small commodity；Economy development

一、建设情况

义乌科研信息化管理平台包括市场信息收集分析、企业科研项目立项管理、科技信息（知识产权、专利信息）查询、科研机构联络支撑、技术成果转化培育等一系列内容。为了推动科技信息化建设，构建义乌特色的科研信息化管理平台，为义乌小商品经济发展提供必要的支持和推动，义乌市从以下几个方面推动科研信息化管理平台的建设。

1. 公共信息服务

1) 中国小商品指数发布平台

小商品指数是由国家商务部授权义乌市政府组织可行性研究和编制的,指数包含价格指数、景气指数和监测指标指数等三部分,共23个分项。中国小商品指数发布平台(www.ywindex.com)每周发布本周价格指数、每月发布本月景气指数,为企业调整研发方向和研发投入决策提供参考。

图1　义乌市科学技术局官网首页

2) 知识产权(专利信息)公共服务平台

知识产权(专利信息)公共服务平台(116.66.35.210:8899/ywzscqfwpt)通过建设饰品、袜类等义乌优势小商品行业专题数据库,以及通过与上海知识产权(专利信息)公共服务平台的合作,为企业提供中外专利检索、软件著作权检索和商标检索等服务,并通过义乌市产权交易所,为企业提供专利技术交易中介等服务。

3) 浙江网上技术市场

依托浙江网上技术市场(www.51jishu.com/techmarket/homehandler/yiwu),为企业提供技术难题信息、专利成果信息以及相关科技政策法规信息的交流,并提供浙江省内专家信息库;企业可以根据自身需要和地域情况,选择相关专家,通过中心与专家联络,由此帮助企业解决面临的研发难题等。

2. 科研机构联络

1) 科研院校义乌虚拟研究院

现有浙江大学、上海大学、江南大学、浙江理工大学、浙江工业大学、上海理工大学、复旦大学、上海市纺织科学研究院等八家高校和科研院所入驻义乌并开展工作,主要为纺织材料、机械、染整、食品、工业设计等领域提供服务,并作为企业和研发机构的合作桥梁,为义乌市各行业企业提供技术支撑。

2) 中国科学院沈阳自动化研究所义乌中心

中国科学院沈阳自动化研究所义乌中心是一个由义乌市人民政府与中国科学院沈阳自动化研究所共同建设的科研机构,主要功能定位为:将中国科学院沈阳自动化研究所义乌中心及其下属产业公司的科研成果转移到义乌企业,建设开放式新产品创新实验室,与企业共同研发新产品、新技术,并建设人才培训基地,为义乌企业培养各类技术人才。

3) 义乌市创意园

义乌市创意园以义乌现有产业发展为基础,以小商品研发设计和企业品牌策划为主要突破口,凸显创意、创新、创造功能,为创意产业机构提供集聚园区,为企业提供创意公共服务平台。

3. 科技项目信息管理

1) 政务电子信息化

义乌市科学技术局在义乌市政府官网下建设了子网站(www.kjj.yw.gov.cn),提供科技政务信息公开、科技政策宣传和科技相关内容展示等服务。

2) 科技资源管理系统

科技资源管理系统(www.kjxm.yw.gov.cn)是义乌市科技项目、科技主体申报管理的信息化管理系统,并建立了历年科技项目、科技主体申报情况及立项认定情况数据库,建设义乌本地专家库,加强本地专家与企业间的交流沟通,使专家人才、优质人力资源得到更广泛的利用。

4. 成果转化培育

1) 浙江大学义乌创业育成中心

浙江大学义乌创业育成中心是孕育创新事业、创新产品、创新技术及协助中小企业升级转型的场所,提供进驻空间、仪器设备及研发技术、项目融资、商务服务、管理咨询等服务,有效结合了多项资源,以降低创业及研发初期的成本与风险,创造优良的培育环境,提高事业成功的机会。

2) 电子商务园

义乌国际电子商务园是科技型电子商务企业集聚区,可为新创办的科技型中小企业提供技术支撑、企业代办、金融服务、人才培育、法律保障等一系列服务,帮助企业有效降低创业风险、提高创业成功率,也可有效促进科技成果转化,帮助和支撑科技型中小企业成长与发展,是培育科技型电子商务企业的创业平台。

二、推动小商品经济发展情况

科研信息化在推动义乌小商品经济发展方面主要体现在以下几方面:

（1）合理配置企业研发经费，减少重复投入。科研信息化建设，尤其是科技信息服务体系的建设，让企业在研发过程中能够快速、准确地把握研发方向，及时调整研发经费投入，让企业在研发过程中少走弯路、少重复投入，力争使企业的研发经费投入能够取得最好成效。

（2）构建研发平台，加强产学研沟通，提高信息反馈速度。通过科研信息化建设，将研发机构与生产企业紧密地联系在一起，企业的需求能够及时反馈至科研机构，科研院所的研究成果也能及时提供给企业，使产学研沟通更为顺畅，科技成果利用效率得以进一步提升。

（3）实现科研管理信息化，提升企业科研积极性。科研管理信息化使企业科研项目申报、立项和科技主体认定等流程得以通过网络进行，有效减轻了企业负担，激发了企业科研积极性，提高了科技项目立项率，从而更好地服务于义乌市经济发展。

（4）建设成果转化平台，提升科技成果转化效率。科研信息化使科研信息、科技成果更加透明，在引进发展前景广阔的科技型中小企业方面拥有更多选择，进一步完善了义乌小商品的产业结构，提升了义乌小商品的产业水平。

三、典型案例

下面是近年来义乌市在加强科研信息化建设方面两个成功的典型案例，有效地推动了义乌市小商品经济的发展。

1. 科技项目管理系统

该系统全面覆盖义乌市所有科技项目立项、科技主体认定、科技合同管理、项目中期管理、评审验收、专家库管理、市级科技进步奖认定等内容。企业可以通过互联网，开展科技项目申报、科技主体认定、科技进步奖申报等工作，并根据系统反馈情况，及时进行完善；各镇街、归口管理部门可依据权限分工，通过互联网进行管理；各业务科室可根据业务范围权限，在系统上对相关项目、主体进行初审评价；专家评审验收也可通过互联网进行，系统根据项目情况，随机选择相关行业、专业的专家发送评审文件，专家根据评分规则对项目做出评价；系统后台可对管理工作情况进行实时监控记录，保障管理操作的规范。该系统的投入运行，实现了企业科技管理的网络化、管理协调工作的信息化、科研计划管理的规范化。科技信息数据库的建立也使相关人员能够通过检索分析，实时掌握科技项目进展情况，提高科技项目管理效率，挖掘科技研发发展潜力。

2. 科研院校义乌虚拟研究院

作为科研院所在义乌的联络机构，现阶段有浙江大学、上海大学、江南大学、浙江理工大学、浙江工业大学、上海理工大学、复旦大学、上海市纺织科学研究院等八家高校和科研院所入驻我市。通过虚拟研究院，各企业单位在生产经营过程中遇到技术难题，可以及时与各科研院所取得联系，充分利用科研院所强大的研发能力，解决企业遇到的技术难题，指导企业开展科研活动。科研院所也可通过虚拟研究院，及时掌握一线企业的研发生产情况，利用企业对市场反应灵敏、对技术应用需求强等特点，使科研院所的科研活动与企业的生产经营活动更加贴合,使科研成果的转化更加高效。

四、小结

科研信息化,通过网络信息技术实现了对科研信息、科研项目、科研资源、科研成果、科研人才等方面的科学、全面管理,将科技信息服务、科技研发支撑、科技项目管理和科技成果转化等机构有机联合在一起,使科研信息和资源在产学研过程中能够顺利交流、有效共享,形成相互影响、相互推动、共同发展的良好局面;同时,科研信息化也使科研资源、科技需求的交流、沟通等拥有了更多、更广的渠道。

通过先进的互联网和信息技术以及各种信息化的平台和手段,义乌的科技需求、科研成果等得以向全省、全国甚至世界更多的国家和地区辐射,为义乌科技研发工作迈向更广阔的天地创造了可能,为义乌小商品经济的不断发展提供了强有力的科技支撑!

后　记

为进一步推动我国科研信息化的发展,中国科学院联合中华人民共和国教育部(以下简称"教育部")、中华人民共和国工业和信息化部(以下简称"工信部")、中国社会科学院(以下简称"社科院")和国家自然科学基金委员会(以下简称"基金委")共同编撰出版了《中国科研信息化蓝皮书2013》(以下简称"蓝皮书")。本书是我国公开发行的专题阐述科研信息化的报告,旨在成为反映我国科研信息化发展态势的重要资料。

蓝皮书的编写工作得到了中国科学院、教育部、工信部、社科院和基金委有关领导的高度重视和大力支持。中国科学院白春礼院长为蓝皮书作序,谭铁牛副秘书长为蓝皮书撰稿。蓝皮书的具体编写工作也得到了国内外专家的积极支持和参与。来自中国科学院、社科院、清华大学和微软公司等科研院所、高校和企业的国内外120余位专家学者直接承担了编写工作。

此次蓝皮书编写工作的组织与协调由中国科学院信息化工作领导小组办公室负责,中国科学院计算机网络信息中心承担了具体组织工作。参加编写工作的各位专家学者兢兢业业、一丝不苟,加班加点完成了蓝皮书的编撰工作。在此,谨向所有参与、支持蓝皮书编撰工作,以及提出宝贵意见的各单位、领导、专家表示由衷的感谢!

在编写工作中,由于工作周期短、掌握资料不全等原因,可能无法反映中国科研信息化建设所有层面的工作与成效,特此致歉。同时,欢迎各界读者对蓝皮书提出宝贵意见和建议(可联系编写委员会成员刘晓东,电子邮件:liuxiaodong@cnnic.cn),不断提升其质量和影响。我们希望通过持续发布"中国科研信息化蓝皮书"系列报告,不断推动我国科研信息化的发展,为提升我国科技创新能力、建设创新型国家贡献一份微薄力量。

《中国科研信息化蓝皮书2013》编写委员会
2013年10月